高等院校园林与风景园林专业规划教材

园林管理学

黄　凯　周玉新　主编

中国林业出版社

内容简介

本教材根据我国园林行业适应社会主义市场经济新环境的实际需要，结合新的风景园林一级学科建设发展，系统全面地介绍园林管理学的基本理论及实践应用知识。包括园林管理学基础、园林行业公共管理和园林企业管理等内容，既注重理论的完整性、准确性，又注重实践的操作性和应用性，并采用例题、图表、实际案例帮助读者理解理论、学会方法、掌握技巧，成为既懂园林专业知识又懂经济管理的复合型人才。本书可作为园林专业、农林经济管理专业等相关专业的本专科学生学习园林管理相关课程的教材和参考资料，也可供园林行业的在职人员自学参考使用。

图书在版编目（CIP）数据

园林管理学/黄凯，周玉新主编 . —北京：中国林业出版社，2012.4
高等院校园林与风景园林专业规划教材

ISBN 978-7-5038-6470-4

Ⅰ.①园⋯　Ⅱ.①黄⋯ ②周⋯　Ⅲ.①园林－管理－高等学校－教材　Ⅳ.①TU986.3

中国版本图书馆 CIP 数据核字（2012）第 005060 号

中国林业出版社·教材出版中心

策划、责任编辑：康红梅

电话：83221489　83220109　　传真：83220109

出版发行　中国林业出版社（100009　北京市西城区德内大街刘海胡同 7 号）
E-mail：jiaocaipublic@163.com　电话：（010）83224477
http：//lycb. forestry. gov. cn

经 销	新华书店
印 刷	中国农业出版社印刷厂
版 次	2012 年 4 月第 1 版
印 次	2012 年 4 月第 1 次印刷
开 本	850mm×1168mm　1/16
印 张	20.25
字 数	465 千字
定 价	39.00 元

高等院校园林与风景园林专业规划教材

编写指导委员会

《园林管理学》编写人员

主　　编　黄　凯　周玉新
副 主 编　陈　珂　郑　强　郑　波
编写人员　（按姓氏拼音排序）
　　　　　安　旭（浙江师范大学）
　　　　　陈　珂（沈阳农业大学）
　　　　　陈之欢（北京农学院）
　　　　　戴智勇（北京农学院）
　　　　　黄　凯（北京农学院）
　　　　　金　煜（沈阳农业大学）
　　　　　李　良（西南大学）
　　　　　刘桂林（河北农业大学）
　　　　　卢书云（北京首都机场物业管理有限公司）
　　　　　马　亮（北京农学院）
　　　　　舒美英（浙江农林大学）
　　　　　陶联侦（浙江师范大学）
　　　　　郑　波（北京市林业工作总站）
　　　　　郑　强（北京农学院）
　　　　　周玉新（南京林业大学）

前　言

　　近年来，尤其是进入 21 世纪后，我国园林行业发展迅速。2011 年，"风景园林学"正式升级为一级学科，标志着园林行业从国家层面得到了充分重视和认可，也预示着园林教育将要进一步大发展。新型的园林专业人才，不仅必须掌握本学科和相关学科的专业理论知识、技术知识，而且必须懂经济、善决策、会管理，才能满足人才竞争、企业竞争和国际竞争的客观需要，才能适应技术、经济、社会全面可持续发展的客观趋势。为了培养新型复合型人才，我们组织国内高校园林管理专业教师及来自政府行业管理部门、园林企业的管理人员共同编著了这本《园林管理学》，作为园林专业、农林经济管理等相关专业开设园林管理类课程的教材及参考资料。

　　本教材的编写设计思路是使学生在掌握管理学一般原理的基础上，将理论应用于园林行业实践中，全面了解行业管理的基本内容，熟悉园林各部门管理的特点，全面掌握园林行业管理的基础知识，提高解决实际问题的能力。本教材由 4 部分 13 章构成。第 1 部分介绍园林管理学基础，包括园林管理概述、管理学基本理论等内容；第 2 部分介绍园林行业宏观管理，包括公共管理、企业管理等内容；第 3 部分介绍园林行业各个部门管理实际操作的内容，包括设计、施工、花卉经营等管理内容；第 4 部分介绍园林微观管理，包括质量数量、物资财务、人力资源、信息和计算机管理等内容。

　　本教材可供园林专业教学使用，也可供园林绿化专业技术人员在职培训经济管理知识使用，本教材既考虑到内容的全面又注意突出重点，既注重理论的系统性、准确性，又注重内容的实用性、可操作性，并纳入近年来理论研究和改革实践的最新成果。

　　本教材的编写团队是由长期从事园林管理科学教学和实践的教授、副教授以及多年从事园林管理工作的工程师等组成，他们具有丰富的教学经验和实践工作经历，在教学以及管理工作中取得优秀的业绩。本教材由黄凯、周玉新负责全书框架体系的设计、编写大纲的制订以及全书的统稿工作。具体编写分工如下：第 1 章（黄凯）、第 2 章（黄凯）、第 3 章（周玉新）、第 4 章（郑波、卢书云）、第 5 章（郑强）、第 6 章（刘桂林）、第 7 章（舒美英）、第 8 章（马亮）、

第9章(周玉新)、第10章(安旭、陶联侦)、第11章(陈珂)、第12章(金煜、李良)、第13章(陈之欢、戴智勇)。

本教材得到北京市教委社科计划项目资助(项目编号 SM 201110020001)。在编写出版过程中得到北京农学院、南京林业大学和中国林业出版社有关编辑的支持,在此表示感谢。限于编者水平,书中难免有缺陷,敬请读者指正。

编　者

2011 年 10 月

目　录

第1章 绪 论

1.1 园林概述

在一定的地域运用工程技术和艺术手段，通过改造地形（或进一步筑山、叠石、理水）、种植树木花草、营造建筑和布置园路等途径创作而成的美的自然环境和游憩境域，就称为园林。

1.1.1 园林的产生与发展

园林，在中国古籍里根据不同的性质也称作园、囿、苑、园亭、庭园、园池、山池、池馆、别业、山庄等，美英各国则称之为 Garden，Park，Landscape Garden。

在历史上，游憩境域因内容和形式的不同用过不同的名称。中国殷周时期和西亚的亚述，以畜养禽兽供狩猎和游赏的境域称为"囿"和"猎苑"。中国秦汉时期供帝王游憩的境域称为"苑"或"宫苑"；属于官署或私人的称为"园"、"园池"、"宅园"、"别业"等。"园林"一词，见于西晋以后诗文中，如西晋张翰《杂诗》有"暮春和气应，白日照园林"句；北魏杨玄之《洛阳伽蓝记》评述司农张伦的住宅时说："园林山池之美，诸王莫及。"唐宋以后，"园林"一词的应用更加广泛，常用以泛指以上各种游憩境域。

如今，园林不但包括庭园、宅园、小游园、花园、公园、植物园等，还包括森林公园、广场、街道、风景名胜区、自然保护区或国家公园的游览区以及休疗养胜地。它们的性质、规模虽不完全一样，但都具有一个共同的特点：即在一定的地段范围内，利用并改造天然山水地貌或者人为地开辟山水地貌、结合植物的栽植和建筑的布置，从而构成一个供人们观赏、游憩、居住的环境。

1.1.2 园林行业的产生与发展

园林行业是基础建设的重要构成之一，发展至今已成为包括设计、施工、管理以及养护和其他服务在内的综合技术经济系统，是以建设、维护和调整并提供技术服务为主要构成（兼文化构成）的从业人员及相关物资的系统。而就园林行业的起源看，园林行业起源于逐渐从农林业分工而独立开来的花卉和苗圃业，经过绿地和庭院建设业，目前已发展成为包括养护管理及其他服务在内的综合技术经济系统。

1.1.2.1 园林行业的发展

随着中国经济的持续快速增长和城市化进程的不断加快，城市园林绿化进程突飞猛进。1991年12月，在中国风景园林学会第一届理事会上提出，"九五"期间的城市园林绿化工作应有总体的量化指标，如人均公共绿地、绿化覆盖率、绿地率等，并提出创建"花园城市"、"园林城市"等设想。

经过近20年的迅速发展，我国的园林行业日渐壮大并逐渐走向成熟。据全国绿化委员会办公室2011年3月12日发布的《2010年中国国土绿化状况公报》，全国城市建成区绿化覆盖面积已达 $149.45 \times 10^4 hm^2$、绿地面积 $133.81 \times 10^4 hm^2$、公园绿地面积 $40.16 \times 10^4 hm^2$；建成区绿化覆盖率38.22%，绿地率34.17%，人均公园绿地面积 $10.66 m^2$。同时，各地根据地域特色，建设了一大批高质量的公园绿地、城市片林和林荫大道，加强了城市自然资源和生物多样性保护。截至2010年底，共设立了63个国家重点公园和41个国家城市湿地公园。各地、各部门积极开展绿化先进创建工作，助推城乡生态文明建设。2010年表彰了335个全国绿化模范单位（城市21个、县89个、单位225个）。截至2010年，命名了180个国家园林城市、7个国家园林城区、61个国家园林县城、15个国家园林城镇以及22个国家森林城市。

随着我国市场化程度越来越高，园林行业结构也逐渐变化，行业内容不断丰富扩大。例如，20世纪90年代以前，园林规划设计单位很少，几乎都有自己的特点。近几年由于市场的扩大，如林业和工艺美术等也打破了行业界限，分别以生态和景观的名义进入园林的设计领域，园林规划设计也和其他专业如城市规划、建筑、旅游策划等有了更多的交叉和融合。大型跨国公司的进驻，带来了新的思想理念和丰富的实践经验，与国内企业共同分享行业市场同时，也潜移默化地影响着我国园林行业的发展。

1.1.2.2 园林行业的发展趋势

园林行业的发展是随着社会、经济和科技发展而发展的，不管其内容与形式，还是服务对象，在不同的社会时期和发展阶段有着很大的变化。展望我国园林行业，有以下发展趋势。

（1）建设"生态文明"为园林绿化行业的发展提供历史机遇

近年来，环保意识不断深入人心，人们对于园林绿化在城市中所占地位的认识有了进一步的提升。随着科技的发展、社会的进步和人民生活水平的提高，我国已将城市园林绿化的发展和水平提到保护生态平衡的高度来认识。国家制定的"建设良好生态环境、实现生态文明"的政策方针为园林绿化产业的发展提供了广阔的市场，同时也对园林行业的设计、建设、质量、管理与科研实力提出了更高的要求。

（2）我国的城市化进程将持续推动对园林建设的需求

我国现有城镇居民6.22亿人，以2020年中国8亿城镇居民的保守数字计算，根据住建部要求，2020年城镇居民的人均住房面积要达到 $35 m^2$，将增加住房面积 $80 \times 10^8 m^2$。在城市化进程中，不断增加的城镇人口对城市的生态环境要求越来越高，对城市管理者来说，不断发展提升城市园林的绿化水平，是维持城市化进程可持续发展的必要条件之一。住房需求的提升和居住环境的改善，也将提升园林绿化行业的市场空间。

（3）"园林城市"建设为园林绿化行业提供发展空间

随着人民生活水平的不断提高，对生活质量、生存环境的关注日益增强。创建"园林城市、宜居城市"的理念正被越来越多的城市所接纳，以创建园林城市为契机，带动城市基础设施建设园林绿化工程的发展，如建设城市绿道、森林公园、湿地公园等。

（4）我国政府持续加大对市政园林的投入

近年来，我国城市基础设施建设保持了快速增长，各级政府对园林环境的建设投资保持了持续的增长。2004年，国务院颁布的《国务院关于投资体制改革的决定》（国发［2004］20号），明确规定"放宽社会资本的投资领域，允许社会资本进入法律法规未禁入的基础设施、公用事业及其他行业和领域"，"各级政府要创造条件，利用特许权经营、投资补助等多种形式，吸引社会资本参与有合理回报和一定投资回收能力的公益事业和公共基础设施的建设"。我国未来的公共园林市场，在政府引导前提下，将会更多的采用多渠道、多元化的发展方式。

（5）房地产市场的发展带动地产园林景观市场的发展

随着我国经济的高速发展，人均生活水平不断提高，对"宜居性"的要求也不断增加，园林绿化和景观的水平，往往影响房价的高低，这就使得房地产企业越来越重视对园林景观建设的投入，园林绿化景观也成为当前开发商增加地产项目竞争力的重要因素。园林景观成为楼盘包装的主要卖点，往往能够给房地产企业带来较高的经济效益。同时，我国星级酒店、别墅园林、旅游度假区的投资力度也不断加大，重点景区景点的休闲度假区园林绿化工程发展迅速。

（6）绿化养护管理是园林绿化行业远期的重要支撑点

目前，我国园林行业已经走过了"重建设，轻养护"的发展阶段，园林绿化养护管理作为园林行业中非常重要的环节，近年来得到了越来越高的重视，发展迅猛，蕴含着巨大的发展空间。仅北京市草坪的绿化面积就达 21 152hm²，而每平方米的养护费就大于 6.5 元。我国绿地面积的逐年增长，养护市场将继续增大而且是积累式的增长，将会成为我国远期园林行业发展的重要支撑点。

1.1.3　园林管理的含义和范畴

管理是实现组织目标，利用职权，统筹协调兼顾各方面利益而进行的一种控制过程。其目的是建立一个充满创造力的体系，以便系统在当今急剧变化的环境中，得以持续、高效、低能耗、多功能的运作。

园林管理是指为了达到改善环境、保护生态、发展经济、提高居民生活质量等目的，对园林行业中的各种人类行为所进行的程序指定、执行和调节，是对整个园林系统进行的经济管理。园林管理的特点如下：

①作为一个系统，在园林管理过程中，必须进行程序制订　也就是对于人类行为进行时间排序，如园林管理系统就可分为园林决策（筹建）、园林规划设计（规划、设计、审批）、园林建设（组织、施工、验收）、园林经营管理、信息反馈等阶段。其中每一个阶段又可以进行更细致的程序制订，直至最后的操作环节。园林管理对于

园林行业的质量保证和顺利发展起着至关重要的作用，有着与其他管理程序不同的一些特点。

②园林空间作为一个行业的"产品"，既可能是公共产品，也可能是法人产品所谓公共产品，是政府向居民提供的各种服务的总称；而法人产品则是依法注册的单位或个人通过市场提供的合法产品与劳务。也就是说，园林既可以是政府提供，也可能由单位或个人提供，在我国目前阶段，由政府提供的园林产品对于人民群众来说更为主要，也更为重要，因为它们除了经济效益外，更注重社会效益和生态效益等。

③涉及活物管理 由于植物是园林行业中一种至关重要的元素，而且除此之外，动物和微生物等也经常成为园林行业的涉及，因此在整个管理过程中，大量涉及具有生命的元素，使园林行业与众不同。

1.2　园林管理活动

园林产品的实现，有一整套运作程序，因而对于这一复杂体系——园林的管理则需要运用系统原理，而园林管理本身也是一个系统，由若干个工作系统组成，如筹划建设和审批管理是决策系统，园林规划设计及实施管理是执行系统，对园林产品实现过程的监督检查和反应反响是反馈系统，为了保证系统的顺利运转，需要有园林管理的法律法规、制度政策等，这是保障系统，这些工作系统相互联系、相互影响。

组织管理是一项有组织、有目标的社会实践活动。其系统构成包括五要素：管理目标、管理者、被管理者、管理对象、管理中介。

园林管理作为组织管理的一个分支，也包括上述五项要素。除此之外，必须要有一定的运行机制来保障园林管理的顺利进行。保证运转与操作的协调与灵便，防止决策的失误，使管理发挥最大的效能并实现管理目标。通常园林管理包含协调机制、调控机制、反馈机制等。

1.2.1　园林企业管理活动

管理工作的内容，因管理对象不同而有很大差别。就一个企业而论它的管理内容也十分广泛。一般有：计划管理、信息控制和管理、调度工作、质量管理、财务管理、生产或业务管理、科学技术管理、设备管理、安全管理、物资管理、基建管理、劳动管理等多个方面。因而，对于园林企业而言，其管理活动也无非上述几个方面。

(1) 物资管理

物资管理包括制订物资计划和采购计划，对物资采购、物资储备和物资取用等进行管理，其目的是保证园林产品实现过程的顺利、高效，并保质保量按时完成。

(2) 产品管理

产品管理包括产品储存、产品包装、产品定价、产品流通和售后服务及信息反馈等，做好产品管理有利于人们对园林产品的使用和园林产品的更新、完善和升级换代。

（3）设备管理

设备管理包括设备安装和调试管理、设备高效运行管理、设备保养维修管理、设备折旧报废管理和设备更新换代管理等。做好园林企业的设备管理是保证施工设备正常运转和使用，以及园林工程施工进度和施工安全的前提。

（4）活物管理

活物管理是园林经营与其他经营项目不同的方面，常称为"养护"。"养"与"护"分别涉及技术行为和文化行为两个方面，相应的管理程序涉及"规程"和"法规"。活物管理包括植物和动物两部分：植物的管理包含土、水、肥、草、虫、病等，此外还要注意整形修剪、培育改良、更新复壮和避免人为损害等；动物管理要保证其基本生活环境和正常生长外，还要有专业的管理人员来管理动物的繁殖、驯化等，并避免游人对其侵犯与伤害。

（5）基础设施管理

一般说来，基础设施（如建构筑物、道路、桌椅、管道、线路等）都是比较牢固、经久耐用的，无需纳入日常管理范围，只需定期检查，发现问题及时维修即可。但是，园林中的基础设施，使用频繁，相对损耗较大，使用者又是被服务对象，对有关设施要求较高却不一定会非常爱惜，因此，往往需要经营者加强管理，主要包括以下一些方面：保持清洁卫生；防止随意涂刻；及时修缮处理；防范违章搭建等。

（6）财务管理

财务是关于货币或金钱的事务。在市场竞争社会中，财务管理几乎成了调节经济活力与经济秩序的唯一杠杆。财务管理内容包括：①预算管理预算；②收入管理；③支出管理；④决算管理决算；⑤财务监督。

（7）人员与信息管理

人员管理是技能管理、智能管理（以上两方面可以合称为人力管理或劳动管理）、人才管理和群体管理的总称。它与物资管理的区别在于管理对象的非标准性、非稳定性和非叠加性。人员管理主要包括选用、训考、升调、工资奖惩、福利、劳动（健康）保护、退休、抚恤等内容。

信息管理是法规管理、新闻管理、档案管理、通信管理和情报管理的统称。对于经济管理来说，主要包括资源、人口、总需求、总投入、供养比、覆盖比等宏观信息的管理以及技术、科研成果、原料、产品或服务市场等微观信息的管理。具体到园林部门，主要是微观信息管理，其中档案（数据库）管理是重要手段。园林行业的档案（数据库）可分为财务档案（数据库）、人事档案（数据库）、技术档案（数据库）、文书档案（数据库）4类。各类可进一步细分：财务档案（数据库）可分为物资、设备、活物、基础设施、财务等；人事档案（数据库）可分为干部、专业人员、劳动力、户籍、人才等；技术档案（数据库）可分为资源、专利、工具设备、工程（工艺）设计、生产（施工）实施中的规程及调度定额和最后结果等；文书档案（数据库）可分为史实、法规、决议、建议等。

1.2.2　园林公共管理活动

公共管理是以政府为核心的公共部门整合社会的各种力量，广泛运用政治的、经济的、管理的、法律的方法，强化政府的治理能力，提升政府绩效和公共服务品质，从而实现公共的福利与公共利益。

公共管理以社会公共事务作为管理对象。城市对园林的公共管理可以分为两个方面：一是作为基础设施；二是作为休闲、放松、怡情设施。

作为基础设施，应由政府作为公共产品提供给全体市民。由于园林中的植物具有改善环境的特点，因此园林在改善城市环境方面具有无法替代的作用，其直接关系到城市居民的生活、工作环境质量；关系到人们的健康与寿命，这也正是园林能成为日益重要的公共产品的重要因素。另外，随着人们生活水平的日益提高，工作节奏的加快，城市居民需要放松休闲的场所，政府为人们提供园林空间，也是改善生活品质、建设和谐社会的工作之一。因此，对于作为公共产品的园林的需求，正越来越成为市民日常的需求。

作为休闲、娱乐、放松、怡情的设施，园林既可以由政府提供，也可以由单位或个人提供。由单位或个人提供的园林产品，可以为全体市民服务，也可以只为部分人群服务。

园林需求的上升，与人们的个人收入增长和消费结构改变密切相关，同时也与人们的闲暇时间增多有关。旅游观光就是极为典型的一种园林需求，而且是在个人收入和闲暇时间达到一定程度的情况下才会发生。这种需求可以是对本地的园林需求（一般以公共产品为主），也可以是对异地的园林需求（通常是法人产品），这就造成了对于园林产品不同的管理模式，包括最初的决策，中期的规划设计与建设，后期的经营、管理，评价反馈，以及进行决策调整，修订规划，建设改造等一系列进程。

对园林无论进行质量管理，还是进行数量管理，都是以某些专职、半专职人员的存在为前提的。这些人称为管理人员，而由管理人员形成的分工明确的合作性组织（正式组织）称为管理机构。

园林管理机构，是全面管理城市园林绿化事业的职能机关。合理的管理机构体制，对于园林事业的发展有巨大作用。

管理机构的基本特征是"分层"和"协调"。分层的层次数目与有关单位的整体规模及工艺技术的复杂程度（结构）直接相关。协调程序是指下层服从上层指挥，同层之间的配合，以及上层对下层建议的反应程度，并与管理水平直接相关。

园林绿化的公共管理所属机构多种多样，既有建设施工、养护管理，又有公园管理、园林生产、经营服务、科研、教学等多种部门，综合起来大体可以归纳为三大系列：

①功能系列　包括公园、风景区、动物园、植物园、行道树、林带、各项专用绿地，这些应该成为一个完整的功能系统，管理这些事业的机构也就属于园林功能系列。

②保证系列　包括苗圃、花圃、规划设计、病虫害防治、绿化和修建施工、园林

机修、公园商业服务等事业及其管理机构。这一系列建设不好，不能保证第一系列的完整。

③发展系列　它包括科学研究、技术情报、园林职工教育等机构，主要是提高和开发新技术、培养技术和管理人才，保证园林绿化在先进技术的水平上不断发展提高所必需的系列。

一个城市的园林部门管理范围大小不同，业务繁简不同，其机构可能有多有少，有大有小，但一般都按以上3个系列组建，既有利于当前管理，又有利于长远发展。

1.3　园林管理学的研究对象与方法

1.3.1　园林管理学的研究对象

管理是一个大概念，它包括的内容十分广泛，诸如政治、经济、军事、文化、科学、教育、卫生、体育、外事等各个领域，社会生产各个方面都存在着管理。在社会生产中管理主要表现为决策、计划、组织指挥、协调和控制生产环节的活动等一系列的职能活动。管理有二重性，既有科学组织生产力的职能——自然属性，又有调节和完善社会生产关系和上层建筑的职能——社会属性，也就是说它不但要研究生产力的组织，而且要研究上层建筑及经济关系问题。

园林管理学就是以政治经济学为理论基础，结合园林科学技术，研究园林事业发展、园林建设、经营管理和园林经济的客观规律的一门科学。园林管理的主要任务就是要最佳地组织人力、物力和财力，取得最好的园林绿化综合效益，在城市建设和健全城市生态环境中发挥更大的作用。因此它也同样既要研究合理地组织生产力，也要研究上层建筑（政策、法令、计划、机构体制、规章制度等），还要研究生产关系，调整内部经济利益和社会利益（价格、经济核算、经济成果分配、经济承包责任制、奖金分配等）。

管理工作的内容，因管理对象不同而有很大差别。概括起来讲，园林管理的研究对象主要包括3个方面：

（1）园林行业及发展环境

用发展的眼光来看的话，园林不是一个单纯的行业或产业，园林行业实际上是多种产业的集合，包括园林设计、园林工程、苗木供应等基本产业和园林机械、生产材料、温室大棚、花卉园艺等辅助产业。园林行业与经济社会文明的发展密切相关。改革开放以来，我国国民经济持续快速增长，城市化进程日益加速，房地产业方兴未艾乃至如火如荼，通过住宅带动的社区园林景观得到房地产开发商和城市建设者的高度重视，城市园林建设市场迅速扩张。同时居民收入的不断增加，一方面使得家庭绿化、私人造园迅速启动，园林产业市场范围将大大拓展；另一方面，旅游及休闲度假产业迅速崛起将大大刺激园林建设和旅游城市的园林绿化建设。此外，全面小康、新农村、生态文明、和谐社会等国家政策的推动和实施，都是园林事业发展的良好契机。因此，园林管理，不仅要研究园林行业本身，也应密切关注园林行业的发展环境。

（2）园林行业的资源管理活动

从经济角度看，任何行业的发展无非是稀缺资源的发现、配置和利用。园林行业的综合性意味着园林经济资源的丰富性，园林资源即使从"园"和"林"两字来分析已经是包罗万象，作为经济活动的展开则不外是人力、财力、物力、信息、关系等资源的整合运用，这些资源有的存在于园林企业中，更多则存在于广泛的市场和社会环境中，要想利用，先得探索和发现。从管理角度看，任何行业的发展也都要人员对各种资源和活动进行计划、组织、领导和控制，这就是管理行为。与所涉及的资源相对应，园林管理的内容同样包括人财物、供产销等方面的管理，投资开发和工程设计更是园林管理的独有内容。

（3）园林管理学本身

当园林管理从实践上升为理论后，园林管理学本身立即成为本学科的研究对象，并且与园林行业的发展相辅相成、相得益彰。当园林概念局限于园林设计时，由于大多数的管理活动没有纳入，园林管理学处于初级阶段。当园林含义引申到施工建设、植物栽培进而扩展到开发、工程、经营管理时，园林管理学才在众多学科中蔚然成林、枝繁叶茂。

1.3.2　园林管理学的研究方法

园林管理学是一门新的学科，目前尚处于发展阶段，积极研究探索园林管理的理论、方法，大力提高园林管理水平，已是摆在广大园林工作者面前的迫切任务。虽然我国已有三十多年的城市园林绿化建设的历史，但由于此前对园林管理的重要性认识不够，对已有的管理经验缺乏科学与系统的总结和提高，因此，不论在管理理论上、管理方法上，还是管理工具上，都处于落后状态。

从广义而言，园林是一个包罗万象的行业，涉及的资源要素、产业链条、生产环节众多。如果无所遗漏地研究，则园林管理学将会成为体系庞大的杂学，不仅不利于建立专业化的理论体系，也不利于传播学习和实践应用。因此，现阶段的园林管理学，应当从实际出发，充分考虑园林行业的发展现状，有所侧重地选择具体问题进行研究。

园林管理学的研究方法，一方面应以园林实践为出发点，了解园林行业的历史发展和现实情况，分析其所处政治、经济、技术、文化、国际等环境；另一方面，研究园林管理活动，必须坚持具体问题具体分析和有所侧重的原则。

①历史研究和现实分析相结合　园林和园林管理，均不始自今日，故虽然在现代环境中研究园林管理，亦不能割裂其历史渊源。一方面，要详细了解和深刻研究古代的园林理论和实践，深刻研究近现代特别是新中国成立以来园林事业发展过程中与园林管理相关的各种经验和教训，古为今用，为今天的园林管理提供借鉴；另一方面，立足于当代和目前的社会经济现实，充分认识市场经济条件下的政策形势、消费需求、可用资源、经营方式等，以便更好地为国家的经济发展、社会进步、文化文明做出应有的贡献。

②综合分析和重点研究相结合　园林行业包罗万象，涉及多种资源、要素和生产经营环节，园林管理学是自然科学、社会科学密切交融的综合科学，系统分析和综合分析必不可少。但是园林管理研究又不是一朝一夕可以完成的，相关理论体系的建立和发展还得遵循循序渐进的原则，而且在现实生活中，在不同的经济发展和市场消费阶段，园林生产经营是有轻重缓急之分的，所以进行重点研究也是十分必要的。

③平衡分析和比较研究相结合　园林涉及的经济要素众多，追求的效益和目标呈现多样化，而各种方法和目标之间相互制约，有时矛盾，所以必须进行平衡分析。同时，谋求所谓"最佳"经济、生态、社会效益是通过判断选择多种方案而实现的，这种判断选择的过程就是比较研究。平衡分析和比较研究在园林工程项目的定量分析中尤为重要，因为工程项目通常都是由许多子项目组成，每个项目的运行方式、寿命周期、所需资源等不尽相同，只有通过全面、系统的分析和比较，才能寻找到技术与经济的最优平衡点。

④定性定量分析和静态动态研究相结合　管理问题，有着质和量两种规定性，质和量的对立、统一、互变具有规律性。通常应当先从定性分析出发，理出基本的方向、框架和路径，然后再进入具体的定量分析，将定量分析结果同定性分析的预期结果对比，再返回到定性分析，如此循环往复，螺旋式上升，不断逼近客观事物的本质规律。由于园林工程项目具有周期长的特点，无论定性或定量分析，还应充分考虑时间因素，即根据需要进行静态或动态研究。静态研究就是在不考虑货币时间价值的前提下对项目经济指标进行计算和考核，通常是粗略的评价。动态研究就是考虑货币的时间价值，对不同时间点上的投入与产出做出不同的核算处理，从而更切合实际地反映项目的运行，通常属于详细的评价。静态研究和动态研究各有利弊，通常在确定投资机会和对项目进行初步选择时一般只进行静态研究，为了更科学、更准确地反映项目的经济情况时则需要采用动态研究。

1.4　园林管理学课程的学习要点

园林管理学是以政治经济学和现代管理学为理论基础，结合园林科学技术，研究园林事业发展、园林建设、经营管理和园林经济客观规律的学科。本课程是在学习园林树木学、花卉学、生态学、园林苗圃学、园林树木栽培学、园林工程、园林建筑、园林设计、园林法规的基础上进行的。它主要介绍城市绿化行政管理、风景名胜区与城市公园管理、园林绿化企业管理、园林质量、数量管理、园林人力资源管理、园林物资的供应管理、园林财务管理与核算、园林绿化的规划设计、园林工程招投标、园林工程施工管理及园林花卉的生产与管理等有关园林行业管理的基本理论和基本知识。学生通过结合已学有关园林专业知识来学习，初步养成有关管理思维模式。

设置本课程的目的和要求：了解国家园林产业政策与法规，掌握园林管理相关行业管理科学的普遍规律、基本原理和一般方法，并能综合运用于对园林行业管理实际问题的观察与分析之中；通过学习，初步具有解决园林管理一般问题的能力，培养有关园林管理的综合素质，为从事城市园林建设与管理等工作奠定必要的基础。要求完整、准确地掌握园林管理的一系列基本概念和基本原理。学习园林管理应具备园林专业基础课的基本知识，同时学习这门课，应重在加强理解，把握教材的基本内容，融会贯通这门课的基本原理、基本概念和基本知识。

小　结

本书所论述的内容，凡对其他行业行之有效且能够为园林管理所用的均作了借鉴和引用，有园林事业特殊性的，按照园林事业的实际情况进行了综合归纳，力求能够作为园林管理的一个初步阶梯，以期广大园林工作者进一步发展提高。

由于我国地域广阔，各城市之间在自然条件和社会条件上差异很大，管理工作的传统方法和社会习惯也各不相同，在讲授时应强调理论和实际相结合，在时间、空间上均应留有余地，以实际应用为主；将共性和个性相结合，给个性留有余地。总之，就是应结合自己特点加以应用发挥，创造适合当地具体情况的管理方法。

推荐阅读书目

1. 园林管理概论. 徐德权. 中国建筑工业出版社，1988.
2. 城市绿化管理学. 上海城市管理学院. 中国林业出版社，2001.

第 2 章 园林管理学基础

2.1 管理学基础知识

2.1.1 管理的概念

在人类的活动和生活中，无时不存在管理，无处不需要管理。管理是人类社会协作劳动和共同生活的产物。随着科学技术和生产力的迅速发展，社会分工和生产的社会化达到空前的规模，社会经济、政治结构高度分化。在此背景下，管理活动逐步趋向于专业化、科学化、高效化和民主化，并广泛渗透到社会生活的各个领域和各个方面。同时，学习运用管理，最主要的是要准确地把握管理工作的特征。管理工作不同于一般的生产、科研活动，有其自身的特点。

但迄今为止，人们对管理的含义并没有形成公认的、权威性的统一看法。有学者从管理职能出发，认为管理就是为了特定的目的而实行的计划、组织、指挥、协调和控制。有学者提出管理就是决策；有学者认为管理是协调人际关系，激发人的积极性，以求达到共同目标的活动；还有学者按照系统论原则，提出管理是组织中协调各子系统并使之与环境相适应的活动。

本教材对管理的定义：管理就是管理者在一定的环境和条件下，为了实现特定的目标，动员和运用有效资源而进行的计划、组织、领导和控制等社会活动，其目的是效率和效益。它具有系统性、动态性、科学性、艺术性和创新性等几大特性。根据这一定义，可总结出管理的基本特点：

①管理是由管理者进行的活动；
②管理是在一定的环境和条件下进行的；
③管理是为了实现特定的目标；
④管理需要动员和配置有效资源；
⑤管理具有基本的职能；
⑥管理是一种社会实践活动。

2.1.2 管理的基本原理

管理的基本原理是指对管理工作的实质内容进行科学分析总结而形成的基本真理，它是现实管理现象的抽象，是对各项管理制度和管理方法的高度综合与概括。具有客观性、概括性、稳定性、系统性等特点。

2.1.2.1　系统原理

系统是由若干相互联系、相互作用的部分组成有一定的功能的有机整体。自然界和人类社会存在着各种各样的系统，一切事物都具有系统的属性，如在自然界，有动物系统、植物系统、生态系统、分子原子系统等；在产业界，有工业系统，农业系统，园林系统，服务业系统等。系统广泛而大量存在，在管理中，人们可以把任何一个组织及其环境堪称一个系统。系统原理的要点有：

①整体性原理　这是系统最基本的特征。一个系统至少由两个及两个以上的系统构成。因此，从整体着眼，局部入手，统筹兼顾，各方协调，达到整体最优化。系统观要求在管理中把整体优化作为根本出发点。从系统目标看，既有局部与整体相一致的情形，也有局部与整体相矛盾的情形，有时局部认为有利的事情，对整体不一定有利，甚至是有害的。局部最优之和不一定是整体最优。因此，当局部与整体发生矛盾时，局部利益应服从整体利益。从系统功能看，系统功能不是要素功能的简单相加，管理的奥妙是实现"整体大于部分之和"。这里的"大于"不仅指数量，而且指质量，即产生一种系统的综合总体功能，这种功能的产生是一种质变，它大大超过了各部分功能之和。

②动态性原理　预见未来，掌握主动，使系统朝预期的目标发展。系统作为一个运动着的有机体，其静止是相对的，而运动是绝对的。系统的运动变化说明管理工作不存在一成不变的模式，要求管理者因时、因地、因人制宜不断调整。同时，掌握动态性原理，研究系统的动态规律，可以使我们预见系统的发展趋势，把握先机，掌握主动，与时俱进。

③适应性原理　系统不是孤立存在的，它受到环境的影响，要了解环境，适应环境，实事求是。作为管理者，应努力使管理系统的自身调节与环境系统的动态变化保持顺应同步的态势，一个不能适应环境的系统是没有生命力的。值得一提的是，系统对环境的适应有些是被动的，有些是能动的，作为管理者，既要有勇气看到能动地改善环境的可能，又要冷静地看到自身的局限性，才能实事求是地做出科学决策。

④开放性原理　开放式系统是系统的生命。一个组织必须从外界获得能源、原材料等资源投入，而且其产出的成果也必须得到外界的承认，才能生存和发展。在管理工作中，那些试图把本系统封闭起来与外界隔绝的想法和做法是错误的。

2.1.2.2　人本原理

人本原理是以人为中心的管理思想，是 20 世纪末管理理论发展的主要特点。人本原理就是管理应"以人为中心"尊重人、依靠人、为了人、发展人，这是做好管理工作的根本。从"物本管理"到"人本管理"，是 20 世纪末管理理论发展的主要特点。人本原理的要点有：

①职工是企业的主体　管理者一定要正确的认识人、尊重人、依靠人，依靠科学管理和职工参与使个人利益和企业利益联系在一起，使职工为了共同的目标而自觉努力的奋斗，从而实现高的工作效率。两种途径的根本不同之处在于前者职工处于被动

地位，职工是管理的客体，而后者职工处于主动地位，职工是管理的主体。这样才能激发主人翁精神，使企业职工为了共同的目标而自觉地努力奋斗，从而达到较高的工作效率。

②管理者应重视满足职工的合法需要　组织行为学认为：需要是人的行为动力的源泉。人的需要可分为生理需要、安全需要、社交需要、尊重需要、自我实现需要等方面，满足职工的这些合理要求，将会极大地调动职工的积极性，同时也有助于职工良好个性的形成，最终实现人性最完美的发展。

③管理就是为人服务　这里的"人"既包括企业内部参与企业生产经营活动的职工，也包括企业外部消费企业与服务的顾客。海尔集团的张瑞敏曾经提出"三只眼理论"，其中有两只眼都与"人"有关：第一只眼盯着企业内部职工，关心职工生活与事业，使职工满意度最大化，第二只眼盯着外部顾客，为顾客创造价值，使顾客满意度最大化。这充分体现海尔"以人为本"的企业文化与管理思想。为人服务就是要树立"管理就是服务"的理念，重视建设和谐的组织内部人际关系和良好的组织公共关系。

2.1.2.3　责任原理

责任原理是指管理工作必须在合理分工的基础，明确规定组织各级部门的个人必须完成的工作任务和承担的相应的责任。职责明确，才能对组织中的部门和每一位职工的工作绩效做出正确的考评，有利于调动人的积极性，保障组织目标的实现。责任原理的要点如下。

①分工明确，职责分明　分工是生产力发展的必然要求，在合理分工的基础上明确每个人的职责，挖掘人的潜能的最好办法是明确每个人的职责。一般讲，分工明确，职责也会明确，但实际上两者的对应关系并不那么简单。因为分工一般只是对"做什么"作了形式上的划分，对于工作的数量、质量、速度、效益等要求，分工本身还难以完全体现出来，而职责正是对这些内容的规定；职责明确应包括：职责界限清楚、职责内容具体、职责落实到人等。

②责、权、力、利相一致　管理工作中，职位的设计和权限的委任要合理，要强调职责、权力、能力与利益的协调和统一，责任原理的核心是职责，必须在数量、质量、速度、效益上有明确规定，并通过一定的条例、规定等形式表现出来。一个人对工作是否能做到完全负责取决于三个因素。第一，权限：实行任何管理都要借助于一定的权力，没有一定的权力任何人都不可能对工作实行真正的管理。第二，利益：完全负责意味着要承担风险，任何的管理者在承担风险的同时都要对收益进行权衡。这种利益不仅仅是物质利益，还包括精神利益。第三，能力：能力是完全负责的关键因素。职责和权限、利益、能力之间的关系遵守等边三角形，明确了每个人的职责，就是授予其相应的权力并通过相应的利益来体现人们完成职责、创造业绩，即责、权、力、利的一致。这会迫使管理自觉学习、不断上进。

③奖罚分明，公正及时　奖罚是对人的工作职责及其业绩客观公正的评价与报答。公正及时的奖罚，有助于提高人的积极性，挖掘人的潜力，提高管理绩效。首

先，奖罚要以科学准确的考评为前提，使人产生安全感。其次，奖罚工作要及时，立竿见影，对强化（正强化或负强化）人的行为有着十分重要的作用。再次，奖与罚都是不可或缺的，"胡萝卜加大棒"就是经验的总结。惩罚的意义在于杀一儆百，利用人们畏惧惩罚心理，通过惩罚少数来教育多数，从而强化管理权威。但是，惩罚可能导致人的挫折感，处理不当可能产生消极行为等负面效应，应慎重使用。

2.1.2.4　效益原理

以较少的投入获得较大的有效产出，即对效益的追求是管理活动的永恒主题。效益是一个综合性的概念，包括经济效益、社会效益、环境效益、生态效益等，他们之间既有联系又有区别，相互作用，相互联系，构成一个有机整体。效益原理的要点有：

①效益是管理活动结果的体现。

②树立正确的效益观　管理工作必须克服在传统体制下以生产为中心的管理思想，转变为以效益为中心，克服片面追求产值、盲目扩大生产规模的粗放型增长倾向。追求效益是管理活动的出发点与归宿。

③正确处理一些重大关系　如效率、效果与效益的关系，局部效益与整体效益的关系，经济效益与社会效益的关系，短期效益与长期效益的关系等。

2.1.3　管理的基本方法

管理方法是在管理活动中为实现管理目标、保证管理活动顺利进行而采取的方法。人们进行经济管理活动的过程，就是各种管理方法的应用过程。由于在经济管理活动中，管理对象的性质、作用、特点和条件不同，管理的方法也具有多方面的内容和形式。

2.1.3.1　行政方法

行政方法是管理活动中最基本的方法。行政方法，就是各个系统、部门和单位，依靠行政组织的权威，运用命令、指示、规定、条例等行政手段，依照行政系统和层次，以权威和服从为前提，直接指挥下属进行管理活动的方法。行政方法具有权威性、强制性、无偿性、垂直性等特点。行政方法是管理企业必不可少的方法，是执行管理职能的一种根本手段。

行政方法的实质是通过行政组织中的职务和职位来进行管理。它特别强调职员、职权、职位，而不是个人能力或特权。行政方法绝不是强迫命令、个人专断、官僚主义和瞎指挥，它应建立在客观规律基础之上，符合和反应客观规律的要求。

行政方法主要是行使行政权力，它的主要特点首先是权威性，这种方法主要依靠上级组织和领导者的权力和威信，这种权力与威信越高，对管理产生的效果越大；其次就是强制性，上级组织和领导者通过命令、指示等形式对下级行动进行直接干预，下级必须无条件服从，下级不服从，上级有权处理，如上级有误，责由上级负责；其三是无偿性，运用行政方法进行管理，一切均依据行政管理需要，不考虑价值补偿问题；其四是垂直型，此方法一般适用于自上而下的垂直信息，而不是横向信息。横向关系对各级组织和领导者一般无约束力。

采用行政方法管理企业的生产经营活动，虽然比较简单、直接、有效，但也容易产生一些弊端。最常见的弊端是：不利于发挥下属的积极性；信息传递缓慢，横向沟通难；领导者的素质水平直接影响管理效果。因此，行政方法应与其他方法结合运用，以便收到更好的效果。

2.1.3.2 法律方法

企业管理的法律方法是指企业运用国家制定的经济法律、法令、条例等法律规范性文件来处理经济活动中各种经济关系的方法。企业和其他社会组织一样，若要进行有效的管理，建立稳定的生产经营秩序，必须运用法律，即实行"法治"。

法律方法的特点首先是严肃性，制定法律和法规一般均比较慎重。并严格按照法律程序进行，一旦制定颁布，就必须严格的按照法律规定的程序和规定进行。其次是强制性，它是国家权力机关或各级管理机关所确定和公布的，大家均须遵守；其三是规范性，它是所有组织与个人行动的统一准则，对大家有同等的约束力。

法律属于上层建筑，对社会经济发展既可以起促进作用，也可以起阻碍作用。如果各项经济法律和法规的确定和实施不符合经济规律的要求，它就将成为社会经济发展的严重障碍。其次，法律只是上层建筑的一个组成部分，它只能在极有限的范围内调整和控制人们的经济活动。任何不适当的扩大法律作用范围的做法，都对经济工作的发展不利。

因此，法律方法往往是经济活动中违反法律规范后采取的必要手段，属于事后"算账"，缺少弹性和灵活性，为了尽可能防止违法事件的发生，应注意加强法制教育，树立法制观念，使企业自觉遵守法纪。

2.1.3.3 经济方法

经济方法是依靠经济组织，运用各种经济手段，按照客观经济规律的要求，考虑社会经济效益的管理方法。它的作用就是保证必要的管理秩序，调节管理因素之间的关系，使管理活动纳入规范化、制度化轨道。所谓各种经济手段，主要包括价格、税收、利息、利润、工资、奖金、罚款以及经济合同等。不同的经济手段可在不同的领域中、不同的情况下加以采用。与行政方法相比，经济方法有间接性、有偿性、相关性、平等性等比较明显的特点。

在社会主义市场经济条件下，运用经济方法十分必要。我们必须运用价值形式来计算产品生产中的劳动消耗，确定商品价值，并根据等价交换的原则进行商品交换，从而实现商品的价值。这样就必须按照价值规律的要求，运用一系列经济杠杆来调节社会经济活动。经济方法在调动企业生产经营积极性和职工个人劳动积极性方面，是不可忽视的重要管理手段之一。

体现经济方法的各种经济手段，主要包括价格、税收、信贷、利息、工资、红利、奖金、津贴、罚款、经济合同和各种经济责任制等，不同的经济手段在不同的领域中，可发挥各自不同的作用。其中价格、税收、信贷、利息等主要运用于宏观经济管理，工资、红利、奖金、津贴、罚款、价格等常用于企业内部。无论是宏观经济管理领域，还是微观管理领域，管理的经济方法的实质都是围绕人们普遍关心的物质利益问题，通过运用各种与物质利益相关的价值手段，正确处理国家、集体与个人三者之间的经济关系，进而调动各方面的积极性。

同时，在运用经济方法时，应当注意克服这种方法的局限性。经济方法虽然可以调动企业及职工的积极性，但是人们除了物质利益需求外，还有更多精神和社会方面的需求。经济方法主要是依据物质利益原则来调节人们的经济利益关系，不去直接干预人们的行为，所以必须注意不能用它来解决管理中许多需要严格规定的问题，应把经济方法与行政方法结合起来使用。

2.1.3.4　思想教育方法

思想教育方法是我国在企业管理中运用已久的方法，也是实践证明行之有效的管理方法，是我们的优势。思想教育方法具有明显的目的性、阶级性、广泛性、长期性、多样性、艺术性及科学性等特点。

教育的内容有人生观及道德教育、爱国主义及集体主义教育、民主、法律及纪律教育、科学文化教育和组织文化教育。

在运用思想教育管理方法时，应特别注意理论联系实际；坚持正面教育为主，坚持表扬为主，注意身教言教结合，身教重于言教，注意提高认识与解决实际问题相结合；以及寓思想教育于业务工作当中等。总之，欲使思想政治工作取得预期的效果，必须做到：把政治思想工作渗透到经济工作的各个环节中去，理论与实际相结合；关心职工生活，口头教育与解决职工的实际生活问题相结合；对待人民内部矛盾，要进行说服教育，以理服人，以表扬和自我批评为主，批评和表扬结合。

2.1.4　管理的职能

管理的职能是指管理者在管理过程中的各项基本活动及职能。划分管理的职能，并不意味着这些管理职能是互不相关、截然不同的。划分管理职能，其意义在于：管理职能把管理过程划分为几个相对独立的部分，在理论研究上能更清楚地描述管理活动的整个过程，有助于实际的管理工作以及管理教学工作。划分管理职能，管理者在实践中有助于实现管理活动的专业化，使管理人员更容易从事管理工作。在管理领域中实现专业化，如同在生产中实现专业化一样，能大大提高效率。同时，管理者可以运用职能观点去建立或改革组织机构，根据管理职能规定出组织内部的职责和权力以及它们的内部结构，从而也就可以确定管理人员的人数、素质、学历、知识结构等。

（1）决策

决策是十分重要的管理职能，就是指为了达到一定的目标，从两个以上的可行方案中选择一个合理方案的分析判断过程。决策具有以下几个特征：超前性、目标性、选择性、可行性、过程性和科学性。决策正确与否，关系企业的成败。决策失误，管理效果越差后果越严重。

园林经济管理的决策就是对园林部门（或企业）在一定时期内发展的方向、经营方针、建设目标以及实现这些目标所应采取的重大措施作出选择和决定。制定决策的目的，在于有意识地指导人们的行动走向未来目标。决策是否合理，取决于对未来后果所作判断的正确程度。因此在决策之前，一定要进行周密的调查研究，做好预测工作，确定投资方向。国外一般十分重视这一工作，他们雇用各种专门人才组成"智囊团"，帮助各级领导进行经济预测和经营决策。对生产什么、生产多少、何时生产、现在需要什么、需要多少等问题，作出有科学依据的预测和抉择。

程序化决策的过程大致可分为 3 个阶段：①收集决策所需要的各种情报（包括内部、外部、正式、非正式的各种情报）；②分析和设计可能的各种行动方案；③从若干个可能的行动方案中选出最优方案。一般来讲，能够取得最优决策的秘诀就是：百分之九十的情报加百分之十的直觉（预感）。近年来，我们国家的管理工作中非常重视决策这个职能。

（2）计划

计划是对管理进行预先筹划和安排行动。计划工作有广义和狭义之分。广义的计划工作是指制定计划、执行计划和检查计划三个阶段的工作过程。狭义的计划工作是指制定计划，即根据组织内外部的实际情况，权衡客观的需要和主观的可能，通过科学的调查预测，提出在未来一定时期内组织所需达到的具体目标以及实现目标的方法。

计划不当或计划失误，企业的经济活动就不能有效地、正常地进行，计划的目的在于经济合理地利用现有的资源，有效地把握未来发展，争取最大的经济效益。为此，决策之后，还要制订出周密详细的计划，引导企业整个生产经营活动，保证实现决策所规定的目标。计划的种类一般分为有效计划、中期计划和短期计划等。

（3）组织

组织是实现计划的保证，就是管理者按照组织的特点和原则，通过组织设计，构建有效的组织结构，合理配置资源并使之有效运行，以实现管理目标的活动。通过组织工作，把企业生产经营活动中的各个要素、各个环节、各个方面都恰当地、合理地组织起来，形成一个有机的整体，以便紧密配合、协调地进行工作，使人力、物力、财力得到最充分而又最合理的利用，收到好的经营效果。

（4）领导

领导职能就是管理者按照管理目标和任务，运用法定的管理权力，主导和影响被管理者，使之为了管理目标的实现而贡献力量和积极行动的活动。任何企业在生产经营活动中都需要有统一的领导，这是保证企业生产经营活动正常进行必不可少的条件之一。企业的生产活动不停业，领导一刻也不能中断。

尤其是在现代化的大生产中，分工协作比较复杂，技术要求高，生产连续性强，各个部门、各个工序，一环扣一环，更需要正确的领导。为了保证领导有效，领导者要有权威，被领导者要服从指挥。要做到正确的领导，领导者一定要有科学的修养，懂技术、懂管理，严格按照客观规律办事，还要有好的领导作风和领导艺术，善于深入实际，联系群众，多谋善断。领导职能是管理过程活的灵魂，被视为管理的核心环节。

（5）控制

凡是运动的、发展变化的事物，都不能失去控制。失去控制，就会发生紊乱，会造成损失。生物的生命活动是如此，社会经济活动也是如此。所谓控制，就是对整个经济过程的每一项具体活动，进行严格的督察、核算和检查，发现超过原来规定的原则、计划和标准，及时查明原因，采取措施加以纠正，使每一项具体的和全部的经济活动，被限制在原来的计划范围之内，以保证预想预期的经营目标。国外有人给控制下的定义是："核实实际的进展是不是同既定的计划、指标原则相符合"。

控制的职能是多方面的，诸如工时消耗量的控制、存货控制以及成本形成过程的控制等。国外很重视这一工作，有些方法是科学的、行之有效的，值得推广和学习。

2.2　园林管理的基本内容

2.2.1　园林企业管理

2.2.1.1　园林企业管理的概念

企业管理是根据企业的特性及其生产经营规律，按照市场反映出来的社会需求，对企业的生产经营进行计划、组织、领导、控制等活动，充分利用各种资源，不断适应市场变化，满足社会需求，同时求得企业自身发展和职工利益的满足。企业的管理目的就是合理利用资源，实现企业的目标，在满足社会需求的同时获得更多的利润。

2.2.1.2　园林企业管理的主要内容

园林企业管理包括人力资源管理、企业财务管理、企业物资与设备管理以及企业技术管理。

（1）人力资源管理

人力资源是指一个国家或地区中具有较多科学知识、较强劳动技能，在价值创造过程中起关键或重要作用的那部分人，是与自然资源或物力资源相对应的。毛泽东说过："世间一切事物中，人是第一个可宝贵的，一切物的因素只有通过人的因素才能加以开发利用"，因此，人力资源是世界上最为重要的资源，也是第一资源。人力资源的特点是具有一定的时效性（其开发和利用受时间限制）、能动性（不仅为被开发和被利用的对象，且具有自我开发的能力）、两重性（是生产者也是消费者）、智力性（智力具有继承性，能得到积累、延续和增强）、再生性（基于人口的再生产和社会再生产过程）、连续性（使用后还能继续开发）、时代性（经济发展水平不同的人力资源的质量也会不同）、社会性（文化特征是通过人这个载体表现出来的）和消耗性。人力资源的管理就是运用现代化的科学方法，对与一定物力相结合的人力进行合理的培训、组织与调配，使人力、物力经常保持最佳比例；同时，对人的思想、心理和行为动机进行恰当的诱导、控制和协调，充分发挥人的主观能动性，使人尽其才，事得其人，人事相宜，以实现组织目标。人力资源管理的内容主要有以下几项：

①制订人力资源计划　根据企业的发展战略和经营计划，评估企业的人力资源现状及其发展趋势，收集和分析人力资源供求信息和资料，预测人力资源供求发展趋势，制订人力资源使用、培训与发展计划。

②工作计划　对企业中的各个工作岗位进行考察和分析，确定职责、任务、工作环境、任职人员的资格要求和享有的权利等，以及相应的教育与培训等方面的情况，最后完成工作任务书。它是招聘人员的依据，也是对职工进行考核和评价的标准。

③合理组织和使用劳动力　包括改善劳动组织，完善劳动定额，人员录用、使用和调配，制订劳动过程中的各项规章制度等。

④职工教育和培训　主要是通过职工大学、技工学校、职工业余技术学校、社会大学（电大、函授、刊授等）、管理干部学院，以及各种进修班、短训班形式，对企业职工进行思想教育、技能和文化培训，提高素质，以适应现代化建设的需要。

⑤绩效考评与激励　绩效考评就是对照任务书，对企业职工的工作作出评价。这种评价涉及职工的工作表现和工作成果等，应定期进行，并与奖惩挂钩。开展绩效考评和奖惩，目的是为了调动职工的积极性，检查和改进人力资源管理工作。

⑥帮助职工制订个人发展计划　人力资源管理部门和管理人员有责任鼓励和关心职工的个人发展，帮助其制订个人发展计划，使其与企业的发展计划相协调，并及时进行监督和考察。这样做有利于职工产生作为企业一员的良好感觉，激发其工作积极性和创造性，从而促进企业经济效益的提高。

⑦职工的劳动保护、劳动保险和工资福利　人力资源管理一方面要通过改善劳动条件，建立和健全劳动保护规章制度，进行安全生产和安全技术教育，保护职工的安全和健康；另一方面，要制订合理的工资福利制度，从职工的资历、职务级别、岗位、实际表现和工作成绩等方面考虑制订相应的、具有吸引力的工资报酬标准和制度，并安排养老保险、医疗保险、工伤事故、节假日等福利项目。

⑧职工档案保管　人力资源管理部门应保管职工进入企业时的简历、表格以及进入组织后，关于工作主动性、工作表现、工作成绩、工资报酬、职务升降、奖惩、接受培训和教育等方面的资料。

⑨人力资源会计工作　人力资源管理部门应该与财务部门密切配合，建立人力资源会计体系，开展人力资源投入与产出效益的核算工作。

（2）园林企业财务管理

财务管理（financial management）是在一定的整体目标下，关于资产的购置（投资），资本的融通（筹资）和经营中现金流量（营运资金），以及利润分配的管理。财务管理是企业管理的一个组成部分，它是根据财经法规制度，按照财务管理的原则，组织企业财务活动，处理财务关系的一项经济管理工作。简单地说，财务管理是组织企业财务活动，处理财务关系的一项经济管理工作，是现代企业管理系统的一个重要组成部分。园林企业财务管理一般包括4个方面：即筹资管理、投资管理、用资管理和利润分配管理。

（3）园林企业物资与设备管理

①园林企业物资管理　是一项非常重要的工作。其主要任务是：用最经济的方

法，做好各类物资的采购、保管和发放工作，保证按期、按质、按量、成套齐备、经济合理地供应生产所需，以保证企业生产经济活动连续不断进行；合理储存，妥善保管，加快物质周转，减少储存损耗；监督生产部门合理用料，搞好节约，做好物资回收工作。

根据上述任务，物资管理工作应包括以下几方面内容：按照企业的生产计划，制订各类物资的消耗定额和准备定额；对生产所需的各类物资做好综合平衡，合理地分配工作，编制物资供应计划；根据已经制订物资供应计划，做好采购、订货、运输、交货、调剂等各项工作；搞好物资的验收、入库、保存、维修、发放等日常工作；通过库存控制，监督生产部门合理用料；搞好清仓查库、综合利用、节约使用物质。

②园林设备管理　设备作为企业的主要劳动资料，是企业生产能力的物质标志，在企业生产经营过程中具有重要作用。利用机器设备进行生产，是现代企业的一个重要特征。设备管理的科学有效，对于企业实现生产经营目标有着重要的意义。

（4）园林企业技术管理

技术管理是对生产的全部技术活动进行科学管理的总称。实行技术管理必须建立起相应的技术管理组织体系，并与企业中各个部门紧密配合，相互协作，加快技术的创新，使获得技术的成本降到最低，技术的使用效益最佳，从而提高企业的技术实力和企业的发展潜力。

园林企业技术管理的主要任务分为两点，一是致力于促进企业科技研发能力的提高，推动企业技术进步；二是合理有效地进行组织管理，使科研、技术力量形成最佳组合，保证生产技术工作正常进行，为提高企业经济效益和发展国民经济服务。

2.2.1.3　园林企业管理的特点

园林企业管理除了一般企业管理具有的盈利性、自主性和风险性之外，还有 3 个方面的特点：

①园林企业管理职能和发挥要考虑到城市发展的要求　园林的发展依附于城市的发展和人们生活水平的提高。也就是说随着城市中人口集中、工业生产、交通运输和广播通信集中，城市环境受到破坏，烟尘废气、污水、噪声射线过度，使得园林的产生和作用大大提高。

②园林企业管理要同时适应公共物品和法人产品管理的要求　园林企业的产品既有公共产品，又有法人产品。公共物品既无排他性又无竞争性。这就是说，不能剥夺人们使用一种公共物品的权利，而且，一个人使用一种公共物品并不影响另一个人的使用。例如，国防是一种公共物品，不可能剥夺任何一个人享有国防带来的好处。而且，当一个人享受国防的好处时，并不影响其他任何一个人享受国防的好处。公共物品不受市场规律的调节，而法人产品则是一个注册的集团（单位）或个人通过市场所提供的合法产品与劳务。法人产品往往受到市场调节，公共产品则可以不受市场调节。

③园林企业管理是活物管理　活物管理把生产建设（提供有效生产量）的过程和园林经营（提供实现效益量）的过程紧密衔接在一起。由于园林业主要依靠植物，

所以在基本建设中涉及绿地规划、设计及植物栽植养护；而在园林服务中也涉及植物（以及动物）养护及布局调整。这与一般的产品生产和供销之间界限分明的情况有所不同，也与一般的基建和服务（如旅店、博物馆及其他文化设施）之间界限分明的情况十分不同。

2.2.2　园林公共管理

园林公共管理主要指公共绿地的管理，公共绿地包括各级、各类公园，动物园、植物园、其他公共绿地及城市道路绿化管理。

2.2.2.1　园林公共管理的目的

公共绿地作为城市绿地系统的一部分，它的功能首先是发挥保护城市环境的作用。公共绿地这个绿色空间的存在，本身就时时刻刻发挥着保护环境的作用，即环境效益。但是也有人从门票或其他一些盈利角度出发，认为绿地游客越多，效益越大，因而忽视对游客较少的公共绿地的养护管理，或是偏重于吸引游客设施，而放松对植物的养护，这就削弱了公共绿地的绿化功能。公共绿地的环境效益是靠植物的作用才能发挥出来的，为此园林公共管理必须坚持以绿化为主的方向，经常做好园艺养护工作，绿化面积与建筑面积保持合理的比例；加强树木花卉地被植物的种植养护管理，这不但是供游客观赏的需要，也是发挥环境效益的需要。

2.2.2.2　公共绿地管理工作的特点

做好公共绿地管理工作首先要研究公共绿地的特点，按照客观规律进行管理，才能把公共绿地管好，发挥它应有的功能。各个公共绿地的园艺结构不同，服务设施不同，活动内容不同，所在地区不同，服务对象不同，因此，具有不同的特点和规律。但公共绿地也有共性的特点，公共绿地的管理者要深入研究、具体掌握这些特点。公共绿地的特点可以概括如下：

①公共绿地是以植物材料为主体构成的绿色环境，这是区别于其他公共场所的根本标志。经营管理工作中要注意发挥以园艺为主的特点，保持规划设计中绿化种植与建筑的合理比例。

②公共绿地是接受社会影响最敏感的场所，也是容量最大、流量最多的公共场所。一切社会现象在公园都有反应，公共绿地管理工作要紧跟形势，遵照党和政府的方针、政策去做。通过公共绿地工作，发扬社会主义道德风尚，树立良好的社会风气。

③公共绿地每天接待成千上万的游客，他们因来源、年龄、文化、职业和爱好不同，带着不同的目的，走进了公共绿地，他们对公共绿地的要求不同。因此，公共绿地的管理者要懂得各类游客的需要，安排不同的服务任务，使其各得其所，这样才能提高服务质量，完成接待任务。

④公共绿地的效益直接表现在为游客提供良好的服务的社会效益上。从公共绿地服务工作中，体现在党和政府对人民生活的关怀。公共绿地的服务活动，不应该只是

以盈利为目的，而且应该通过良好的服务，赢得游客的满意，自然可以获得相应的经济收入。

2.2.2.3 公共绿地管理的主要内容

实现公共绿地的功能，建园是基础。但是，即使有了好的设计构想、美好的园艺布局、完善的服务设备，要想达到预期的目的，管理还是关键。管理工作的特点是通过人去做为他人服务的工作。牢固地树立全心全意为人民服务的思想，是做好管理工作的根据。公共绿地所有的生产、业务活动都是为游客进行的，所有的设施都是为游客而设的，可以说，没有游客，就没有公共绿地。要时时处处为游客着想，一切为了满足游客的要求，一切为游客提供方便，因此公共绿地管理应做到：经常保持优美的园林景色及整洁的游览环境，要有周到的服务项目、丰富的活动内容。为了达到这些要求必须要做到以下工作：园艺养护；设备的维修；整洁的环境；丰富的活动内容；良好的服务项目和质量。

2.2.3 园林产业及其产品管理

园林产品是一种特殊产品，当进入商品流通领域后，也就成为了特殊商品。与一般的商品相比较，具有几个方面固有的特点：①园林产品是有生命的物质商品；②园林产品具有观赏性；③园林产品是雅俗共赏的精神享受商品；④园林产品是特殊性的娇嫩珍贵产品。这里主要指的是花卉产品。对其管理进行主要从以下几个方面进行：①经营场所；②门店设计；③营销渠道；④服务主体；⑤营销策略。这几点将在后文中详细讲解。

2.2.4 园林生产管理

2.2.4.1 园林生产管理概述

园林企业同其他企业一样，都是把资源投入到产品的生产经营过程而形成产品，生产经营具有阶段性和连续性，组织上具有专业化和协作化特点。因而一般工业企业产品的生产经营规律大多适用于园林产品的生产经营。但是园林产品具有固定性、多样性和庞大性，园林生产具有流动性、单件性和露天性，园林企业生产管理的可变因素多，其业务、环境、人员、协作关系经常变化。因此，园林企业生产管理比一般工业企业的生产管理更为复杂。

2.2.4.2 企业生产过程

（1）生产

生产的本质是能够创造物质和财富来满足人们的需要。所以，生产一般是指以一定生产关系联系起来的人们利用劳动资料、改变劳动对象、意识和人们需要的活动。在这里，主要是指物质资料的生产，是使一定的原材料通过人们的劳动转化为特定的有形产品。这种转化有 3 种含义：①是无形态的转化；②是功效的转化；③是价值的转化。将 3 个层次面上的"转化"合起来，就是指企业生产的产品要满足市场的需要，能够为企业带来盈利，即是生产的经济性与有效性的统一。

（2）生产过程的概念

对生产过程有广义和狭义的理解。狭义的生产过程是指从原材料投入到产品出卖的一系列活动的运作过程。广义的生产过程是指整个企业围绕着产品生产的一系列有组织的生产活动。生产过程包含基本生产、辅助生产、生产技术准备以及生产服务等企业范围内各项生产活动协调配合的运行过程。

（3）生产过程的构成

产品或劳务在生产过程中所需要的各种劳动，在性质和对产品的形成上所起的作用是不同的。依其性质和作用，可将生产过程分为：

①生产技术准备过程　生产技术准备过程是指产品在投入生产前所进行的各种生产技术准备工作。具体包括市场调查、产品开发、产品设计、工艺设计、工艺装备的设计与制造、标准化工作、定额工作、新产品试制和鉴定。

②基本生产过程　是指直接为完成企业产品生产所进行的生产活动，如园林企业的挖池堆山，花草树木的种植和养护管理。

③辅助生产过程　是指为保证基本生产过程的正常进行所必需的各种辅助性生产活动。如园林企业的设备维修与检测等。

④生产服务过程　是指为基本生产和辅助生产服务的各种生产服务活动。如物料供应、运输和理化试验、计量管理等。

以上基本生产过程、辅助生产过程、生产技术准备过程和生产服务都是企业生产过程的基本组成部分。其中，生产技术准备过程是重要前提，基本生产过程是核心，占主导地位，其余各部分都是围绕着基本生产过程进行的，为更好地实现基本生产过程提供服务和保证。有的企业还从事些副业生产活动，生产某些副产品，副业生产过程也是企业生产过程的组成部分。

一个园林建设项目通常由许多单项工程组成，一个单项工程包括许多单位工程，一个单位工程又包括许多分步工程，每一个分步工程又由分项工序组成。工序是指一个工人（或一个组工人），在一个工地上对同一种劳动对象连续进行加工的生产活动。工序是组成生产过程的最基本环节，是企业生产技术工作、生产管理组织工作的基础。工序按其作用不同，可分为工艺工序、检验工序和运输工序3类。工序划分的粗细程度，既满足生产技术的要求，又要考虑到劳动分工和提高劳动生产率的要求。

2.2.4.3　园林企业物资管理

（1）物资管理任务

物资管理工作的任务，一方面既要保证生产的需要，另一方面又要采取有效措施降低物资的消耗，加速资金的周转，提高经济效果。具体要做到：

①按期、按质、按量、适价、配套地供应施工生产所需的各种材料，保证生产正常进行。

②经济合理地组织材料供应，减少储备，加强保管，减低消耗。

③监督与促进材料的合理使用和节约使用。

（2）物资定额管理

物资消耗包括产品有效消耗、工艺性消耗和非工艺性消耗。产品有效消耗应是产品的实体消耗，消耗水平与产品设计有直接关系；工艺性消耗是指物料在准备和加工过程中，由于改变物理性质和化学成分所长生的消耗，如废料、废液、废渣、废气产生得越多，其工艺性消耗也越大；非工艺性消耗是指产品有效消耗和工艺性消耗以外的物资消耗，如废品、损耗等。

物资消耗定额是编制材料计划的基础。按其作用可分为两大类：一是材料消耗定额；二是材料储备定额。

①材料消耗定额　是指合理的使用材料的条件下，生产单位合格产品所必须消耗的一定规格的材料数量，它包括材料的净需用量和必要而合理的运输损耗量和工艺损耗量。

材料消耗定额制定的方法有以下 4 种：

试验法　是在实验室内用试验方法测定某些材料消耗量来制订定额的方法，限于沥青、油漆、混凝土及砂浆等材料。

计算法　是利用图纸及其他技术资料通过公式计算出材料消耗量来制订定额的方法。它适用于容易用面积或体积计算的块状或片状材料，如砖、钢材、玻璃、油毡、木材和预制构件之类。

统计法　是利用典型施工工程的完成数量及材料使用的原始记录通过统计分析计算出材料消耗量来制订定额的方法。这种方法简便易行，但受具体工程和统计资料准确性的影响。

测定法　是对选定对象的材料消耗进行测定与观察，再通过整理计算出材料消耗定额的方法。这种方法有较客观的科学依据，但工作量较大，测定结果受测定对象和测定方法影响。

在实际制订物资消耗定额时，往往采用多种方法相互验证补救。

②材料储备定额　是指在一定的生产条件下，为保证生产正常进行而储备的材料标准量。按其定额的计算单位分，有以实物为计算的绝对定额和以储备时间为计算单位的相对定额；按其定额的综合程度，又可分为单项定额和综合定额。一般来讲，材料储备定额是由相对定额的经常储备和保险储备两部分组成。

经常储备　亦称为周转储备，是指在正常情况下，在前后两批材料达到的供应期内，企业为满足施工生产连续进行而建立的材料储备量。其计算公式为：

$$经常储备量 = 每日消耗量 \times 供应间隔日数$$

保险储备　是为预防材料运输抵达误期，或品种规格不符合需要等原因影响企业正常生产而建立的材料储备。其计算公式：

$$保险储备量 = 平均日消耗量 \times 材料保险日数$$

保险日数　即可以根据过去的经验资料，也可以按重新取得材料的日数来确定，对于随时能取得补充或已建立季节性储备材料，可以不建立保险储备。一般情况下，保险储备是不动用的，是一种固定不变的库存，如果在特殊情况下动用后，应尽快

补足。

（3）活物管理

①苗木进工地前的管理

苗木装车　装要进行验苗，即检查苗木的品种、规格、生长状况、掘苗质量及苗木数量。凡不符合要求的装车前要进行调换。

裸根苗装车的要求：裸根苗装车时要注意四点：裸根苗树根朝前，树梢朝后，顺序码放；在后箱板上要垫上草袋蒲包等，防止树木机械损伤；树梢不准拖地，用绳索吊起来；车装得不宜过高、过重，不宜压得过紧，以免压伤树权和树根。

带土球苗木装车的要求：带土球苗木装车的要求有3个方面：2cm高以下的苗木直立装车，2m高以上的倾斜装车，土球朝前，树梢朝后；土球直径大于60cm的排码一层，小于60cm的（不包括60cm）排码2～3层，土球要码紧，防止土球晃动；土球不许堆放重物。

苗木运输　应注意以下三点：

——短途运输途中不休息，直接运到施工场地。

——司机和押运人员配合好，保证车辆行驶平稳。

——长途运输要往苗木上洒水。运输车超长、超宽、超高时要办好手续。

苗木卸车　应注意以下两点：

——裸根苗从上到下、从后向前顺序取下，不许乱抽乱取或整车推下。

——带土球苗木用双手轻推土球，不许提拉树干，大土球苗木用起重机卸车。

②施工现场苗木管理　运到施工现场的苗木不能及时定植的要进行假植。

裸根苗暂时假植的简易方法　裸根苗运到现场若很短时间就能定植完毕，可临时假植，其简易方法有很多，如卸车后用湿苫布、湿草袋等将树根盖严；苗木卸车后，在植树现场附近，选择合适地点，先挖一条一锹宽，一锹深，2～3m长的小沟，将苗木紧密排码立置，将树根放入沟中，然后仅靠小沟，再挖一条小沟，并将挖出的土埋苗根，直到将苗木的根全部埋在土里。

裸根苗一般假植方法　若施工时间长，苗木一时不能定植，必须做好假植工作，干旱的北方地区尤其重要。

第一，如能在正常的植树季节内栽完，可事先在施工现场附近且不过多影响植树施工位置的地方挖好假植沟，沟宽2m左右，沟深30～40cm，沟长根据苗木数量而定，然后将一时不能定植的苗木分门别类立置沟内，用细土将树根埋严，并适量浇水保证根部土壤潮湿。

第二，尽量在植树季节栽完；若已过植树季节，则应将苗木上盆，装筐，做假植土球，待有条件时再进行定植。

第三，植树期间对苗木要加强养护管理，如洒水、看管等。

带土球苗木的假植与养护　带土球苗木运到施工现场后，一两天内若能定植完毕后可以不必假植；若时间较长，可将苗木集中，立置土球，用土稳牢，四周用草绳围拢树冠，适当加以叶片喷水。

若不能在正常季节定植完毕，则也应采取上盆、装筐等措施长期假植，假植期间要加强养护管理。

小　结

本章主要介绍了园林管理学的基础知识以及园林管理的基本内容。首先，对管理学的基本概念以及管理过程中的基本原理和基本方法进行了阐述，这些原理和方法通用于各个管理过程。其次，从园林管理者的角度对园林企业管理、园林公共管理、园林产业及其产品和园林生产 4 个方面的基本内容进行了简单的阐述分析，这些内容会在后续章节详细阐述。

思考题

1. 管理的基本概念是什么？有哪些基本特点？
2. 园林管理包括哪几方面的管理？
3. 园林企业管理的概念为何？它有哪些特点？

推荐阅读书目

1. 园林经济管理．李梅．中国建筑工业出版社，2007.
2. 园林经济管理．王焘．中国林业出版社，1997.
3. 园林经济管理学．徐正春．中国农业出版社，2008.

第3章 园林企业管理

园林企业管理就是园林企业管理者根据企业的经营目标，对企业的生产经营活动过程进行有计划、有组织的协调和控制，目的是提高企业的经济效益、生态效益和社会效益，其管理的内容主要包括园林企业经营管理、园林企业生产管理、园林企业人力资源管理、园林企业信息管理、园林企业财务管理等。本章主要介绍园林企业的经营管理，研究园林企业的组织管理、战略管理、市场经营管理以及经营决策方法等。重点是园林企业经营环境的分析、企业文化的建设、企业经营战略的制订、企业的市场营销、企业的经营决策等。要求掌握相关的概念、经营环境的分析、市场预测和营销以及经营决策的具体方法。

3.1 园林企业管理概述

管理就是协调人的活动，有意识、有组织的群体活动；管理就是领导，组织一切有目的的活动；管理就是决策，在经过一系列的比较、分析、评价、选优后为组织做出决策；管理就是信息的收集和处理，为实现组织的目标，收集和处理组织内外的相关信息；管理就是计划、组织和控制，是组织完成任务的保证。总之，自从有了人类的群体生活开始，协调和组织的运作就无处不在。管理就是营造并保持一种良好的环境，使组织的不同层次和不同领域能够协调运行，为实现组织目标，动员和运用有效资源进行的计划、组织、领导和控制等活动。

3.1.1 园林企业管理

园林企业管理的对象是园林企业，园林企业就是以生产园林产品为主要经营业务的法人企业，其经营的最终目的是为了获得利润并向社会提供满意的产品。园林企业管理的目的是合理利用和组织各类资源，提高生产效率，实现企业的目标。

3.1.1.1 企业的概念与特征
（1）企业

企业是以生产产品或提供劳务满足社会需求，自主经营、独立核算，具有法人资格的营利型经济实体，是社会经济活动的基本单位。

（2）企业的特征

经济性 企业是市场经济中的基本经济单位，从事生产经营的目的是取得营利。

营利性 经营的目的是为了获取利润，以最少的成本获取最大的利益。

责任性 向社会提供符合规范的、消费者满意的产品，为国家积累财富，是企业义不容辞的责任。

自主性 企业是独立经营、独立核算、自负盈亏的经济组织。

合法性 企业是依法注册、登记、设立的，具有法人资格。

3.1.1.2 企业的类型

企业按照不同的标志主要分为：

①按照生产资料所有制的性质可以分为 国有企业、集体企业、个体企业、股份制企业、私营企业和外商独资企业、中外合资企业等。

②按照企业所属行业分为 农业企业、工业企业、建筑安装企业、交通运输企业、园林企业、商业企业、服务企业、金融企业等。

③按照生产要素的密集程度分为 劳动密集型企业、资金密集型企业、技术密集型企业。

④按照企业的规模大小分为 大型企业、中型企业、小型企业。

3.1.1.3 园林企业管理

(1) 园林企业管理概念

园林企业管理就是园林企业管理者根据企业的经营目标，对企业的生产经营活动过程进行计划、组织、协调、控制的过程，以提高企业的经济效益、生态效益和社会效益，有效地实现企业目标的过程。

(2) 企业管理的基本含义

管理的目的是实现企业的目标；管理的核心是过程的控制；管理的关键是管理者；管理的对象是企业拥有的各种资源；管理的本质是协调和控制。

(3) 园林企业管理的内容

主要有 5 个方面：即园林企业经营管理、园林企业生产管理、园林企业人力资源管理、园林企业信息管理、园林企业财务管理等。

(4) 园林企业管理的任务

①合理组织、协调生产力 使企业现有的生产要素得到合理的配置与有效的利用，恰当地协调各种生产要素之间的关系和比例，使企业生产组织合理化，实现物尽其用，人尽其才。

②制订企业的经营战略 在环境分析的基础上制订战略目标，选择战略重点，制订实现战略目标的方针和对策，掌握市场竞争和企业发展的主动权，使企业在竞争中处于优势地位。

③研究和评价企业的经营环境 收集、预测、加工处理、研究企业的外部信息，根据企业产品的性质，考察与之相关的市场环境，根据企业技术和工艺特征，考察相应行业的环境，根据资金实力确立企业的行业地位。

④激励和协调企业职工 使企业职工敬岗爱业，开发和挖掘职工的潜能，提高劳动生产率。

⑤监督和考评企业的绩效 考评企业各级管理的效率和成果，完善和改进管理的

方法。

3.1.2 园林企业经营管理

园林企业经营管理是企业管理的核心，经营管理的效果直接影响着企业的发展和生存。

3.1.2.1 经营

经营就是企业以市场为平台，以商品生产和商品交换为中心，根据企业所处的外部环境和条件，合理地组合企业的各种生产要素，以最少的投入取得最大的效益。

经营与管理不同，管理侧重于企业内部生产业务活动中的人力、物力、财力的计划、协调、监督、控制等，属于微观战术型的范畴。经营侧重于正式开展生产任务的社会调查、预测、可行性研究、决策，属于宏观战略性的范畴。

管理适用于一切社会组织，经营只适用于营利性组织中；管理以企业内部的各种关系为核心，经营以企业外部环境为中心；管理旨在提高企业的生产作业效率，而经营则以提高企业经济效益为目标。

管理与经营在企业的发展过程中是不可分割的，它们相互依赖、相互渗透，为实现企业的目标共同发挥着作用。

3.1.2.2 园林企业经营管理

园林企业经营管理是指园林企业在分析企业的内外部环境的基础上，制订企业的经营战略，有计划地合理组织和配置企业的各种生产要素，协调各种关系，控制和保障企业目标的实现，为社会创造更多的经济效益、社会效益和生态效益。

3.1.2.3 园林企业经营环境

园林企业经营环境是指企业在开展经营活动过程中，企业内部条件和外部环境的总称。

企业经营环境的特点有：①不可控性：经营环境是由广泛的社会因素组成的，企业虽然可以在局部范围内对环境加以影响，但是不能控制外部环境的变化，因此，企业应主动地适应环境和利用环境。②动态性：随着时间的推移和社会经济的发展，构成环境的因素也随时在发生变化。③相关性：构成环境的各种因素是相互联系、相互制约的，随着各种经济、政策、法规等条件的变化同时经营环境也会发生改变。④差异性：所有企业所面临的总体外部环境基本相同，但由于企业的地理位置、经营规模、企业性质等不同，同样的环境会在不同的企业有不同的体现。

园林企业的经营环境包括外部环境和内部环境两大部分。

(1) 园林企业经营的外部环境

①经济环境　国内外的经济形势、产业发展趋势、社会购买力和购买习惯、税收与信贷政策等。

②自然环境　自然资源的分布、地理特征的差异、气候的变化等。

③社会文化环境 人口环境、政治法律环境、语言文字、风俗习惯、宗教信仰、价值观、审美观等。

④科学技术环境 技术发展水平、技术贸易等。

(2) 园林企业经营的内部环境

①企业规模 企业职工人数、固定资产总额、生产能力、销售情况、营利情况等。

②生产条件 企业资金、技术、人员等基本条件。

③组织结构及权利中心 企业的组织结构特点以及企业的权利分配比例。

④销售渠道及代理商体系 企业选择销售渠道的宽窄和长短以及代理商的多少等。

3.1.3 园林企业组织管理

园林企业组织管理是企业有效开展生产活动，取得良好效益的根本保证。企业的组织管理包括管理者、企业组织结构、企业管理制度、企业文化等的制订和实施。

3.1.3.1 管理者

管理者（又称管理人员）是指在组织中全部或部分从事管理活动的人员，即在组织中担负计划、组织、领导、控制和协调等工作，以期实现组织目标的人。不管管理人员是高层的、中层的或基层的，他们均有被管理的下属。

组织中的成员一般可以分为两大类，一类是作业人员，另一类是管理人员。管理人员的工作业务性质与其他作业人员的工作性质是截然不同的。作业人员是直接在某一岗位上或某一任务中制造产品或提供服务，他们不负有监管他人的工作责任。而管理人员的主要工作职责是管理人的工作，当然也有一些作业性任务需要完成。

管理人员按所处的组织层次可以分为：

①高层管理人员 是组织中的高级领导者，他全面负责整个组织的管理，负责制订组织的总目标、总战略，掌握大政方针并评价整体绩效。他拥有对组织资源的分配权，尤其是对人力资源的调配权，同时也需要对整个组织的业绩负责。

②中层管理人员 是介于高层管理人员和基层管理人员之间的管理人员，主要职责是贯彻执行高层管理者的重大决策和管理意图，监督和协调基层管理人员的工作活动，注重日常的管理事务。

③基层管理人员 即一线的管理人员，是直接监察实际作业人员的管理者，其主要职责是直接给作业人员分配具体任务，指挥和监督现场作业活动，确保下属的工作条件和工作环境，保证上级下达的计划和指令的完成。

作为一名合格的管理人员需具备的技能要求有：技术技能、人际技能、概念技能。

①技术技能 是指在专业领域内使用相关的工作程序、技术和知识完成组织任务的能力，如设计技能、生产技能、财务技能、营销技能等。管理者不必成为精通某一领域的技能专家，但需要了解并初步掌握与其管理的专业相关的基本技能，以便与组织内的专业技术人员进行有效的沟通和对所辖业务范围的各项工作进行具体的指导。

②人际技能 是指与处理人事关系有关的技能，即理解、激励他人并与他人共事的能力。其包括领导能力，但其内涵远比领导能力要广泛，因为管理者除了领导下属外，还要与上级领导和同级同事打交道，还得学会说服上级领导，领会领导意图，学会与同事合作等。

③概念技能 也称为应变技能，是指管理者在突发的复杂环境中，能敏锐、迅速地分清形势，准确地抓住问题的实质，并能果断地做出正确决策的能力。体现了管理者的知识结构和应对突发事件的能力。

要成为有效的管理者，必须具备上述 3 种技能，缺一不可。但是不同管理层对上述各技能要求的重要程度是不同的。具体的比例如表 3-1 所示。

表 3-1 不同管理层对各种技能的要求比例

基层管理者	中层管理者	高层管理者
概念技能	概念技能	概念技能
人际技能	人际技能	人际技能
技术技能	技术技能	技术技能

对于高层管理者，最重要的是概念技能和人际技能，中层管理者要有均衡的技能，基层管理者最接近作业现场，对技术技能的要求较高。由于管理者的工作对象是人，因此人际技能对各个层次的管理者来说都是重要的。

3.1.3.2 企业组织结构与管理制度

企业组织结构和管理制度是企业有效地开展生产经营活动，取得良好经济效益的根本保障。企业组织结构是从总体上建立企业开展管理活动的框架结构，而企业制度是企业全体成员必须共同遵守的基本准则和行为规范，是企业经营活动顺利进行的必要保障。

(1) 企业管理制度

企业管理制度是企业职工必须遵守的各项办事规程和行为准则。它具有社会性、科学性、权威性、激励性、无差别性、稳定性等特性。其基本内容主要包括三大类：管理工作制度、责任制度和基本制度（表 3-2）。

表 3-2 企业的各项管理制度

管理工作制度		责任制度		基本制度	
企业文化建设	企业形象 企业精神 精神文明建设等	行政组织和职能部门的责任	各部门基本职责 责任指标、权限范围 奖惩标准等	企业领导制度	厂长经理责任制 重大事故管理制度

（续）

	管理工作制度		责任制度		基本制度
经营管理制度	经营目标管理制度 经营计划管理制度 信息管理制度等	岗位责任制	总工程师、总设计师、总经济师岗位责任制 职工岗位责任制等	民主管理制度	职工代表大会
营销管理制度	营销计划编制程序 销售合同管理制度等 产品及售后管理制度等	经济责任制	计划指标经济责任 经营目标责任制 经济承包责任制等		
人事管理制度	招聘、培训制度 人事调配制度 纪律考核制度 收入分配制度等				
生产管理制度	生产作业制度 生产调度制度 安全管理制度等				
技术管理制度	规划设计管理制度 标准化管理制度 操作规程管理制度等				
质量管理制度	全面质量管理制度 质量检查、监督制度				
物资设备管理制度	物资采购、验收制度 物资领用、消耗制度 设备保养、维护、更新管理制度等				
财务管理制度	产品成本核算制度 专用资金管理制度 差旅费报销制度等				
生活福利制度	休假制度 医疗保险制度等				

（2）企业组织结构

企业组织结构是企业管理组织以及整个企业组织的基本管理框架，不同规模、不同性质的企业，组织结构也不相同。园林企业常见的组织结构可以分为两种形式即机械型组织结构和松散型组织结构。

机械型组织结构 是传统企业的结构层次，强调统一领导、统一指挥，组织内部有一条职权链，强调上级对下级有绝对监督和控制权，企业结构强调的是标准化而非人性化的管理。这种结构具有稳定性，效率高，但组织僵化，反应迟钝。主要有事业部制组织结构和职能性组织结构。

松散型组织结构 是现代企业的适应性选择，具有低规范化、简洁化、分权性的特征，较少受到规范的约束，上级只需给出任务的方向和目标，其他则由下属执行解决处理。这种结构较松散，但具有高度灵活性，能根据需要迅速作出调整。主要有直线结构、矩阵结构、网络结构等。

3.1.3.3 企业文化

企业文化是在企业管理实践中产生和发展的，建设良好的企业文化是现代企业管理发展的方向。企业文化对企业的经营决策和领导风格，对企业职工的工作态度和工作作风都起着决定的作用。优秀的企业文化被广大的职工所认同、接受，就会成为企业无形的精神中心，形成巨大的向心力和推动力，帮助企业实现经营管理目标，提高企业的经济效益和社会效益。

（1）企业文化的概念和特征

企业文化是以企业哲学为主导，以企业价值观为核心，以企业精神为灵魂，以企业道德为准则，以企业环境为保证，以企业形象为重点，以企业创新为动力，以企业文化创新为实践的系统理念。企业文化是在一定的历史条件下，企业职工在长期的生产经营过程和变革的实践中逐步形成的，是具有企业个性的共同思想、价值观念、经营理念、群体意识、行动方式、行为规范的总和。现代企业文化的发展将随着企业的不断发展日益强化，最终成为现代企业进步和发展的精神源泉。

企业文化具有民族性、地域性、人本性、独特性、可塑性和稳定性的特征。

①民族性　每个民族都有自己独特的进化途径与文化个性，在不同的经济环境和社会环境中形成了特定的民族心理、风俗、习惯、宗教信仰、道德风尚、伦理意识、价值观念、行为准则和生活方式等。在同一民族的企业中，企业文化往往表现出极大的相似性。

②地域性　企业文化不仅在不同国家中表现出极大差异，而且在同一国家内部，不同地区的企业也会显示出文化的区别。这是由于生活在不同区域或不同社区的人们，会表现出不同的文化特质、不同的文化习俗以及由此而形成的人们价值取向上的某些差异。作为区域文化或社区文化对企业文化的影响和制约，在企业行为中表现出来时，便形成了企业文化的地域特征。

③人本性　强调人的重要性是现代企业文化的一大特点。企业文化最本质的内容就是强调人的价值观、道德、行为规范等，在企业管理中的核心作用，强调和突出人的地位、人的作用，以人为本，以人的素质开发为本。人的素质决定企业的素质、决定企业文化的品质。从某种程度上来说，离开了人的一切机器、设备等都只是可能性的生产要素，甚至可能成为一堆废铁。

④独特性　人类创造的文化是极其丰富多样的，并不是单一的和刻板的，这就决定了企业文化的多样性和独特性，企业文化作为企业"人格化的性格"源于其特殊的历史传统、成员结构及领导风格等因素，因此，总是有其独特的价值观念、追求目标和风俗习惯。企业作为商品经济和现代文明的共同意识，其文化中体现着商品经济的一般规律，渗透着人类文明的共同意识。每个企业的企业文化都应具有鲜明的个体性和独特性，在一定的条件下这种独特性越明显，其内聚力就越强。

⑤可塑性　企业文化的形成，虽然受到企业传统文化因素的影响，但也受现实的管理环境和管理过程制约。由于市场在变化，社会在发展，必然要求企业的经营思

想、管理行为以及生活观念等要适应这种变化，面对新的环境，企业必须积极倡导新的准则、精神、道德和风尚，对旧的传统进行扬弃，从而塑造和形成新的企业文化，才能紧跟时代潮流，立于不败之地。

⑥稳定性　虽然企业文化不是一成不变的，要随着时代的发展而发展，但是它又具有相对的稳定性，即在一定时期内，能够保持一个稳定的面貌，这是企业文化发挥其功能的基础，否则职工的思想和行为就失去了标准和导向。稳定的企业文化是企业凝聚职工精神、实现共同目标的基础。

（2）企业文化的内容

企业文化的内容十分丰富，几乎渗透到企业的各个方面，主要包括：

①企业目标　是企业观念形态的文化，具有对企业的全部经营活动和各种文化行为的导向作用。确定企业目标必须从总体上体现企业经营发展战略，有一定的竞争性和一定的超前性，注意解决好经济效益与社会效益的关系。确定企业的使命与宗旨，激发职工的积极性，共同向目标前进。

②企业哲学　是企业理论化和系统化的世界观和方法论。它是一个企业全体职工共有的对事物的最一般的看法，它是指导企业的生产、经营、管理等活动，处理人际关系等全面工作和行为的方法论原则，它是企业人格化的基础，是企业的灵魂和中枢，也是企业一切行为的逻辑起点。

③价值观念　是人们对生活、工作和社会实践的一种评价标准。对企业而言价值观为企业生存和发展提供了基本方向和行动指南，它是企业领导者和职工追求的最大目标及据以判断事物的标准，也是企业进行生产、经营、管理等一切活动的总原则。

④企业精神　是指企业群体的共同心理定势和价值取向，它是企业的企业哲学、价值观念、道德规范的综合体现和概括，反映了全体职工的共同追求和共同认识。企业精神具有强大的凝聚力、感召力和约束力，是企业职工对企业的信任感、自豪感和荣誉感的集中体现，是企业在经营管理过程中占统治地位的思想观念、立场观点和精神支柱。

⑤道德规范　道德是指人的品质和行为准则，而规范是指人们行为的依据或标准。道德规范是一种特殊的行为规范，是企业法规的必要补充，它是评价善良与邪恶、正义与非正义、公正与私偏、诚实与虚伪的准则，是评价和调节企业及职工行为关系的依据。

⑥企业形象和环境　现代企业形象是现代企业文化的外在集中表现，是企业文化的载体，是以标志性的外化形态来表示本企业的文化特色，并与其他企业明显地区别开来的内容。它包括产品形象、价格形象、广告形象、顾客服务形象、环境形象、职工形象、公共关系形象、企业家形象等。

现代企业环境包括企业象征物、企业布局、企业生产环境、技术设备现代化与文明程度等物质性内容，是企业文化的重要组成部分。企业象征物是一种反映企业文化的人工制作物，它可以是人像、动物或其他造型，一般矗立于企业中最醒目易见的地方。企业布局是指企业的内外空间设计，包括厂容厂貌、商店的橱窗和内部装饰。企业生产环境的优劣直接影响企业职工的工作效率和情绪。优化企业生产环境为企业职工提供良好的劳动氛围，是企业重视人的需要、激励人的工作积极性的重要手段。企业的文明程度与技术、设备的现代化密切相关。企业的技术作为物质文明、精神文明的一种体现，对社会起着潜移默化的作用，它的发展对企业文化有很大的影响。

（3）企业文化的作用和意义

企业文化是一门在企业管理实践中产生的，随着企业管理学科的发展，企业文化的理论也越来越多地被接受，在企业的实践中企业文化起到了重要的作用，主要有：

①导向作用　企业管理系统是能够适应外部环境和内部条件变化的具有生命力的系统。企业文化就是管理系统的风向标，它决定着企业的行为方向或方式。通过企业文化对企业职工的心理、价值观、理念、言行的取向起指导作用，将其引导到企业内部的共同心理、共同价值观、共同理念和共同的言行上来。

②凝聚作用　凝聚力主要是指企业职工之间相互吸引的纽带作用，也就是企业对职工吸引力的大小，职工对企业的向心力的强弱。好的企业文化能把企业的宗旨、理念、目标和共同利益注入职工的思想，使职工的思想和态度发生变化，职工对企业产生认同感、使命感、归属感和自豪感，并自觉地把企业文化付诸实际行动中，整个企业上下一心，凝聚起来。

③激励作用　激励力是指企业文化贯彻以人为本的价值观念，视人力资源为企业中最宝贵的资源，从而大大鼓舞职工的士气，使职工从"要我干"变成"我要努力干"，自觉地为企业的目标而奋斗。并且从传统的只重视激励个人转变为重视个体与群体相结合，对群体的激励强化了个体对群体的归属感、使命感，从而激发个体为群体作出贡献的决心和信心，促使个体产生稳固的行为积极性。企业通过文化塑造共同的价值观所确定的目标和共同信仰，能激发职工赴汤蹈火的激情和忘我的工作精神，促使大家共同追求更加卓越的目标，把工作干得更好。

④约束作用　企业文化中以规章制度、行为准则等形式体现的部分，可称为制度文化，如厂规、厂纪等，对每个职工的行为起到了约束作用。企业文化告诉职工企业提倡什么、反对什么、应该如何、不应该如何，对职工起着潜移默化的自我控制作用。它对职工的行为约束是无形的，然而却比制度文化的约束更深刻、更有力量。

⑤提高生产力的作用　企业文化通过以上的整合力量，能产生巨大的生产力，使企业产生较好的经济效益和社会效益。在一种优秀企业文化的氛围影响下，企业内部职工就会产生自豪感和主人翁精神，就会忘我地创造性地工作，从而提高工作效率，减少内耗，还能树立良好的公众形象。在这种企业文化的影响下，企业的效益将会迅速上升。

企业文化建设的意义如下：

①塑造共同的价值观　企业文化的核心是企业价值观，企业价值观是企业全体职工一致的价值取向。企业的价值观决定着企业的发展方向，影响着职工的行为取向，并为职工提供强大的精神支柱，企业的价值观给予职工以神圣感和使命感，鼓舞着职工为实现崇高的信念、宏伟的目标而奋斗。

②树立优秀的企业形象　企业形象是社会各类公众对企业整体的印象和评价，企业文化形象则是指表达有关企业的基本文化与哲理的。一个企业的形象可以用来表示

企业的共同信念、价值与理想，企业形象也是企业文化、企业行为、企业绩效等各个方面的综合反映。

③创建具有旺盛活力的团队，保持激励机制，充分发挥职工的作用　企业文化可以最大限度地激发企业和职工的潜能，发挥现有职工的作用，注重现有职工之间具有的价值观念和行为准则，保证企业取得良好的绩效。

(4) 企业文化建设的内容

①物质文化的建设　重视产品和服务质量的改进与提高，加强企业的基础设施建设、美化企业的环境，注重产品和服务的设计，优化企业形象，增强企业产品和服务的竞争力。

②行为文化的建设　注重人力资本的培育和积累，增加投资，加大人才的培养和引进力度。注重经营管理的科学性、效益性。建立良好的企业环境，鼓励职工参与企业文化的建设，发挥个人兴趣，提高职工的综合素质。

③精神文化的建设　发扬传统文化的精髓，积极吸取现代文化和外域文化的经验，建立适合本企业的企业文化。

④制度文化的建设　建立有利于企业目标实现的企业管理制度体系，实现规范化、系统化，强调可操作性和可执行性。

(5) 影响企业文化的因素

企业文化的形成，受到多种因素的影响，为了制订企业文化战略，就需要对这些因素进行透彻的分析，以确定对策。优秀的企业文化，必然融优秀的传统文化、时代精神和本组织的特点于一体。影响企业文化的因素可分为外部因素和内部因素两部分。

①影响企业文化的外部因素　主要包括民族文化、社区文化、政治和市场环境、科学技术因素等。

民族文化　是一个民族在长期的历史发展过程中形成的独具特色的价值观、心理特征、行为规范等的总称。企业文化是民族文化在一个企业内的综合反映，对企业文化有强烈的约束作用和控制作用。

社区文化　企业处于一个特定的社会区域，每一个特定的社会区域都有自身的文化，即社区文化。社区文化是人们所处的生活区域的价值观、行为规范、传统习俗等的综合反映，是民族文化的特殊表现。

政治和市场环境　政治环境对企业文化的影响是必然的，企业要建立良性的政治运行机制必然要受到外部政治环境的影响。企业文化是以顾客为导向的竞争文化，企业必须时刻关注市场的变化。

科学技术因素　科学技术的发展对企业运营产生多方面的影响，使企业文化发生变革，技术的稳定或技术革新对职工的态度和行为都会产生影响，继而影响企业文化的建设。

②影响企业文化的内部因素　主要有企业性质、组织结构、组织氛围、企业领导者的魅力等。

企业性质　企业文化在不同性质的企业间有差异，在企业文化的设计和建设中要考虑到企业本身的特色，树立企业自己的精神标语和建立企业独特的个性，增强企业形象。

组织结构 企业的组织结构会影响到人的行为。分权组织可以激励创新和冒险行为以及个人参与的积极性。集权化组织容易造成一致的行为、严密的控制，以及各种各样的模范人物，从而塑造不同的企业文化。

组织氛围 即企业内部对风险、情感、奖惩等的基本倾向。企业内的情感交流、奖惩规则等会影响企业文化。

企业领导者的魅力 领导者通过自己的感召力和整合力，把企业的价值观念等传导给全体成员，促进职工对企业文化的认同，引导其思想和行为。企业会因领导者的整合而趋于和谐，减少人际摩擦。领导者的企业家形象会在职工中产生模仿效应，促进企业文化的创新和发展。

3.2 园林企业经营战略管理

园林企业的经营战略是现代园林企业管理的重要内容。园林企业在多变的经营环境和激烈的市场竞争中，为了确保企业的稳定发展和长期生存，企业经营者必须具有战略的思维，对现代园林企业所处的环境能做出准确的分析和判断，选择正确的战略目标和经营方向。战略经营要求在环境分析的基础上制订战略目标，选择战略重点，制订实现战略目标的方针对策。掌握市场竞争和企业发展的主动权，使企业在竞争中处于优势地位。

3.2.1 园林企业的经营战略

企业经营战略是指在分析企业外部环境和内在条件的基础上，为求得企业生存和发展而做出的长远规划。它是企业为实现其使命和目标而确立企业经济发展的目标、重点、步骤以及重大措施的部署。它是企业战略思想的集中体现，是确定规划的基础。

3.2.1.1 企业经营战略的含义

战略作为军事术语，是指通过对战争双方的分析和判断，进行全局性的筹划和谋略。1958 年美国学者赫希曼著《经济发展战略》一书，正式将战略引入到了经济领域。20 世纪 80 年代，随着我国对外开放政策的执行和企业经营自主权的放开，企业不得不面对着复杂的国际市场环境，企业必须将经营战略研究作为企业经营管理的主要内容。企业经营战略在企业管理实践中占据重要的地位。

3.2.1.2 园林企业经营战略的特点

园林企业的经营范围广泛，不仅涉及第一产业、第二产业，还延伸到了第三产业，因此，园林企业经营战略要比一般的农业企业、工业企业、建筑企业等更为复杂，其经营战略具有如下特点：

（1） 全局性和长远性

企业经营战略是以企业全局为对象，根据企业的总体发展需要而制订的，是指导整个企业一切活动的计划。它规定了企业总体行动，追求企业发展的总体效果，它不仅表现在企业自身的全局性，而且还表现在企业的经营战略和国家的社会发展战略协调一致。企业的战略着眼于企业未来的生存和发展，对较长时期内企业的生存和发展进行通盘的规划，由此决定企业的行动方案，这样才能为企业谋求长期发展的目标和对策。

（2） 风险性和开拓性

企业经营战略是对总体和未来行动做出预计和决策，而未来企业经营的外部环境的不断变化，具有很大的随机性。经营环境的变化影响着已经确定的经营战略，企业经营战略将面临着一定风险和威胁，在制订企业战略时就必须采取防范风险的措施。同时，针对来自企业外部各个方面的压力，使企业能够适应内外环境因素的变化，不断地制订出具有创新性和前瞻性的可以抗击风险的经营战略。

（3） 竞争性和对策性

企业经营战略是企业在激烈市场竞争中如何与对手抗衡的行动方案，企业制订战略的目的一方面是要面对复杂多变的环境确定对策，另一方面要制订在激烈的竞争中取得竞争优势的行动方案，是为企业赢得市场竞争服务的。

（4） 指导性和纲领性

企业经营战略规定了企业发展的方向，规定了企业在一定时期内基本的发展目标以及实现这一目标的基本途径，这些都是原则性、纲领性的规定，对具体的行动计划具有指导作用。

（5） 创新性和现实性

企业经营战略是着眼于企业未来的生存与发展，而科学的决策必须是从现有的环境出发，合理地制订企业战略目标，长远的企业战略要通过现实的经营管理活动实现。企业所处的外部环境和内部环境随时都在发生变化，企业要适应内外环境的变化不断地提出具有创新性和前瞻性的企业战略。

3.2.1.3　园林企业制订经营战略的意义

制订园林企业经营战略是企业经营管理的前提条件，是今后企业发展的指导纲要。其重要意义主要体现在：

①企业经营战略的制订是战略管理的首要环节，是获得整个战略管理成功的前提条件　企业经营战略的制订，既要确定企业在较长时期内的经营目标，又要制订实现目标的重大措施和基本步骤，它是战略管理的源泉。制订和实施经营战略是企业高层管理者的首要任务。

②战略的制订决定了企业未来的生存与发展　战略是企业为求得生存和发展而做出的总体性的长远谋划，因此战略的确定直接影响着企业的未来，必须加以重视，以确保企业向着正确的方向前进。

③战略的制订有利于提高企业的竞争力，使企业适应复杂多变的市场　随着竞争

的不断加剧，迫使企业必须努力提高自身的竞争实力，制订竞争策略，开发新产品，开拓新市场，制订具有创新性和开拓性的战略以应对竞争激烈的市场。

④战略的制订有利于企业经营管理水平的提高，它也是衡量企业家分析能力、判断能力及决策能力的重要尺度　战略的制订主要取决于企业家的战略眼光和综合分析能力的强弱。企业经营战略是现代企业发展的中心问题，作为现代企业的领导者在管理方式上也应适应时代的发展，集中精力研究内外部的环境条件，制订和实施经营战略。

3.2.1.4　园林企业经营战略的构成

现代企业经营战略是以企业全局为对象，指导整个企业一切活动的计划。任何一个完整的经营战略应包括4个方面：

（1）战略思想

企业经营战略思想是指导企业进行经营战略决策的行动准则，体现着现代企业的精神，反映着企业的需求和目标，关系着企业经营管理的成败，是企业经营战略的灵魂。其主要内容包括产品质量、产量、效益、市场、技术、服务、职工感情、企业形象等方面。

（2）战略目标

战略目标是企业长远发展过程中的奋斗目标，是未来企业经营预期达到的总体水平，是制订企业经营战略决策的依据。战略目标的重点是现代企业的成长方向，包括经营范围、经营规模和经营效果。

（3）战略方针

战略方针在企业经营战略体系中处于关键和核心地位，是企业活动的行动纲领和指导企业行为的准则。它决定着企业建立战略目标、选择战略方案和实施战略方案的框架结构。

（4）战略规划

战略规划是企业经营战略的实施和执行纲领。它的任务是把企业战略目标具体化，把企业的战略方针措施化，是指导战略实施的纲领性文件。

3.2.1.5　园林企业经营战略的类型

园林企业经营战略按照不同的标准可以分为：

（1）按照制订战略的目的性分为发展型战略、稳定型战略和竞争型战略

①发展型战略　使企业在现有的战略基础上向更高一级的目标发展。它引导企业不断开发新的产品，开拓新的市场，采用新的生产方式和管理方式，以提高企业的竞争实力，不断发展壮大。这种战略适用于处于成长中的中小企业。

②稳定型战略　企业期望达到的经营效果基本保持在现有的经营水平上。这种战略经营风险比较小，但是当经营环境发生变化时很容易处于被动的局面。这种战略适用于发展成熟的企业和在市场上占据绝对优势地位的企业。

③竞争型战略　企业为维持和扩大行业地位和市场占有率采取的战略。处于优势

地位的企业通过战略维持自己的优势并伺机扩大；处于劣势的企业以竞争战略改变现有的地位，争取更大的发展。采用的措施通常有低成本竞争战略、差别化竞争战略、专一化竞争战略等。此战略适用于大中型企业，它有一定的行业地位并有明确的竞争对手。

（2）按照企业对经营环境的变化制订的战略分为进攻型战略、防守型战略和撤退型战略

①进攻型战略　企业在制订战略时采取主动进攻的态势，不断开发出新的市场和产品，抢占市场的主动权，引领行业发展的方向。但是采用这种战略的企业必须具有较强的经济实力和行业号召力。

②防守型战略　在竞争激烈的市场上不与强劲的竞争对手进行正面的对抗，而是以守为攻，乘虚而入，规避风险，守住市场。

③撤退型战略　在环境危机时采用的一种战略，目的是保存实力，先退后进，进行战略转移。

（3）按照战略对市场利用程度的不同分为市场渗透型战略、市场开发型战略和产品开发型战略

①市场渗透型战略　在现有的市场基础上通过更大的市场营销努力，提高现有产品和服务的市场份额。采用增加老客户购买数量和频度，争取竞争对手的市场，发展潜在的新用户等。

②市场开发型战略　将现有的产品和服务打入新市场，以扩大销售领域。其途径有进入新的细分市场和将产品推广到新的地理区域。

③产品开发型战略　通过改进老产品或开发新产品的方法来增加企业在市场的占有率。主要途径有进行质量改进、功能改进、式样改进等，以赢得新的市场和满足已有的市场。

（4）按照战略的整合度可以分为企业一体化战略和多元化发展战略

①一体化战略　企业有目的地将相互联系密切的经营活动纳入企业体系中，组成一个统一的经济组织进行全盘控制和调配，以求共同发展的一种战略。它包括纵向一体化战略和横向一体化战略。

②多元化发展战略　一个企业同时在两个或两个以上行业中进行经营，因此又称多种经营战略。其特点是可以避免对单一产业的依赖，追求最大的经济效益和长期稳定的发展。

3.2.2　园林企业经营战略的制订与实施

制订企业经营战略必须考虑到企业的外部环境和企业的内部条件，在分析研究的基础上按照一定的程序制订和实施企业的经营战略。

3.2.2.1　园林企业经营战略制订与实施的程序

园林企业经营战略制订的程序，如图 3-1 所示。

图 3-1　企业经营战略制订与实施程序

3.2.2.2　制订园林企业经营战略的条件

①企业要有经营自主权　这是制订和实施企业经营战略的最基本的条件。

②企业有正常生产秩序和一定的管理水平　这是保证企业长远和稳定发展的基础条件。

③企业要有通畅的信息渠道来源　企业制订经营战略必须是在充分研究分析企业外部环境和企业内部实力的基础上进行的。

④企业最高领导者有制订经营战略的需求和认识　企业领导者认识到制订经营战略对企业发展的重要性，有战略的思维和眼光，致力于提高企业的管理水平。

3.2.2.3　园林企业经营战略的实施

企业经营战略实施必须要建立相应的组织机构、制订战略行动和项目计划、筹措资金、建立战略实施的监控系统和评审系统、管理日常的组织活动和控制战略的有效性。

在战略实施的过程中，要综合考虑以下因素：

①制订详细的实施计划　根据企业经营战略所规定的各项目标，制订出较为详细的战略项目和行动计划、资金来源的筹措计划、市场开拓计划等，以便有重点地推行企业经营战略。

②建立新的行为规范　为了适应企业经营战略目标的要求，就要建立起适合新战略需要的行为规范、工作方法、价值观念和精神风貌，改变传统的行为模式，创立符合新模式下的行动准则。

③建立新组织机构　要分析各类战略组织的优缺点，选择符合战略实施所需要的组织机构，并要明确相应的责任和权力，建立各种有效的规章制度。

④严格地选拔负责人　对于不同性质的战略要选拔适合的人来负责，并且要建立责任制，根据责任的大小和完成的优劣给予奖励或惩罚。

⑤合理地分配资源　在战略实施的过程中资源分配的适合与否直接影响着企业战略的执行。应该根据生产任务以及资源的消耗量，应用科学的管理方法合理分配资源。

⑥有效地进行战略控制　依据战略计划的目的和行动方案，对战略实施的状况进行全面的监督和评审，及时发现偏差，及时纠正。

3. 2. 2. 4　园林企业经营战略的控制

企业将预定的战略目标或标准，经过与信息反馈回来的战略执行成效进行比较，以检测偏差的程度，然后采取行动进行纠正。

（1）企业经营战略控制的要素

①战略评价标准　预定的战略目标或标准是战略控制的依据，一般由定量和定性两个方面的评价标准所组成。定量评价标准一般可选用下列指标：资金利税率、人均创利、劳动生产率、销售利润增长额、市场占有率、实现利润、总产值、投资收益、股票价格、股息支出、每股平均收益、工时利用率等。定性评价标准则一般从以下几个方面加以制订：战略与环境的一致性，战略中存在的风险性，战略与资源的配套性，战略执行的实践性，战略与企业组织机构的协调性。

②实际成效　这是指战略在执行过程中实际达到的目标水平的综合反映。为了使这些反映客观真实，必须建立管理信息系统，并采用科学控制方法和控制系统来控制。

③绩效评价　这是指将实际成效和预定的目标或标准进行比较分析。经过比较会出现 3 种情况：超过目标或标准，出现正偏差；正好相等，没有偏差；实际成效低于目标或标准，出现负偏差。

（2）企业经营战略控制的方法

①事前控制　在战略活动前，利用前馈信息进行调节控制，由于它注意的是目前还没有发生的未来行为，进行这种控制，可事先采取预防性的矫正行动。

②事中控制　在实施过程中，按照某一标准来检查工作，确定行与不行。例如，在财务方面，对工程项目进行财务预算的控制，经过一段时间后，要检查是否超出了财务预算，以决定是否继续将工程进行下去。

③事后控制　将执行结果与期望的标准相比较，看是否符合控制标准，总结经验教训，并制订行动措施，以利于将来的行动。

3.3　园林市场经营与决策

园林企业的经营活动是否成功，很大程度上取决于企业对园林市场的了解和对市场的反应程度。园林企业面对的市场环境是在随时发生变化的，企业只有在研究和分析市场环境的基础上，根据企业产品的特征，做出正确的决策。园林市场经营与决策的过程主要包括园林市场调查、园林市场预测、园林市场决策以及园林产品的市场营销等环节。

3.3.1 市场调查

市场调查是企业开展经营活动的前提，企业对市场的了解程度直接影响着企业经营活动的成功与否，市场调查就是要明晰一切与企业经营相关的活动和事物的现状及发展情况。一个企业能否生存与发展，主要是看其产品或服务能否满足市场需求，而了解消费者需求和市场的变化最有效的方法就是市场调查。

3.3.1.1 市场调查的含义及内容

（1）市场调查的含义

市场调查就是对商品交换过程中发生的各种信息的收集、整理和分析。园林市场调查主要是调查团体或个人对园林产品的需求、市场的容量、竞争对手的情况，并收集相关信息的过程。市场调查是企业营销活动的起点，是企业经营战略决策的依据。

市场调查具有明确的目的性、科学性、经济性以及调查的结果具有不确定性等特性。

（2）市场调查的内容

市场调查的内容主要包括如下图3-2。

图3-2 市场调查内容

①市场需求调查　对企业产品的现实需求者和潜在需求者的购买力和购买行为的调查和研究。

②市场环境调查　企业开展经营活动的前提，主要是指企业的外部经营环境。

③营销实务调查　企业在营销活动的各个环节上所进行的调查活动，主要涉及产品调查、价格调查、销售渠道调查和促销调查等。

产品调查　包括产品设计的要求、竞争对手产品的特性、产品的创意与构思的独特性、产品的售后服务等。

价格调查　包括产品定价的策略、影响定价的因素、竞争对手和顾客对价格的反应等。

销售渠道调查　包括根据产品的特性选择销售渠道、销售渠道的效果比较、物流配送的状况和模式等。

促销调查 包括广告媒介的选择、广告效果的调查、公共关系等。

④市场竞争调查 市场竞争调查主要侧重于企业与竞争对手的比较、企业在市场中的地位等调查。通过对比明确本企业的优势，找出竞争对手的弱势，寻找市场机会，提高企业的市场竞争力。具体指标有：市场占有率、经营特点和业务范围、经营规模、资金状况、人员构成、组织结构、产品的特性以及价格、经销渠道等。

3.3.1.2 市场调查的程序

在企业开展市场调查过程中，应事先确立一套工作规程和调查的基本程序，以确保调查工作的顺利进行和调查结果的可信性。基本程序如图3-3所示。

3.3.1.3 市场调查的方法

要确保市场调查结果的准确性，必须采用科学的方法，有目的、有步骤、有针对性地开展系统的科学调查，目前常采用的市场调查方法主要有：文案调查法、实地调查法、问卷调查法、抽样调查法等方法。

图3-3 市场调查程序

（1）文案调查法

文案调查法是指根据调查目的，通过收集次级资料，了解和分析相关的市场信息。次级资料又称二手资料，是对原始资料进行初步整理后的信息，如统计报表、文件、报刊等。

文案调查的信息来源有企业内部的资料：业务资料、统计资料、财务资料、生产技术资料、档案资料、其他总结报告等。企业外部的资料来源有：各级政府主管部门发布的相关文件，各信息中心、咨询机构、行业协会发布的信息资料，国内外新闻媒体刊发的文献资料，国内外各种的展览会、交易会、研讨会等发表的论文和材料以及互联网中可以获得的信息。

（2）实地调查法

实地调查法就是根据调查目的的要求，采用科学的方法在实地开展第一手资料的收集。主要的方法有：大量观察法、访谈调查法、试验调查法。

大量观察法 就是调查人员在现场通过实地的观察直接记录正在发生的行为或状况，以取得第一手资料的方法。这种方法的优点是简便易行，无人为的干扰，信息可靠性强。缺点是观察员的素质直接影响信息的质量，只能观察表面现象。主要适用于对消费者购买行为偏好的调查、对竞争对手的暗访、对产品或服务的跟踪观察等。

访谈调查法 主要是指以入户访谈、电话调查、邮件调查、面谈等与客户直接对话的方式收集资料的方法。这种方法的优点是信息获取较直接，调查形式灵活，可以发现新的信息，调查数据准确高。缺点是调查数据受人为因素影响较大，拒访率高，访谈员需要掌握一定的技巧。主要适用于对产品质量和服务的调查。

试验调查法 是指在市场调查中，调查者通过改变某些因素，来测试对其他因素的影响情况，并将前后结果进行对比分析而收集信息的过程。这种调查方法的优点是可以揭示市场变量间的因果关系，提高决策的科学性。缺点是调查成本高，时间长，对调查员的技术要求较高。

（3）问卷调查法

这是指根据调查的目的，设计出一套包含一系列调查项目的调查表，由被调查者填写，通过对调查问卷整理和分析取得资料的方法。问卷按照填写方式有自填式问卷和代填式问卷；按照问卷问题的设计有封闭式问卷和开放式问卷；按照发放的方式有传统调查问卷和网络调查问卷。采用问卷式调查方法能够减少在调查过程中人为因素的影响，而提高数据的准确性，并可以节约调查的成本和时间。

（4）抽样调查法

抽样调查又称为非全面调查，就是从所要调查的总体中抽取一部分个体作为样本，对样本进行调查，并根据样本的表现推断总体特征的方法。这种方法按照抽取样本的方法可以分为随机抽样调查和非随机抽样调查。随机抽样调查又分为简单随机抽样、分层随机抽样、整群随机抽样和系统抽样等抽样调查方法。非随机抽样可以分为典型抽样、重点抽样、判断抽样等抽样调查方法。这种调查方法的优点是时间短、收效快、费用低、数据可靠度高，但对组织人员的知识水平要求较高。

3.3.2 市场预测

市场调查是市场预测的基础，市场预测又是市场调查的延续和提升。市场调查是人们对市场过去和现在的认识，市场预测则是对市场未来的判断。市场预测能帮助经营者制订适应市场的行动方案，使自己在市场竞争中处于主动的地位。市场预测本身不是目的，而是服从于营销活动，是营销活动的有机组成部分。

3.3.2.1 市场预测的含义和内容

（1）市场预测的含义

市场预测就是在市场调查的基础上，采用一定的方法或技术，测算未来一定时期内市场供求趋势和影响市场营销因素的变化，从而为企业的营销决策提供科学的依据。

（2）市场预测的内容

市场预测的内容包括市场环境预测、市场需求预测、市场供给预测、消费者购买行为预测、产品市场预测、市场竞争形势预测等方面。

①市场环境预测 是在市场环境调研的基础上，运用定性和定量的分析法，预测国内外的社会文化、经济、政治、人口等环境因素的变化，对特定的市场或企业的生产经营活动的影响进行预测，为市场决策提供依据。

②市场需求预测 是在市场调查的基础上，对特定区域和特定时期的市场需求走向、需求潜力、需求规模、需求水平、需求结构、需求变动等因素进行分析和预测。

③市场供给预测 就是对一定时期和范围的市场供给量、市场供给结构、市场供给变动等因素分析预测。

④消费者购买行为预测 是在对消费者调查研究的基础上，对消费者的消费能力、消费水平和消费结构变动的预测，并为测定市场潜力、选定目标市场、产品的研发和营销策略提供参考。

⑤产品市场预测 利用市场调查的资料，对本企业和竞争企业的产品生产能力、生产成本、价格水平、市场占有率、技术趋势、竞争格局、产品组合要素、品牌价值等进行预测，目的在于揭示产品市场的发展趋势、市场潜力、市场竞争能力，并提供企业产品市场前景分析及有效的营销策略。

⑥市场竞争形势预测 对整个市场或某类商品的市场形势和运行状态进行预测，揭示市场的景气状态和波动的周期特征，为企业的经营决策提供参考。

3.3.2.2 市场预测的方法

市场预测的方法根据使用预测工具的不同有多种方法。按照预测采用的基本方法可以分为两大类，即定性预测法和定量预测法。

（1）定性预测法

定性预测法主要是通过社会调查采用少量的数据和直观材料，结合预测者的经验加以综合分析，对事物未来的发展趋势做出判断和预测。这种方法主要用来预测企业未来经济发展的趋势和发展的转折点。优点是简便易行，不需要计算。但主观判断缺乏精确性，预测结果与预测者的经验密切相关，局限性大。具体的预测方法主要有意向调查法、经验判断法、专家意见法、领先指标预测法等。

（2）定量预测法

定量预测法是运用社会经济统计学的方法，对以往的历史资料进行整理分析，建立数学模型，用以预测经济现象未来的发展趋势。这种方法主要用来预测经济现象在数量方面的变化趋势的判断。优点是精确度高，科学性强。但是这种方法只有在具有较充足的历史资料的前提下进行预测才有价值，并要求预测者具有较高的专业知识。具体的预测方法主要有时间序列预测法、最小平方预测法、季节变动预测法和回归预测法等。

3.3.3 市场营销

作为商品生产者的园林企业，应该根据顾客的现实需求和潜在需求，确立企业的目标市场，谋划企业的营销战略和营销组合，为市场提供适销对路的优质产品或服务，吸引和促进消费者购买，扩大销路，提高本企业产品的市场占有率和企业的经营效率。市场营销就是为企业的产品寻找市场机会，进行市场定位的有效方法。

3.3.3.1 市场营销的含义和功能

（1）市场营销的含义

市场营销是在市场调研的基础上，综合运用销售手段，实现商品由生产领域向消费领域的转移，从而满足消费者日益增长的生产和生活需要，并实现现代企业的经营目标的营销活动。它包括市场调研、选择目标市场、产品开发、市场开发、产品定价、销售渠道的选择、产品促销、产品储运、产品销售、售后服务等一系列与市场有关的业务活动。

（2）市场营销的功能

①交换的功能　就是指市场营销过程中产生所有权的转移。包括购买功能——是指对产品和服务提出要求的全部活动，销售功能——是企业把产品和服务出售给消费者的全部活动。

②实体流转功能　实体流转的功能就是指在市场销售过程中，产品从生产地到消费地的转移。

③辅助功能　就是指为方便交换功能和实体流转功能的有关活动。包括标准化和分级、筹款和付款、信息交流等内容。

3.3.3.2　市场营销环境

（1）市场营销环境的概念

环境是指周围的情况和条件，泛指影响某一事物生存与发展的力量总和；市场营销环境是指关系企业生存和发展、影响并制约企业营销战略的制订和实施的一切因素和力量的总和。

（2）营销环境的分类

①按影响范围　分为公司微观环境和公司宏观环境。

公司微观环境　是指由公司本身市场营销活动所引起的与公司市场紧密相关、直接影响其市场营销能力的各种行为者。包括公司供应商、营销中间商、竞争者和公众等。

公司宏观环境　是指影响公司微观环境的各种因素和力量的总和。包括人口统计环境、经济环境、自然环境、政治环境及文化环境等。

②按控制性难易　分为公司可控因素和公司不可控因素。

公司可控因素　是指由公司及营销人员支配的因素。包括最高管理部门可支配的因素：如产业方向、总目标、公司营销部门的作用、其他职能部门的作用；营销部门可控制的因素：如目标市场的选择、市场营销目标、市场营销机构类型、市场营销计划、市场营销控制等。

公司不可控制的因素　是指影响公司的工作和完成情况而公司及市场营销人员不能控制的因素。包括消费者、竞争、政府、经济、技术和独立媒体。

③按环境的性质　分为自然环境和文化环境。

自然环境　包括矿产、动物种群等自然资源及其他自然界方面的许多因素，如气候、生态系统的变化。

文化环境　包括社会价值观和信念、人口统计变数、经济和竞争力量、科学和技术、政治和法律力量等。

（3）市场营销环境分析

市场营销环境分析就是通过对影响企业营销的各种内外因素予以确定评价，使企业的领导者能审时度势，适时地采取对策措施，趋利避害，做出适应环境的决策。企业营销成功的关键在于正确地预测和把握市场营销环境的变化趋势，并结合企业的特点，通过对市场营销环境的调查分析，认识和掌握环境因素的变化规律，按照企业营销活动的目标，因势利导地制订出适应环境变化、利于自己发展和生存的营销战略。

①环境威胁与营销机会　企业环境的变化对企业营销活动的影响，主要有两个方面：一方面，环境的变化对企业可能形成新的市场机会；另一方面，这种变化亦会对企业造成新的环境威胁。

所谓营销机会是指营销环境中有利于企业实现经营目标的各种机遇。凡是市场上未满足的需求均有可能成为企业的营销机会。

所谓环境威胁是指营销环境中不利于或限制企业发展的各种趋势。对于环境威胁，企业如果不能及时发现并采取针对性的营销策略，就会影响企业的生存与发展。

任何企业都面临着若干营销机会和环境威胁，然而并不是所有的营销机会对企业都具有同样的吸引力，也不是所有的环境威胁对企业都构成同样的压力。因此，企业营销人员必须采用适当的方法，认真分析和评价环境因素给企业带来的机会和威胁，以便采取相应的营销对策。

②企业营销环境的分析方法　"机会—威胁"矩阵图法，具体方法如下：

首先，根据企业自身特点归纳整理出若干影响企业营销的环境因素（表 3-3）。

其次，评价和预测各影响因素给企业营销带来的机会和威胁的程度。企业营销环境分析组织者，通过调查的方法，选择若干名具有一定经验和判断能力的人员填写"机会—威胁"因素程度表（表 3-3），并根据自己的判断对威胁和机会的强度打分。然后，通过计算，综合评定各因素给企业营销带来的机会和可能造成的威胁程度。

表 3-3　机会—威胁因素程度表

环境因素	威　胁					机　会				
	10	8	6	4	2	2	4	6	8	10
1. 市场需求										
2. 竞争状况										
3. 分销条件										
4. 供应因素										
5. 政策法律										
6. 宏观经济										
7. 技术进步										
8. 社会文化										
…										
合　计										

第三步，绘制"机会—威胁"矩阵分析图（图 3-4）。矩阵图中以横轴代表威胁水平的高低，纵轴代表机会水平的高低。"机会—威胁"矩阵图根据综合得分确定企业的类型。根据企业营销环境机会和威胁的高低，可以将企业分成 4 种不同的类型，即理想企业、成熟企业、冒险企业和困难企业。

第四步根据企业所在的位置采取相应的营销对策。

理想企业 这类企业的市场营销环境处于高机会、低威胁的状况。企业应当抓住"机会",充分发挥企业优势,并应密切注意威胁因素的变动情况。

成熟企业 这类企业的市场营销环境处于低机会、低威胁的状态。低机会限制了企业的发展,企业应当居安思危,努力发掘对企业有利的市场营销环境因素,提高企业营销机会。

图3-4 机会—威胁矩阵分析图

冒险企业 这类企业的营销环境处于高机会、高威胁的状态。高机会表明企业营销环境对企业营销活动具有极强的吸引力,但高威胁又表明企业环境因素对企业营销活动构成了强大的威胁。因此,企业必须在调查研究的基础上,采取限制、减轻或者转移威胁因素或威胁水平,使企业向理想企业转化。

困难企业 这类企业的营销环境处于低机会、高威胁的状态。此时企业营销活动出现危机,企业应当因势利导,发挥主观能动性,扭转对企业的不利环境因素,或者实行"撤退"和"转移",调整目标市场,经营对企业有利、威胁程度低的产品。

3.3.3.3 市场营销组合

(1) 市场营销组合的含义

市场营销组合是指企业综合营销方案,针对目标市场的需要对自己可控制的各种营销因素的优化组合和综合运用,使之协调配合,更好地实现企业战略目标。

市场营销受多种因素的影响和制约,营销因素的有机组合是制订企业营销战略的前提。这些因素分为两大类:一类是企业不能控制的外部因素,称为不可控因素,主要包括社会、人口、政治、经济、法律、技术、文化、竞争等宏观经济社会环境因素;另一类是企业能够控制的企业内部条件所影响的因素,称为可控因素,主要包括产品(product)、价格(price)、销售渠道(place)和促销(promotion)4个因素,简称为4p's。市场营销组合就是指综合运用企业可以控制的因素(4p's),实行最优化组合,以达到企业的营销目标。

(2) 市场营销组合的特征

①层次性 营销组合是一个复合结构,4个"P"中又各自包含着若干小的因素,形成各自4"P"的亚组合。因此,营销组合是至少包括两个层次的复合结构。

②系统性 营销组合是有机的组合。为达到共同的经营目标,营销组合的基本因素必须相互配合成一个有机的整体,如向选定的目标市场提供高质量的产品,则价格、销售渠道、促销等因素必须紧密配合,以确保预期目标的实现。

③动态性 营销组合是一个动态组合,根据企业的内外环境条件而确定的。因此,每一个组合因素都是不断变化的,同时又相互影响,每一个因素的变动都会引起

整个营销组合的变化，而形成新的组合。

3.3.3.4　市场营销组合策略

一个成功的营销组合策略是营销目标和达成目标的营销手段的有机统一。由相互配合的产品战略、价格战略、销售渠道战略和促销战略组成。

1）产品战略

消费者购买产品不仅是为了购得产品实物本身，还是为了取得实际利益和满足需要。因此作为一个完整的产品应包括如下5个层次。

核心产品　产品能为消费者提供产品的基本效用和利益，也是消费者真正要购买的利益和服务。

形式产品　产品的实体，产品具有的质量水平、外观、品牌、包装、式样等具体形态。

附加产品　来源于对消费者需求的综合性和多层次性的深入研究，是指产品经营者为消费者提供的附加服务和利益，主要包括：运送、安装、调试、维修、养护等售后服务。

期望产品　指消费者在购买该产品时期望得到的与产品密切相关的一整套属性和条件。

潜在产品　指现有产品可能发展成为未来最终产品的潜在状态的产品。

产品战略研究和解决的主要问题是企业应该向市场提供什么样的产品，如何通过销售产品去最大限度地满足顾客的需要。产品战略包括新产品开发策略、产品组合策略、包装策略和服务策略等。

(1) 新产品开发策略

在激烈竞争的市场上，企业产品必须不断更新换代，推陈出新，以适应不断变化的市场需求和因科学技术的发展而带来的产品生命周期的缩短。新产品开发受到许多不可控因素的影响，具有投资大、风险高的特点。新产品能否在市场上获得成功，不仅取决于产品是否适销对路，而且取决于是否具有较强的竞争力。为了提高新产品的竞争能力，企业必须要确定新产品开发策略，一般有以下几种：

技术领先策略　企业抢占技术优势，采用新技术生产的产品率先进入市场，先发制人。

紧跟策略　企业紧跟市场上竞争力强的产品或技术领先的产品，对市场做出灵敏的反应，同时要将新产品尽早地投放市场。

仿制策略　企业通过模仿竞争能力强和技术先进的产品，以较低的成本开拓市场。

细分市场策略　通过市场细分，企业可以识别不同的消费群体的需要，掌握不同市场顾客需求的满足程度，分析比较各竞争者的营销状况，着眼于未满足的需求而竞争对手又不强的细分市场，在适当时机，开拓新市场。

(2) 产品组合策略

产品组合是指企业提供给市场的全部产品线和产品项目的组合和搭配。产品线是指互相关联或相似的一组产品。产品项目是指产品大类中各种不同品种、规格、质量和价格的特定的产品。产品组合可以用宽度、长度、深度和一致性4个变数来说明。产品组合的宽度是指该企业拥有几条不同的产品线。产品组合的长度是指该企业产品组合里的产品项目总数。产品组合的深度是指该企业产品线上的每一个产品项目可供顾客选择的种类。产品组合的相关性是指不同产品线在用途、生产技术、销售渠道或其他方面相似的程度。

按产品组合的不同层次来分析，产品组合策略包括：产品线的选择和产品组合的优化。

①产品线的选择 首先是确定和改变产品线的宽度。对企业本身来说，扩大产品组合的宽度，即扩大经营范围，可作为产品多样化的手段，成为与市场竞争对手较量的工具，维持和提高市场占有率和公司盈利；其次是确定和改变产品线的深度。迎合广大消费者的不同需求和爱好，以招徕、吸引更多顾客；第三是确定具体的产品线。进入市场的企业在确定和选择产品线要考虑到政府的要求、经济的发展水平、消费者的偏好、经济结构及进入市场的方式等因素。

②产品组合的优化 市场是一个动态系统，需求情况经常变化，因此，企业要经常对产品组合进行分析、评估和调整，力求保持最佳的产品组合。企业选择最优的产品组合的方法主要有：

产品组合矩阵法 它是由美国波士顿咨询集团首先提出的，因此又称为波士顿矩阵法。它是一种平衡组合策略，基本思想是将企业的系列产品按照相对市场占有率和销售增长率进行矩阵分类，按照它们在矩阵中的位置，把它们分别称为明星产品、金牛产品、问题产品和瘦狗产品（图3-5）。

图 3-5 产品组合矩阵图

明星产品 销路好，获利大，有发展前途。但因其增长快，同时要击退竞争对手的进攻，维持产品的显要的地位，故需投入大量的资金，以扩大产量。

金牛产品 这类产品由于相对市场占有率高，销售量较大，加速了企业的资金周转，为企业其他产品的发展提供了资金，应加以足够重视。

问题产品 销售增长率虽然高，但市场占有率比对手略逊一筹。要注意改进产品和加强促销，因而需要大量的资金，成功了可成为明星产品，失败则变为瘦狗产品，所以应谨慎的对待。

瘦狗产品 这类产品是亏本或仅能保本的产品，如向金牛产品发展无可能，则应淘汰。因为无利可图继续维持则会加重企业负担。

产品市场定位法 企业根据市场上同行业竞争对手产品的特点，给自己的企业产品确立市场地位，目的是与竞争产品对比显示出差异性，以满足消费者对产品实体和心理上的需求和偏好，并突出自己的特色，避开竞争对手，以争取更大的市场占有率。产品的市场定位方法是将竞争对手的产品，按质量和价格两个坐标画图定位，寻找坐标平面上的空白点，进而选择本企业产品在市场中的位置。

③产品生命周期各阶段的策略 产品生命周期是指某一新产品从投放到市场开始，直到最后被淘汰退出市场为止的全部过程所经历的时间。一般要经过投入期、成长期、成熟期和衰退期4个阶段，各阶段的特点及采取的策略为：

投入期 产品刚上市，知名度低，销售量少，费用和成本高，竞争力不强。应尽量缩短投入期，需要大力促销，广泛宣传，吸引消费者的关注，拓开市场。

成长期 产品技术稳定，销量迅速增长，成本下降，利润增长，竞争者不断介入。这时应保证产品质量，增加功能和款式，争创名牌，加强品牌宣传，站稳原市场，开拓新的细分市场，扩大生产量，降低生产成本和价格，抑制竞争者介入。

成熟期 产品生产和销售相对稳定，销售和利润的增长达到顶峰后速度渐缓，开始有下降的趋势，市场需求处于饱和状态，市场竞争激烈。这时应寻找新的细分市场和营销机会，增加和发掘新的功能和新的消费方式，改革产品的服务，提高服务质量和内容。

衰退期 产品的推陈出新，技术的日新月异，在竞争激烈的市场上产品的更新换代在加快，产品的销售急剧下降，已无利可图，产品处于淘汰的阶段。降价成为了主要的竞争手段，这时应立即弃旧图新。

(3) 商标、包装和服务战略

品牌是用以识别某个消费者或某群消费者的产品或服务，并使之与竞争对手的产品与服务区别开来的商业名称及其标志。通常由文字、标记、符号、图案和颜色等要素组合构成的集合体。商标是品牌依法注册后，受法律保护，注册者享有专用权，是一个专门的法律术语。企业采用商标策略可以建立相对稳定的顾客群，吸引消费者，使企业的销售额保持基本稳定，厂家可用自己的品牌建立信誉，并和购买者建立密切的联系，中间商通过自己的品牌不仅可控制价格，而且在某种程度上可控制生产者。

包装是指设计和制造产品盛装容器以及包装产品的活动。"包装是无声的推销员"，这是现代营销学对包装策略的高度概括。

提供服务是构成一个完整产品的重要组成部分，服务可以分为有形的产品服务和附加的产品服务。随着科学技术的发展和人才的流动的加快，企业在市场上的竞争已不仅是在技术的差异，而是在提供的服务上，服务已成为影响企业信誉和竞争能力的重要因素。

2) 价格战略

合理的定价是可以使企业顺利收回投资，并达到营利目标。企业定价目标可以有以预期收益率为定价目标、以最大利润为定价目标、以市场占有率为定价目标、以防止竞争者为定价目标、以维持营业为定价目标等分别进行定价。产品的价格构成一般包括生产成本、流通费用、税金、利润4个方面。常用的定价策略有以成本为导向的定价策略、以需求为导向的定价策略和以竞争为导向的策略。

(1) 以成本为导向的定价策略

这种策略是以产品的价值为基础，以单位产品的社会必要劳动为标准来确定产品的价格。具体有两种方法：

①成本加成定价法 这是最常见的一种方法，它是以全部成本作为定价的基础，

加上一定的百分率来决定商品的价格。

②目标利润率定价法 这种方法是以估计的生产量所需要的总成本，加上由企业目前利润率所决定的确切的利润额以及上交的税收，得出总收入额，然后折算出单位产品的价格。

运用成本导向的定价法其缺点是只考虑生产者的个别成本与个别价值，忽视了产品的社会价值与市场供求状况，缺乏灵活性，难以适应激烈的市场竞争。

（2） 以需求为导向的定价策略

需求导向定价法认为企业生产的目的是为了满足消费者的需要，因此商品的价格就不应以成本为依据，而应该以消费者对商品的理解和认识程度为依据。其定价方法主要有：

①按市场认可价值定价 这种定价法的依据是用户对该产品的认可价值，而不是产品的制造成本。作为企业应善于利用市场营销组合中的价格因素，确定该产品由于质量、服务、广告宣传等因素在用户心目中所形成的价值来影响消费者。这种方法的关键是企业要对消费者理解的相对价值，有正确的估计和判断。

②按需求差别定价 这种定价法的特点是根据市场需求强度的不同，对某种产品制定不同的价格，在特定的条件下按不同的价格出售。

（3） 以竞争为导向的策略

这种策略主要着眼于对付竞争者，企业在制定价格时主要以竞争对手的价格为基础，常见的有：

①随行就市定价法 以本行业的平均价格作为企业定价的标准。适用于产品质量不因制造者不同而具有显著差别的同质产品。

②渗透定价法 以低价格进入市场已打入新市场或扩大市场占有率为目标。

③密封定价法 是指定价以投标方式来比价。通常是用于在金额较大或特殊的购买情况下进行，如政府采购、建筑合约、销售机器设备、大型项目的建设等。

3） 分 销 战 略

分销战略是指商品从生产者向最终使用者转移时所采用的方式和途径。在现代市场经济条件下，生产者与消费者之间在时间、数量、品种、信息和所有权等方面存在差异和矛盾。企业生产出来的产品，只有通过一定的市场营销渠道，才能在适当的时间、地点，以适当的价格供应给广大消费者和用户，从而实现企业市场营销目标。

（1） 分销渠道及其影响因素

分销渠道是指商品的所有权从生产企业到达消费者的过程中所经过的流通途径。它是由流通领域中各种营销环节的营销机构所组成，是连接生产者和消费者的纽带和桥梁。一般包括：代理商、批发商、零售商、销售服务单位等。合理地选择分销渠道，可以有效地促进企业生产的发展，提高企业的经济效益，为生产者和消费者双方提供方便。

在商品流通过程中，影响商品销售渠道选择的因素主要有：产品因素（产品的价格、产品的重量和体积、产品的生物特性、技术含量、定制品和标准品等）；市场因素（购买批量的大小、消费者的分布、消费者的购买习惯、市场的容量、消费的季节性等）；企业自身的因素（声誉、资金、管理能力与经验、提供的服务等）。

（2）分销渠道的类型

按流通环节的多少分为直接渠道与间接渠道。直接渠道是指生产企业不通过中间商环节，直接将产品销售给消费者。生产设备和原材料多采用此渠道。间接渠道是指生产企业通过中间商环节将产品传送到消费者手中。这是消费品的主要销售方式。

按涉及流通环节的多少分为长渠道和短渠道。长渠道是指在产品的销售中，采用两个或两个以上中间环节把产品销售给用户。短渠道是指生产企业在产品的销售中最多只经过一个中间环节。

按使用中间商数目的多少分为宽渠道和窄渠道。宽渠道是企业使用的同类中间商多，产品在市场上的分销面广，常见于日用消费品的销售。企业使用的同类中间商少，分销渠道窄，称为窄渠道。它一般适用于专业性强的产品。

（3）分销策略的选择

分销策略主要有广泛分销策略、专营分销策略和选择性分销策略。

①广泛分销策略　企业在所有营销渠道中，不进行选择，任何中间商均可销售本企业的产品，是一种开放型的分销策略。它适用于产品销售面广，竞争十分激烈的产品。如日用品和工业用品的标准件、通用小工具等。该策略的特点是数量不限，对市场面的渗透力较强，缺点是重点不突出，储运费用和经销费用较大。

②专营性分销策略　企业在特定的区域中只选定一家中间商或代销商经销，实行独家经营，并规定中间商不得再经销别的厂家生产的同类竞争性产品，因此又称为排他性销售渠道。中间商享有推销此产品的一切权力。通常适用于某些技术性强的耐用消费品或名牌商品。该策略有利于控制中间商，提高其经营水平，有利于加强产品形象，增加利润。缺点是选择一个理想的经销商较难，并可能失去潜在的消费者。

③选择性分销策略　有针对性地选择出几家销售商推销产品，又称特约经销。这种策略适用于所有的商品。其优点是分销面宽，有利于开拓市场，易于管理和控制，对生产者和经销商都有利，双方有较强的联系和默契的配合，被选中的经销商会尽最大的努力提高销量，在实践中这种分销策略取得的效果较好。

4）促销战略

促销战略是指企业为扩大产品的销售，激发顾客购买欲望，影响其消费行为而进行一系列的报道、宣传和沟通等活动。促销活动的实质就是信息的沟通过程，为了有效地把企业和产品的信息传递给消费者，企业必须采取一定的营销信息沟通方式，营销信息沟通方式分为人员促销和非人员促销两大类。促销战略就是这些促销方式的选择、组合和应用。

（1）人员推销

人员推销是一种传统的促销方式，推销人员以谈话的方式，面对面地向目标顾客推荐产品并促使对方购买的活动。

人员推销具有沟通的双向性、建立友好关系和针对性强等特点。但是人员推销费用大，且人才难求。

（2）广告促销

广告是指商品经营者或者服务提供者承担费用，通过一定媒介和形式直接或间接地介绍自己所推销的产品或者所提供服务的商业广告。

广告促销具有大众化、渗透性强、表现力丰富和半强制性的特点。

3.4　园林企业经营决策与评价

现代管理理论认为，管理的重点在经营，经营的中心在决策。在现代社会迅速发展变化的环境下，企业经营者必须善于分析各种影响因素，把握机会，做出正确的经营决策和经营计划，使企业得以生存和发展。

3.4.1　经营决策

企业经营决策水平的高低对企业生产经营的成败具有决定性的影响，正确的经营决策能使企业减少风险，确保经营成果的实现，也是企业提高经济效益的根本保证。没有正确的经营决策就不可能有有效的管理。

3.4.1.1　经营决策的含义、分类和程序

（1）经营决策的含义

决策就是决策者借助一定的手段和方法，对影响决策的各种因素进行分析比较研究，拟定多个备选方案，根据决策目标，进行选择的过程。经营决策是决策的一个分支，是指企业为了达到经营目的，在市场调研和预测的基础上，运用科学的方法，根据一定的价值准则，从多个备选的方案中，选择一个满意方案的过程。经营决策贯穿于企业生产经营的全过程，因此，经营决策是否科学、可行，直接影响到企业经济效益的高低和经营活动的成败。

（2）经营决策的分类

①按照事件发生的频率　划分为程序化决策和非程序化决策。

程序化决策　是指在日常管理工作中，以相同或基本相同的形式重复出现的事件做出的决策。这类决策可以根据以往的经验或惯例制订决策方案，主要是常规性事件的决策，处理过程程序化，处理方法标准化。

非程序化决策　是指对很少出现的、无先例可循的事件的决策。这类决策往往受到一些随机因素的影响，没有固定的模式和规则可循，一般都较重要，应借助决策者的经验、知识及有关的决策方法做出决策。

②按照决策的条件　划分为确定型决策、风险型决策和不确定型决策。

确定型决策　是指各种可行性方案所需的条件是已知的，并且能预先准确地了解决策的必然结果。一般用数学模型可以得到最优解。

风险型决策　是指各种决策方案的自然状态是随机的，不能预先肯定，但可以从以往的统计资料估计出各种状态出现的概率，并根据概率做出决策。

不确定型决策　是指决策对象中存在不可控制的因素，使得方案执行的结果有多

个，而每个结果的概率难以估计，只能是主观的判断。

（3）经营决策的程序

合理的企业决策必须遵循科学的决策程序，才能使决策避免盲目性和主观随意性。企业经营决策的程序基本有4个阶段。

①确定决策目标　决策的目的是解决问题，但是应该确定要把问题解决到何种程度，提出一个切实可行的目标。对于同样的问题，决策目标不同，其选择决策的方案也会大不同。

②拟定备选方案　目标确定后，要根据目标的要求和约束条件制订出各种备选方案，以供决策者选择。在现代企业决策中，由于经济系统及其外部联系的复杂性，必须采用多方案选优法。每一种备选方案，应该是在广泛搜集和详细分析信息的基础上，运用各种决策技术和方法精心设计出来的，在某一方面均具有一定的可行性。

③评价和选择方案　对每个备选方案进行充分的论证。以"有限满意度"为标准，不求最优，但求最合理，既要考虑到技术上的先进性，又要求经济上的合理性和各方利益的均衡体现，在权衡各种方案的利弊后，从中选出将要实施的方案。

④方案的执行与反馈　在组织实施方案的过程中，及时发现问题，随时对方案进行修改和完善，并应建立一套信息反馈系统，对实施的情况进行监督和验证。发现问题及时采取措施加以解决。

3.4.1.2　经营决策的方法

企业经营按照决策的条件划分为确定型决策、风险型决策和不确定型决策。具体的决策方法见图3-6。

企业经营决策方法
- 确定型决策
  - 直接判断法
  - 盈亏平衡分析法
- 风险型决策
  - 期望收益值法
  - 决策树法
- 不确定型决策
  - 小中取大法
  - 大中取大法
  - 最小最大后悔值法
  - 意愿准则法
  - 机会均等法

图3-6　企业经营决策方法

（1）确定型决策法

确定型决策法是一种程序化的决策方法，根据已知条件直接可以计算出各种方案的结果，然后进行比较，选择最优方案。主要方法有直接判断法和盈亏平衡点分析法。确定型决策一般应用于程序化的管理性或业务性的决策。

①直接判断法　因为决策的因素很简明，无需复杂的计算，可以直接选择出最优方案的决策方法。

例：某园林企业生产所需的原材料可从 A，B，C 三地购得（表3-4），假设从这三地到目的地的运费、人工费等条件相同，只有原材料的价格不同，那么该企业应从何地购进原材料？

表3-4 三地同种原材料价格

产地	A	B	C
价格（元/kg）	600	680	700

在其他条件相同的情况下，当然是选择价格最低的，即选择从 A 地购进原材料是最佳方案。

②盈亏平衡分析法　是依据与决策方案相关的产品产量（销售量）、成本（费用）和盈利的相互关系，分析决策方案对企业盈利和亏损发生的影响，以此来进行决策的方法。

盈亏平衡分析的原理见图3-7。在直角坐标内，横轴表示产量（销售量），纵轴表示费用和销售收入。

图3-7 盈亏平衡图

V——变动费用　Q——产量或销售量　F——固定费用
Y——总费用　S——销售收入　A——盈亏平衡点

根据费用与产量的关系将总费用分成固定费用和变动费用。固定费用是不随产量变化而变化的，它是一个固定的值，比如固定资产折旧费用等，在图上是一条与横坐标平行的线。变动费用是随产量的增减而增减的，如材料费等，在图上是一条斜线。把固定费用与变动费用相加就是总费用线（Y）。销售收入线 S 和总费用线 Y 的交点 A 为盈亏平衡点（又称保本点），此时销售收入恰好等于总费用，即企业处于不亏不盈的保本状态。A 点把这两条线所夹的范围分成两个区域，右上区域的是盈利区，左下区域的是亏损区。当 $Q > Q_0$ 时，企业将盈利；当 $Q < Q_0$ 时，企业将亏损；当 $Q = Q_0$ 时，企业保本经营。

盈亏平衡分析的中心内容是盈亏平衡点的产量或销售量的确定及分析。

量、本、利变量间的经济方程式：

$$销售收入 = 产量 \times 单价$$
$$生产成本 = 固定费用 + 变动费用$$
$$= 固定费用 + 产量 \times 单位产品变动费用$$

即：
$$Q_0 \times P = F + Q_0 \times C_V$$

式中　C_V 为单位产品变动费用。

整理上式，可得到

盈亏平衡点的产量或销售量：$Q_0 = \dfrac{F}{P - C_V}$

例：某企业生产某种产品，年固定费用为 50 万元，单位变动费用为 60 元/台，销售价格为 100 元/台，年计划安排生产 17 500 台，问企业能否盈利？盈利多少？

解：企业盈亏平衡点的产量为：

$$Q_0 = \frac{F}{P - C_V} = \frac{500\ 000}{100 - 60} = 12\ 500\ （台）$$

即该企业至少应生产销售 12 500 台，企业才不会亏损。现计划生产 17 500 台，大于盈亏平衡点的产量，故企业将盈利。

其盈利额预计为：

$$P_{利润} = （P - C_V） \times Q_1 - F$$
$$= （100 - 60） \times 17\ 500 - 500\ 000$$
$$= 20\ （万元）$$

所以该企业如能生产销售 17 500 台产品，将可获利 20 万元。

(2) 风险型决策法

风险型决策也叫随机性决策或概率性决策。它的应用须满足，第一，有一个明确的决策目标；第二，存在着决策者可以选择的两个以上的可行方案；第三，存在着决策者无法控制的两个以上的客观自然状态；第四，不同自然状态下的概率是可以估算出来的。这种决策方法主要应用于有远期目标的战略决策或随机因素较多的非程序化决策。如投资决策、技术改造决策等。常用的方法有期望收益值法和决策树法。

①期望收益值法　又称为决策收益表、决策收益矩阵法。

基本步骤：首先根据资料确定各自然状态下的概率、决策目标和可信方案，然后列出决策收益表，计算出每个方案在不同自然状态下的收益期望值，并以此为目标，选择最优方案。

期望收益值等于各自然状态下损益值与发生概率的乘积之和。即：

$$EMV_i = \sum V_{ij} P_j$$

式中　EMV_i——第 i 个方案的损益期望值；

V_{ij}——第 i 个方案在第 j 种自然状态下的损益值（$i = 1, 2, \cdots\cdots n$）；

P_j——自然状态（S_j）的概率值（$j = 1, 2, \cdots\cdots m$）。

决策矩阵表见表 3-5。

表 3-5 决策矩阵表

损益值 方案	自然状态 概率	S_1	S_2	……	S_j	……	S_m
		P_1	P_2	……	P_j	……	P_m
A_1		V_{11}	V_{12}	……	V_{1j}	……	V_{1m}
A_2		V_{21}	V_{22}	……	V_{2j}	……	V_{2m}
⋮		⋮	⋮	⋮	⋮	⋮	⋮
A_n		V_{n1}	V_{n2}	……	V_{nj}	……	V_{nm}

比较方案中期望收益值的大小，进行选择。例见案例 3。

②决策树法 是以决策损益值为依据，通过计算比较各个方案的损益值，绘制树枝图形，再根据决策目标，利用修枝寻求最优方案的决策方法（图 3-8）。该方法最大的优点是能够形象地显示出整个决策问题在不同时间和不同阶段的决策过程，逻辑思维清晰，层次分明，特别是对复杂的多级决策尤为适用。决策树的结构要素如下。

决策结点 通常用□表示，决策结点是要选择的点，从它引出的分枝叫方案枝，有几个方案就有几条分枝。

状态结点 通常用○表示，状态结点表示一个方案可能获得的损益值。从它引出的分枝叫概率枝，每一条分枝代表一个自然状态。

末梢 通常用△表示，末梢是状态结点的终点，在末梢处标明每一个方案在不同的自然状态下的损益值。

剪枝 通常用//表示，即此方案不适合决策的要求，因此舍弃此方案。

图 3-8 决策树的结构要素

决策树决策的步骤是：第一，自左向右绘制决策树，并标出数据。第二，自右向左逐级计算出同一方案在不同自然状态下的损益值，进而计算出方案期望值，并标在结点上。第三，逐个比较不同方案期望值的大小，然后修枝，剪去（在减去的方案枝上划上剪枝"//"号）期望值较小的方案枝。

决策树从左向右展开，在最后的概率分枝上标出损益值再用逆推法将损益值乘以概率，成为自然状态点的期望值，然后比较各方案分枝的期望值，来决定方案的取舍。

例：某企业准备生产某种产品，预计该产品的销售有两种可能：销路好，其概率为 0.7；销路差，其概率为 0.3；可采用的方案有两个：一个是新建一条流水线，需投资 220 万元；另一个是对原有的设备进行技术改造，需投资 70 万元。两个方案的使用期均为 10 年，损益资料如表 3-6 所示，试对方案进行决策。

表3-6 损益表

方案	投资（万元）	年收益（万元）		使用期（年）
		销路好（0.7）	销路差（0.3）	
新建流水线	220	90	−30	10
技术改造	70	50	10	10

绘制决策树，如图 3-9 所示。

图3-9 决策树

然后计算期望值：

结点②的期望值为：[90 × 0.7 + (−30) × 0.3] × 10 − 220 = 320（万元）

结点③的期望值为：[50 × 0.7 + 10 × 0.3] × 10 − 70 = 310（万元）

从期望收益值来看，方案 1 较高。因此，应采用此方案。

（3）不确定型决策法

不确定型决策是决策者根据个人的偏好并借助于现代数学方法进行的定性决策。由于无法估计各种状态的风险概率，只能依据经验判断并结合定量分析进行决策。决策结果具有不确定性。

根据决策者采用的目标不同，可以有小中取大法、大中取大法、最小最大后悔值法、折中准则法、机会均等法等几种决策判断法。

①小中取大法 又称为悲观决策法，决策者对客观情况不看好，持悲观态度，或是担心由于决策失误会造成巨大损失，因此追求低风险，以最不利的客观条件来考虑问题，力求损失最小。

首先要估算出各种方案在不同自然状态下可能有的收益值，再找出各种自然状态下的最小收益值，把最小收益值中的最大值对应的方案作为决策方案。

例：

状态 损益值 方案	较好	一般	较差	很差	最小值	最大值
A1	200	125	45	−25	−25	
A2	300	200	−50	−175	−175	
A3	425	210	−75	−200	−200	
小中取大						−25

选取方案 A1 作为决策方案。

②大中取大法 又称乐观决策法，决策者对客观情况看好，持乐观态度，或决策者有成功地把握和冒险精神，愿意承担风险，力求获得最大的收益。

首先要估算出各种方案在不同自然状态下可能有的收益值，找出各种行动方案在不同自然状态下的最大收益值，并选取最大收益中的最大值所对应的行动方案作为决策方案。

例：

方案＼损益值＼状态	较好	一般	较差	很差	最小值	最大值
A1	200	125	45	−25	200	
A2	300	200	−50	−175	300	
A3	425	210	−75	−200	425	
大中取大						425

选取方案 A3 作为决策方案。

③最小最大后悔值法 又称为最小机会损失值法。后悔值是由于未采用该最大收益的方案而可能产生后悔的收益的数值，即某方案的收益值与最大收益值之间的差额。决策者在进行决策的时候，不因决策的失误造成机会损失而后悔，而将决策的后悔值减少到最小的程度。因此后悔值法是以各个方案机会损失大小来判定方案的优劣。

决策过程是在计算出各种方案在不同自然状态下的后悔值，然后从中选择每个方案的最大后悔值，再从最大后悔值中选取最小值的方案为决策方案。

例：

方案＼损益值＼状态	较好	一般	较差	很差	最小值	最大后悔值
A1	200	125	45	−25		
后悔值	225	85	0	0	225	
A2	300	200	−50	−175		
后悔值	125	10	95	150	150	
A3	425	210	−75	−200		
后悔值	0	0	120	175	175	
最小后悔值						150

最大后悔值中选择最小的后悔值150，所对应方案为 A2，因此选取 A2 作为决策的方案。

④意愿系数法 决策者认为各方案的状态既不会像乐观者估计的那样乐观，也不会像悲观者估计的那样悲观，更可能是意愿情况，决策人根据市场预测和经验判断确定一个乐观系数 a 为主观概率，其值在 $0 \leqslant a \leqslant 1$ 之间（ $a = 0$ 悲观准则， $a = 1$ 乐观准则），每个方案的估计损益期望值 ＝ a ×最大损益值 ＋ （ $1 - a$ ） ×最小损益值），

然后选取意愿损益值最大的方案为最满意方案。

例：

损益值 \ 状态 \ 方案	较好	一般	较差	很差	最大值	最小值	意愿值 ($a=0.7$)	最大意愿值
A1	200	125	45	−25	200	−25	132.5	/
A2	300	200	−50	−175	300	−175	157.5	/
A3	425	210	−75	−200	425	−200	237.5	/
最大意愿收益值								237.5

选择意愿收益值最大的方案 A3 为最满意方案。

⑤机会均等法 假定各个自然状态发生的概率相等，计算各个方案损益期望值，再以损益期望值为决策标准。概率 $=\dfrac{1}{方案数}$，各方案的损益期望值 $=\sum$ 概率 × 预估收益值。

例：

损益值 \ 状态 \ 方案	较好	一般	较差	很差	期望损益值	最大意愿值
A1	200	125	45	−25	86.25	
A2	300	200	−50	−175	68.75	
A3	425	210	−75	−200	90	
最大期望损益值						90

选择期望损益值最大的方案 A3 为最满意方案。

以上 5 种方法，作为非确定型决策优选方案的依据，都带有相当程度的随意性，从例中可以看出，由于决策方法不同，决策的结果是不一样的。因此，在实际工作中，决策方法的选择，主要取决于决策者的知识、经验、观念、综合分析判断能力和魄力等。

3.4.2 评价

评价和选择方案是指对每个备选方案的效果进行充分论证，在此基础上做出选择。如果说确定目标是决策的前提，拟定备选方案是决策的基础，那么方案的评价则是决策的关键，是决策中的决策。

3.4.2.1 评价标准的确定

决策方案的评价标准不能以最优为标准，而只能以满意为标准，也就是有限合理性标准。方案评价应兼顾整体与局部、长期与短期效果之间的关系，以有效合理的标准评价各种决策方案，要广泛听取专家和群众的意见，采用现代决策技术，对各种方案的利弊做权衡比较。评价的标准可以从几个方面考察，即：①与决策目标的吻合程度；②方案所达到的效益值；③方案所具有的风险程度；④执行效果的反馈等。

对以上几个要素进行综合分析评价，最接近决策目标，投入的人力、物力、财力尽可能少，经营成果尽可能多，风险较小，实施有把握的方案就是最好的决策方案。

3.4.2.2　评价原则

（1）信息完整性原则

决策所收集的信息必须全面、准确，信息是决策的基础和前提，没有准确完整的信息，势必会导致决策的失败。信息的准确性是指信息要能真正地反映事物发展的规律；信息的全面性是指收集的信息要包括各方面相关的信息，能够全面地反映事物的整体特征。

（2）可行性原则

决策方案必须与企业的经营环境相适应，企业经营的环境是制订决策方案的基础和条件，只有符合企业自身条件的才是行之有效的最满意方案。进行科学的可行性论证，可以减少决策的失误，可行性程度的高低是衡量决策正确性的重要标志，要反复地论证决策方案的可行性。

（3）系统性原则

园林企业是一个大系统，是由许多子系统组成的，在进行决策时不仅要考虑到企业内外部的经营环境，还应兼顾到各子系统的关联性，决策方案要兼顾各种利益关系，协调各种矛盾，做到各子系统之间的相互协调，以获得整体功能最佳的效果。

（4）效益性原则

园林企业在追求利润最大化的同时还要兼顾到社会效益和生态效益，其经营决策必须考虑到三大效益的比例关系。以决策目标为标准，以经济效益为核心，将社会效益和生态效益有机地结合起来，并且要以尽量少的投入获取尽量多的成果。在注重经济效益的同时也考虑到社会效益和生态效益，这样的企业才能长久地生存和发展。

（5）科学性原则

在科技高度发达的现代社会，在凭经验和主观判断进行决策，已经不能满足精细化社会分工的需求。科学的经营决策已成为现代企业经营成功的基本条件。只有采用科学的经营决策方法，遵循科学的经营决策程序，建立科学的经营决策体制，才能使整个经营决策科学化。

小　结

本章主要介绍了园林企业管理的基本概念和基本管理原理，从管理者的角度对园林企业的生产经营进行了分析，提出对园林企业的管理既要注重经济效益又要兼顾社会效益和生态效益。园林企业管理是园林企业管理者根据企业的经营目标，对企业的生产经营活动过程进行计划、组织、协调、控制的过程，以提高企业的经济效益、生态效益和社会效益，有效地实现企业目标的过程。园林企业经营管理就是园林企业在分析企业的内外部环境的基础上，制订企业的经营战略，有计划地合理地组织和配置企业的各种生产要素，协调各种关系，控制和保障企业目标的实现，为社会创造更多的经济效益、社会效益和生态效益。

思考题

1. 园林企业为什么要进行企业经营管理?
2. 园林企业为什么要制订企业经营战略?
3. 什么是市场营销组合? 营销战略由哪几种战略组成?
4. 为什么要建立企业文化? 企业文化的含义是什么?
5. 如何正确选择企业的经营决策方法?

推荐阅读书目

1. 现代企业管理. 苗长川, 杨爱花. 清华大学出版社, 2007.
2. 21 世纪 CEO 的经营理念. (美) PRICE WATERHOUSE 公司. 刘中晏, 张建军, 等译. 华夏出版社, 1998.
3. 企业经营管理. 胡瑞仲. 东南大学出版社, 2007.

案例 1　园林公司——北京绿维创景规划设计院 *

北京绿维创景规划设计院是集"产业研究、项目策划、工程咨询、城市规划、建筑设计、景观设计"六位一体的专业规划设计院, 强调对"旅游产业、文化创意产业、房地产业、新城新区开发"四大领域进行系统整合, 提供从项目前期咨询策划到施工图设计及后期顾问的"全程服务"。目前, 该院汇聚了旅游规划师、城市规划师、景观设计师、建筑设计师、房地产策划师、营销策划师、游憩策划师、工程咨询师、投资分析师、游乐设计师、市政工程师等二十余种不同专业的精英人才 180 余人, 拥有国家旅游规划设计"甲级资质"。

(1) 企业文化

绿维口号——创意经典, 落地运营。

绿维理念——以游憩方式创新策划为基础, 以旅游产品、文化产品与地产产品设计为特色, 以商业运营模式创新突破为核心, 以景观、建筑和游乐的创新设计为手段, 为企业旅游、文化与地产开发提供运作与建设方案, 为政府旅游文化产业发展与新城新区开发提供操作计划。

绿维价值观——以高度责任感与积极创新精神, 为客户创造价值提升。

(2) 管理思想的创新

创立了五大设计理念, 即:

①景观主题化　"旅游景观"之所以区别普通的景观设计, 在于旅游项目的景

---

* 资料来源: 北京绿维创景规划设计院网页 http://www.lwcj.com/introduce/org.asp。

观，本身就是旅游吸引力的重要组成部分，甚至是其最重要的部分，是项目的基础或卖点。因此，旅游项目的景观设计，必须服务于旅游项目的"主题"定位，在主题整合下，形成项目的独特吸引力，凸显"独特性卖点"，形成主题品牌。强调在旅游项目策划阶段，开展"景观概念策划"，在项目主题定位后，确定旅游景观如何围绕主题进行设计。因此，主题化的景观设计，可以有效地将主题通过景观实现充分表现，达到吸引力的创造。

②景观情境化　就是让景观变成为制造情境的手段，让景观成为体验过程中的道具和工具。景观设计的情境化技术，就像电影布景一样，让游客更容易地进入角色状态，成为游憩过程的体验者，获得更加投入的情感体验效果。绿维创景设计的大量休闲建筑，就是营造休闲氛围的经典，其中，最重要的技术，就是舞台美术的场景布置技术。

③景观生态化　随着"人与自然和谐共处"的理念进一步深入，人们对"景观"，尤其是"旅游景观"，越来越强调生态模式，其中，包括主题生态化、游乐生态化、艺术表现生态化3个方面的内容。以生态绿色植物作为艺术创作中的表现基础和手段，形成了大量的新兴时尚发展，其中，植物造景的大地艺术，植物雕塑，垂直坡面绿化及景观化等，非常具有旅游景观冲击力，形成了旅游景观中艺术表现的生态化趋势。

④景观游乐化　绿维创景认为很多作为观光产品的项目设计，应该加入"动感艺术"的手段；因为动感艺术具有很强的表现力和震撼力，可以使游客与场景、情境很好地互动，在整个游憩过程中形成高潮迭起，获得放松和愉悦，项目才有可能有很好的重游率和口碑。

⑤景观动感艺术化　游憩方式设计和景观设计，也在"动感"理念下，找到了突破的方向："动感艺术游憩模式"与"动感艺术景观设计"开始冒了出来，希望能把握这一创新思维，为旅游与娱乐业创造出新的产品。在旅游项目设计过程中，发现动感艺术设计的理念，可以很好地实现旅游项目中游憩方式创新与艺术景观设计之间的整合，形成一种"动感艺术游憩"的全新乐趣。

（3）组织结构

绿维创景遵循为客户创造价值提升的目标，构建了"扁平化管理、专业化发展、纵深式服务、一体化配合"的组织架构。并结合深度专业化细分，形成了"产业研究、项目策划、工程咨询、城市规划、建筑设计、景观设计"6大专业平行发展，交叉互补，协同作战的特色模式，建立了"专业中心"服务机制。目前已成立了专家委员会、6大分院、22个专业中心和8个业务所，在为客户提供策划、规划、设计、顾问与代理一体化全程服务的同时，多个专业中心交叉互补、协同作战，更有利于为客户解决综合性开发项目的难题。

组织结构图如下：

案例 2　园林公司——南京市园林实业总公司*

南京市园林实业总公司成立于 1954 年，是江苏省园林绿化重点企业，也是首批国家建设部批准的城市园林绿化一级资质、园林古建筑二级资质、房地产开发三级资质企业。公司经营项目涉及园林生产、工程设计、工程施工、花卉苗木生产销售、古典园林建筑施工、房地产开发、出租车经营、专业市场经营、公园风景区经营等。其中，园林工程年平均业务量 1 亿多元；房地产开发量 $20 \times 10^4 m^2$；花卉市场、汽配市场等专业市场销售额达 13 亿左右，成为公司的三大支柱性产业。

（1）企业文化

公司理念——锐意改革、搏击市场、奉献社会；

---

* 资料来源：南京市园林实业总公司网页：http：//www.njylsy.com/index.asp。

公司宗旨——诚信为本、开拓进取、以质取胜、追求卓越；

公司目标——建一流工程、创一流业绩、树一流精品；

核心价值观——团结奉献、真诚待人、履行承诺、持之以恒。

（2）管理机制创新

机制创新是企业各项工作取得长远效果、企业发展目标得以实现的根本保证，为了进一步提高和改进公司管理机制，促使各方面工作再上新台阶，总公司开展"内部管理机制创新"工作。为了确保工作顺利开展，总公司成立了以总经理为组长的机制创新工作领导小组。

为了使本项工作取得更大的成效，总公司聘请了由专家组成的研究小组对总公司的管理现状、存在的问题做全方位的诊断分析。根据研究小组的工作进度安排，各基层单位围绕调研提纲：单位沿革和发展过程，主要业务范围及变化；各层次人员的学历、年龄、职称情况；单位管理的基本方式和存在的问题、近三年经营业绩及财务收支情况等方面进行总结研究。研究小组根据需要，有重点地进一步了解情况、获取相关数据为指导总公司管理机制创新提供有效支撑。

人力资源部今年的工作重点是落实《关于加快人才干部队伍建设的实施意见》，制订人力资源整体规划，改革绩效考核制度；财务部工作重点是进一步规范和强化制度管理、预算管理、监督管理、资产管理和财务队伍管理，逐步实施财务软件升级；投资经营部侧重于加强合同管理，完善对外投资经营管理，积极参与市场调研。

（3）组织结构（见下图）

南说园林实业总公司构架图

案例 3　决策方案的选择

某园林生产企业生产鲜切花，在春季供应市场，每束鲜花的生产成本为 5.0 元，售出价格为 10.0 元/束。如果下午卖不出去，则按 3.0 元/束处理（假设能被全部处理完）。据市场调查和预测，今春季市场需求量与去年同期基本相同（去年春季日销售量资料见表 3-7）。试问该企业应怎样安排今年的日生产计划，才能使期望利润最大？

表 3-7　去年夏季日销售量资料

日销售量（百束）	完成日销售量的天数（d）	概率
100	18	0.2
110	36	0.4
120	27	0.3
130	9	0.1
合计	90	1

解：以最大期望收益值作为决策的标准。

决策分析步骤如下：

根据去年春季日销售量资料，计算不同日销售量的概率值，并编制决策矩阵表（表 3-8）。

表 3-8　决策矩阵表

生产方案（百束/d）	每日销售量（百束）				期望值（$\sum V_{ij} \cdot P_j$）
	100	110	120	130	
	0.2	0.4	0.3	0.1	
100	50 000	50 000	50 000	50 000	50 000
110	47 000	55 000	55 000	55 000	53 400
120	44 000	52 000	60 000	60 000	53 600
130	41 000	49 000	57 000	65 000	51 400

表中收益值（V_{ij}）的计算方法，以产量 120 百束为例：

日销售量为 100 百束的收益值：$V_{31} = 10\,000 \times (10-5) - 2000 \times 3 = 44\,000$（元）

日销售量为 110 百束的收益值：$V_{30} = 11\,000 \times (10-5) - 1000 \times 3 = 52\,000$（元）

日销售量为 120 百束的收益值：$V_{33} = 12\,000 \times (10-5) = 60\,000$（元）

日销售量为 130 百束的收益值：$V_{34} = 12\,000 \times (10-5) = 60\,000$（元）

其余各方案的收益值以此类推。

计算每个备选方案的期望值。仍以日产量 120 百束方案为例，代入公式得：

$EMV = 44\,000 \times 0.2 + 52\,000 \times 0.4 + 60\,000 \times 0.3 + 60\,000 \times 0.1$

$\qquad = 53\,600$（元）

其余各方案的期望值均以此类推。

比较不同方案的期望值并选择最大值为最优决策。从计算结果看，以日产 120 百束方案的期望值最大。因此，选择每日生产 120 百束为最终决策方案。

EMV = 41 000 × 0.2 + 32 000 × 0.4 + 60 000 × 0.3 + 60 000 × 0.1
= 52 500 (元)

第4章 园林公共管理

4.1 园林公共管理概述

公共管理学是一门运用管理学、政治学、经济学等多学科理论与方法专门研究公共组织尤其是政府组织的管理活动及其规律的学科体系。在西方，它源于 20 世纪初形成的传统公共行政学和 20 世纪六七十年代流行的新公共行政学，后于 20 世纪 70 年代末期开始因受到公共政策和工商管理两个学科取向的强烈影响而逐渐发展起来。如今它已经成为融合公共政策、公共事务管理等多个学科方向的大学科门类。

城市园林绿化管理，是城市政府的行政主管部门依靠其他部门的配合和社会参与，依法对城市的各种绿地、林地、公园、风景游览区和苗圃等的建设、养护和管理。

园林公共管理是将公共管理学应用到园林绿化管理中，是以政府为核心的园林公共部门整合园林资源，对园林公共事务进行有效治理的一套制度、体制和机制的安排。经验表明：一个国家的发展水平不仅体现在经济实力上，也体现在园林公共管理能力和效能上。

建立现代化的园林公共管理新体系，是时代发展的要求，也是全面建设园林城市的制度保障。我国园林公共管理制度创新要有国际化的视野、本土化的思考和行动，在学习和借鉴发达国家园林公共管理经验的基础上，从我国的国情出发，建立起适应社会主义园林发展、适应中国园林不断进步要求的，具有中国特色的园林公共管理新体系。

4.1.1 园林公共管理的定义

园林公共管理学是一门研究园林公共组织（主要是政府）为促进社会整体协调发展，采取各种方式对涉及社会全体公众整体的生态生活环境质量和共同利益，通过各级行政机关对国家园林绿化事务进行管理的活动。它的基本含义应该理解为国家政府系统对园林公共事务的管理。园林公共管理是不以营利（不以追求利润最大化）为目的，旨在有效地扩大社会绿化面积、优化社会生态环境的活动。

4.1.2 园林公共管理的特点、内容

园林公共管理包括园林公共行政、园林公共政策和园林公共事务 3 个组成部分。任何一种管理活动都必须由管理主体、管理客体、管理目的、管理职能和方法、管理环境 5 个基本要素构成。园林公共管理活动也必须由这 5 个基本要素构成。园林公共

管理包括的主要内容是：

①政治调控，包括政治稳定、社会安定、政权建设、民主建设等管理。

②园林经济管理，包括园林财政、园林企业、园林基础设施、园林产品的管理等。

③园林政策管理，包括园林政策的制定、实施、督办、效果反馈等。

④园林公共关系。

⑤园林环境，包括园林环境规划、投资、建设、管理等。

⑥园林文化、教育、科技等。

园林公共管理包括园林绿地公共管理；专用绿地公共管理；园林绿化建设、养护公共管理；园林绿化材料生产公共管理；园林绿化科研、教育、服务公共管理五大类。

①园林绿地公共管理　包括各级、各类公园，动物园、植物园、其他绿地及城市道路绿化公共管理。

②专用绿地公共管理　包括防护绿地，居住小区绿地，工厂、机关、学校、部队等单位的附属绿地公共管理。

③园林绿化建设、养护公共管理　包括园林绿化工程设计、施工、养护管理单位和队伍公共管理。

④园林绿化材料生产公共管理　包括为城市园林绿化服务的苗圃、草圃、花圃、种子基地等生产绿地公共管理及专用物资供给、保障事业。

⑤园林绿化科研、教育、服务公共管理　包括园林绿化专业的科研、教育单位及园林内的商业、服务业单位公共管理。

4.2 园林绿化行政管理

4.2.1 园林绿化行政管理的目标

行政管理是一门学问，它是指运用规范、程序和科学的方法，推行政令施行管理任务。园林绿化行政管理的主要任务概括地说就是根据《中华人民共和国宪法》《中华人民共和国环境保护法》《中华人民共和国森林法》《中华人民共和国规划法》《城市绿化条例》以及《关于开展全民义务植树运动的决议》等法律、法规、法令，结合地方具体情况制定相应的法律、法规和规章制度，运用行政管理与宣传教育相结合的方法，推动各级组织和广大人民群众履行植树绿化的义务，遵守保护树木绿地的法令，树立爱护绿化的社会风尚，达到发展绿地巩固绿化成果的目的。

从园林绿化事业的特点出发，加速园林绿化事业的发展，实现普遍绿化，必须实行切合实际的政策，采取有力的行政管理措施。同时，要在广大人民群众中进行宣传教育和组织发动工作。把一切社会力量组织起来。开展群众性的绿化植树运动，进行群众性的养护管理，把园林绿化起来，发挥绿化效益。同时，健全管理机构，健全法制，以法律的、行政的、经济的、技术的、宣传发动的手段，推动园林绿化事业发展，并且要做好维护工作，使园林绿化成果得到巩固。

4.2.2　园林绿化行政管理的原则

城市园林绿化管理的基本属性是行政和行业管理，管理的基本原则同一般的行政和行业管理的原则是一致的，都必须做到坚持共产党的领导，为民服务，民主集中制，民族平等、团结互助，公平、公正、效率和法制的基本原则。但是为了实现城市园林绿化改善生态环境、美化城市、增进人民身心健康，促进经济社会、环境全面协调可持续发展的目的，在城市园林绿化管理中还必须强化以下原则。

（1）为民原则

城市园林绿化的出发点和归属点都是为了人民的生存和生活、精神需要，因此在城市园林绿化管理上应该以满足人民群众的基本需求为标准。由于人民的需求是随着整个经济社会的发展而不断变化的，城市园林绿化是经济社会的有机组成部分，在管理中应该把握不同阶段人民群众的基本需求，因势利导，加强管理，才能达到为民的原则。

（2）以人为本的原则

从城市园林绿化的本质出发，坚持为民原则，必须要树立以人为本的理念。在城市园林绿化管理中要遵循自然规律，促进人与自然和谐协调。管子曾提出"人与天调然后地之美生"。道家也提出"人法地，地法天，天法道，道法自然"就是明确把自然作为人的精神价值来源。在人与自然的关系上，主张返璞归真。虽然城市园林绿化的管理是现代才逐步规范和发展的，但是它的理念直接影响到这个行业的发展。在园林绿化管理上树立以人为本的理念，就是要求园林绿化的建设将自然之美营造于现代城市建设之中。通过强调人与自然协调、人与自然共同持续发展，改善人们的生存环境、提升城市景观的整体品质为目的，从而使它不仅关注环境方面的视觉审美感受，更注重环境品质，也就是说，城市园林绿化必须关注城市中的人的心理需求、娱乐需求与审美需求。真正做到"以人为本"。

（3）实效原则

行政管理的基本手段就是通过制定方针政策，提出任务，实现目标。城市园林绿化是专业性较强的行业，与经济社会发展和人民群众的需求联系密切，因此不仅在制定方针政策和确定目标的时候，特别要注重实效，就是在组织实施中也要讲求因地制宜实事求是。比如国家制定绿地指标的时候在 1993 年建设部提出的是人均公共绿地面积指标根据城市人均建设用地指标而定：①人均建设用地指标不足 $75m^2$ 的城市，人均公共绿地面积到 2000 年应不少于 $5m^2$；到 2010 年应不少于 $6m^2$。②人均建设用地指标 $75\sim105m^2$ 的城市，人均公共绿地面积到 2000 年不少于 $6m^2$；到 2010 年应不少于 $7m^2$。③人均建设用地指标超过 $105m^2$ 的城市，人均公共绿地面积到 2000 年应不少于 $7m^2$；到 2010 年应不少于 $8m^2$。城市绿地率到 2000 年应不少于 25%，到 2010 年应不少于 30%。到 2001 年我国经济社会发展的基本要求，国务院在关于加强城市绿化建设的通知中提出的今后一段时期城市绿化的工作目标和主要任务是：到 2005 年，全国城市规划建成区绿地率达到 30% 以上，绿化覆盖率达到 35% 以上，人均公

共绿地面积达到 $8m^2$ 以上，城市中心区人均公共绿地达到 $4m^2$ 以上；到 2010 年，城市规划建成区绿地率达到 35% 以上，绿化覆盖率达到 40% 以上，人均公共绿地面积达到 $10m^2$ 以上，城市中心区人均公共绿地达到 $6m^2$ 以上。要求由于各地城市经济、社会发展状况和自然条件差别很大，各地应根据当地的实际情况确定不同城市的绿化目标。

城市园林绿化的管理主要是通过行政的手段规范、引导城市园林绿化事业的发展。

4.2.3 园林绿化行政管理的内容

园林绿化行政管理是要加强和利用科学的方法，推行行政管理任务。要城乡统筹发展、保护和合理利用林业资源，加强对园林绿化的科学规划、统一管理，优化资源配置，促进园林绿化事业全面协调可持续发展。其主要内容如下：

①贯彻落实国家关于园林绿化工作方面的法律、法规、规章和政策，起草本市相关地方性法规草案、政府规章草案，并组织实施；制定园林绿化发展中长期规划和年度计划，会同有关部门编制城市园林专业规划和绿地系统详细规划，并组织实施。

②组织、指导和监督城乡绿化美化、植树造林和封山育林等工作；组织、协调和指导防沙治沙和以植树种草等生物措施为主的防治水土流失工作；负责园林绿化重点工程的监督检查工作；组织、指导生态林的建设、保护和管理；组织、协调重大活动的绿化美化及环境布置工作。

③承担管理和保护森林资源的责任；组织编制林木采伐限额，监督检查林木凭证采伐、运输，组织实施林权登记、发证工作；负责森林资源的调查评估、动态监测、统计分析等工作；指导集体林权制度改革，拟订集体林权制度和林业改革意见，并组织实施；依法调处林权纠纷。

④组织制定园林绿化管理标准和规范，并监督实施；拟订公园、自然保护区、风景名胜区等建设标准和管理规范，并组织实施；拟订古树名木保护等级标准；负责园林绿化建设项目专项资金使用的监督工作。

⑤承担保护陆生野生动植物的责任；组织、指导陆生野生动植物资源的保护和利用工作，组织开展陆生野生动物疫源疫病的监测工作；依法组织开展生物多样性保护和林木种质资源保护工作，组织、指导林木、绿地有害生物的监测、检疫和防治工作。

⑥承担组织、指导和监督检查森林防火工作的责任；组织拟订森林防火规划和森林火灾扑救应急预案，并监督实施；指导森林防火基础设施和扑救队伍建设；承担森林防火指挥部的具体工作；负责森林公安工作，管理森林公安队伍；依法查处破坏森林资源的案件。

⑦负责公园、风景名胜区的行业管理；组织编制公园、风景名胜区发展规划，监督、指导公园、风景名胜区的建设和管理；负责公园、风景名胜区资源调查和评估工作。

⑧依法负责园林绿化行政执法工作。

⑨研究提出林业产业发展的有关政策，拟订相关发展规划；负责林果、花卉、蜂蚕、森林资源利用、林木种苗等行业管理。

⑩拟订园林绿化科技发展规划和年度计划，指导相关重大科技项目的研究、开发和推广；负责园林绿化信息化的管理；负责组织、指导、协调林业碳汇工作；负责园林绿化方面的对外交流与合作。

⑪负责园林绿化的普法教育和宣传工作。

4.3　园林绿化法规管理

城市绿化是城市重要的基础设施，是城市现代化建设的重要内容，是改善生态环境和提高广大人民群众生活质量的公益事业。改革开放以来，特别是 20 世纪 90 年代以来，我国的城市绿化工作取得了显著成绩，城市绿化水平有了较大提高。但总的看来，绿化面积总量不足，发展不平衡、绿化水平比较低；城市内树木特别是大树少，城市中心地区绿地更少，城市周边地区没有形成以树木为主的绿化隔离林带，建设工程的绿化配套工作不落实。一些城市人民政府的领导对城市绿化工作的重要性缺乏足够的认识；违反城市总体规划和城市绿地系统规划，随意侵占绿地和改变规划绿地性质的现象比较严重；绿化建设资金短缺，养护管理资金严重不足；城市绿化法制建设滞后，管理工作薄弱。

因此，为了促进城市经济、社会和环境的协调发展，进一步提高城市绿化工作水平，地方各级人民政府和国务院有关部门要充分认识城市绿化的重要作用，采取有力措施，改善城市生态环境和景观环境，提高城市绿化的整体水平。

4.3.1　园林绿化政策与法规

为了促进城市绿化事业的发展，改善生态环境，美化生活环境，增进人民身心健康，制定相应的园林绿化法律法规。法规适用于在城市规划区内种植和养护树木花草等城市绿化的规划、建设、保护和管理。国家鼓励和加强城市绿化的科学研究，推广先进技术，提高城市绿化的科学技术和艺术水平。

（1）管理体制

国务院设立全国绿化委员会，统一组织领导全国城乡绿化工作，其办公室设在国务院林业行政主管部门。国务院城市建设行政主管部门和国务院林业行政主管部门等，按照国务院规定的职权划分，负责全国城市绿化工作。地方绿化管理体制，由省、自治区、直辖市人民政府根据本地实际情况规定。城市人民政府城市绿化行政主管部门主管本行政区域内城市规划区的城市绿化工作。在城市规划区内，有关法律、法规规定由林业行政主管部门等管理的绿化工作，依照有关法律、法规执行。

（2）规划和建设

城市人民政府应当组织城市规划行政主管部门和城市绿化行政主管部门等共同编制城市绿化规划，并纳入城市总体规划。其中城市绿化规划应当从实际出发。根据城市发展需要，合理安排城市人口和城市面积相适应的城市绿化用地面积。

城市人均公共绿地面积和绿化覆盖率等规划指标，由国务院城市建设行政主管部门根据不同城市的性质、规模和自然条件等实际情况规定。城市绿化工程的设计，应当委托持有相应资格证书的设计单位承担。城市的公共绿地、居住区绿地、风景林地和干道绿化带等绿化工程的设计方案，必须按照规定报城市人民政府城市绿化行政主管部门或者其上级行政主管部门审批。

城市绿化工程的设计应当借鉴国内外先进经验，体现民族风格和地方特色。城市公共绿地和居住区绿地的建设，应当以植物造景为主，选用适合当地自然条件的树木花草，并适当配置泉、石、雕塑等景物。

同时城市绿化规划应当因地制宜地规划不同类型的防护绿地。各有关单位应当依照国家有关规定，负责本单位管界内防护绿地的绿化建设。单位附属绿地的绿化规划和建设，由该单位自行负责，城市人民政府城市绿化行政主管部门应当监督检查，并给予技术指导。城市绿化工程的施工，应当委托持有相应资格证书的单位承担。绿化工程竣工后，应当经城市人民政府城市绿化行政主管部门或者该工程的主管部门验收合格后，方可交付使用。

（3）保护和管理

城市的公共绿地、风景林地、防护绿地，行道树及干道绿化带的绿化，由城市人民政府城市绿化行政主管部门管理；各单位管界内的防护绿地的绿化，由该单位按照国家有关规定管理；单位自建的公园和单位附属绿地的绿化，由该单位管理；居住区绿地的绿化，由城市人民政府城市绿化行政主管部门根据实际情况确定的单位管理；城市苗圃、草圃和花圃等，由其经营单位管理。任何单位和个人都不得擅自改变城市绿化规划用地性质或者破坏绿化规划用地的地形、地貌、水体和植被。同时都不得损坏城市树木花草和绿化设施。

为保证管线的安全使用需要修剪树木时，必须经城市人民政府城市绿化行政主管部门批准，按照兼顾管线安全使用和树木正常生长的原则进行修剪。承担修剪费用的办法，由城市人民政府规定。

因不可抗力致使树木倾斜危及管线安全时，管线管理单位可以先行修剪，扶正或者砍伐树木，但是，应当及时报告城市人民政府城市绿化行政主管部门和绿地管理单位。

百年以上树龄的树木，稀有、珍贵树木，具有历史价值或者重要纪念意义的树木，均属古树名木。对城市古树名木实行统一管理，分别养护。城市人民政府城市绿化行政主管部门，应当建立古树名木的档案和标志，划定保护范围，加强养护管理。在单位管界内或者私人庭院内的古树名木，由该单位或者居民负责养护，城市人民政府城市绿化行政主管部门负责监督和技术指导。

严禁砍伐或者迁移古树名木。因特殊需要迁移古树名木，必须经城市人民政府城市绿化行政主管部门审查同意，并报同级或者上级人民政府批准。

4.3.2 园林绿化标准与规范

城市园林绿化要达到先进水平，城市各类绿地就应布局均衡、结构合理、功能健全，形成科学合理的绿地系统。为了加强绿化建设和管理，改善和保护生态环境，促进生态文明建设，根据各地的实际情况，制定了相应的绿化标准与规范。其中我国标准分为国家标准、行业标准、地方标准和企业标准。强制性国家标准是以 GB 开头的标准，是国家通过法律的形式明确要求对于一些标准所规定的技术内容和要求必须执行，不允许以任何理由或方式加以违规、变更，强制性国家标准具有法律性。强制性国家标准一经颁布，必须贯彻执行，否则对造成恶劣后果和重大损失的单位和个人，要受到经济制裁或承担法律责任。同时各地根据实际情况，有相应的地方标准，地方标准以 DB 开头。以北京为例，其园林绿化建设要符合国家标准《城市园林绿化评价标准》以及《北京市绿化条例》等地方法规的相关规范。其中绿地建设有各项基本指标：

（1）城市绿化建设规范

①城市绿化效果良好，经遥感测试，城市建成区绿化覆盖率、建成区绿地率、人均公园绿地面积等基本指标达到要求。

②各城区绿化基本指标的差距逐步缩小，城市建成区绿地率最低的城区不小于 25%；各城区人均公园绿地面积最低值不小于 $5m^2$／人。

③城市公园绿地布局合理、均衡分布，公园绿地服务半径覆盖率至少达到 70%；国家生态园林城市需达到 90% 以上。

④城市公园数量基本满足市民需求，万人拥有综合公园指数达到 0.06，国家生态园林城市需达到 0.07；且至少建成一个面积大于 $40hm^2$ 的植物园。

⑤城市绿地建设突出植物造景，乔灌草立体配置，合理搭配，建成区绿化覆盖面积中乔、灌木所占比率不小于 60%；国家生态园林城市需不小于 70%。

（2）居住区绿化规范

①城市居住区绿化符合现行国家标准《城市居住区规划设计规范》（GB 50180—1993）的规定，新建居住小区绿地率达 30% 以上，并建有配套休闲活动园地；旧居住区改建时绿地率不低于 25%；新建、改建居住区绿地达标率至少达到 95%，国家生态园林城市需达到 100%。

②居住区绿地实施专业化养护管理，养护管理资金充足并保障到位，配套服务性设施维护完好。

（3）附属绿地建设规范

①城市各单位重视庭院绿化美化，公共设施绿地达标率达到 95% 以上；

②城市林荫停车场推广率至少达到 60%；国家生态园林城市至少达到 70%。

（4）生产、防护绿地建设规范

①城市防护绿地实施率不低于 80%，国家生态园林城市不低于 90%；

②全市生产绿地总面积占城市建成区面积的 2% 以上；

③按照《城市生物多样性保护规划》合理规划苗木生产，保证出圃苗木种类、规格、质量等满足城市园林绿化工程建设需要。

4.3.3 园林绿化执法监督

园林绿化主要由园林绿化局相关执法部门进行执法监督，例如北京市绿化是由北京市园林绿化局执法监察大队对绿地进行执法监督，其主要负责具体实施有关法律、法规、规章规定应由园林绿化主管部门承担的执法监督职责，以及相关大案、要案和跨区域案件的查处工作；指导和协调相关的执法监督工作。这支执法队伍将依据2010年开始实施的《北京市绿化条例》以及《北京市公园条例》开展执法工作。小到破坏花草树木、绿化设施，大到私自改变绿地性质、用途，都有一定的处罚标准，并要按原状对绿地进行恢复。

4.4 公园、风景名胜区、自然保护区管理

公园，古代是指官家的园林，而现代一般是指政府修建并经营的作为自然观赏区和供公众休息游玩的公共区域，具有改善城市生态、防火、避难等作用。现代的公园以其环境幽深和清凉避暑而受到人们的喜爱，也成为情侣们、老人们、孩子们的共同圣地，以至于在公园中发生了无数个故事，成为人们喜怒哀乐的又一聚集地，也因此很多的书籍、电影、连续剧的背景都选在了公园。

风景名胜区指风景资源集中、环境优美、具有一定规模、知名度和游览条件，可供人们游览欣赏、休憩娱乐或进行科学文化活动的地域。

自然保护区是指对有代表性的自然生态系统、珍稀濒危野生生物种群的天然生境地集中分布区、有特殊意义的自然遗迹等保护对象所在的陆地、陆地水体或者海域，依法划出一定面积予以特殊保护和管理的区域。

公园、风景名胜区、自然保护区管理的基本任务是：科学、艺术地配置建筑、水体、山石、树木花草和游憩设施，改善城市生态环境，美化市容，为公众提供优美舒适的游览、休息园地和文化活动场所，热情周到地为游人服务，向游人进行社会主义精神文明和文化科学知识教育。

4.4.1 公园、风景名胜区、自然保护区管理的原则

要做好公园、风景名胜区、自然保护区的管理工作，首先必须研究公园、风景名胜区、自然保护区的特点，按照客观规律，依据相应的原则，才能把公园、风景名胜区、自然保护区管理好。

(1) 以植物为主，以自然为主，与生态保护相结合的原则

公园、风景名胜区、自然保护区主要是以植物材料为主体构成的绿色环境，这是区别于其他公共场所的根本标志，因此，管理工作要注意发挥以园艺为主的特点，保持规划设计中，绿化种植与建筑的合理比例。目前有的单位在建设公园时常把大部分投资用在建筑上，对已建成的公园也不断地往里面增加建筑物，忽视了以植物材料为主的建园原则。好不容易划出一块土地来辟建公园，却又被大量的建筑物塞满了，公园增加一座建筑物就等于减少一块绿地，这是削弱绿化效益而不是提高绿化效益。

建筑密度太大是我国古典园林中一个时期的特点。时代在变，生活方式在变化，我们的园林建设也要变化，要适应中华民族向德智体全面发展，健康、开朗、乐观的精神面貌。

管理要有主见性：社会舆论与公园游客，可能出于一时一事的需要，对公园提出各种各样的要求，但是，公园管理者要保持清醒的头脑，抓住主业，不宜轻易增加建筑物及与园林无关的活动内容，以防削弱公园主体而改变原来的性质。过去工作中由此而造成的"折腾"的教训是很多的，有的公园，本来园林面貌很好，但根据一时需要，逐步向里面加球场、游泳馆、展览馆、活动室等等，最后面目全非，不成其公园，变成大世界。这种教训并不少见。

（2）根据季节的不同，采取相应的服务措施

公园、风景名胜区、自然保护区因季节不同，气候寒暖，阴晴风雨，休息节假等因素有很大变化。一天内有高潮低潮，一周内有高峰低峰，一年内有淡季旺季，因此，要做好管理工作，必须掌握变化规律，采取相应的服务措施，才能周到主动地做好服务措施，又因为公园、风景名胜区、自然保护区都是以植物为主题的绿化地带，植物的种植、栽培、养护同样是季节性很强的工作，因此，公园、风景名胜区、自然保护区的管理工作必须切实掌握特殊规律进行。

（3）以服务人民为原则

公园、风景名胜区、自然保护区的效益直接表现在为游客提供良好服务的社会效益上，从公园服务工作中，体现党和政府对人民生活的关怀，树立共产主义的人与人的关系，从而反映社会主义制度的优越性。公园的服务活动，不应该只是以营利为目的，而是应该通过良好的服务，赢得游客的满意，自然可以获得相应的收入。

4.4.2　公园、风景名胜区、自然保护区管理的内容

随着社会经济的高速发展，我国的公园、风景名胜区、自然保护区建设得到了较快的发展，对提高人民群众生活质量和改善城市生态环境发挥了积极作用。但是，在公园、风景名胜区、自然保护区管理工作中也存在着机构不健全、管理不到位的情况，一些城市对公园、风景名胜区、自然保护区特别是古典园林缺乏必要的维护和管理，致使公园、风景名胜区、自然保护区不能充分发挥城市绿地应有的生态效益，珍贵的古典园林没有得到应有的保护。因此，在自然生态环境日益恶化的今天，加强公园、风景名胜区、自然保护区的建设和管理，对于保护、拯救濒危生物物种，维护和改善自然生态环境，推进人类精神和物质文明建设，促进人与自然和谐发展，具有十分重要的意义。

4.4.2.1　公园、风景名胜区、自然保护区的植物管理

（1）植物景观管理

植物景观是公园的主体和基本内容，公园管理者应当把植物景观管理放在各项管理工作的首位。绿地率应保持在 70% 以上。植物景观管理的总的要求是：按照公园总体规划和植物配置设计，实施植物的栽培、调整和管护，达到并保持规划设计的景

观效果。创造一个花卉繁茂、景色优美、环境舒适、意境深邃的园林艺术境域。已建成定型的植物景观和具有一定历史意义的景点、景区，应严格保护，加强管理，不得擅自改变。尚未建成或景观质量不高的景点、景区，应适时进行植物景观调整和景点改造，但调整改造须遵循建设部颁布的 CJJ48—1992《公园设计规范》，事先制订设计方案，经审查后实施。植物景观调整和景点改造设计方案按下列程序报审：区县（市）管理的，由公园组织方案设计，报区县（市）园林绿化主管部门审查。市管理的，由公园组织方案设计，报市园林事业管理局审查。地处公园主要游览景区或面积在 $1hm^2$ 以上的植物景观调整和景点改造设计方案，主城区的公园均须报市园林事业管理局审查后方能实施。植物景观调整和景点改造方案经审查后，一般由公园组织绿化技术人员和技工负责施工，确需委托其他单位施工的，应由园林主管部门颁发的资质证书的单位承建。植物景观调整和景点改造工程完工后，应由方案审查部门参加验收，以确保工程质量。以土建为主的建设项目，应严格执行各地区的公园管理条例或相关规定。

（2）植物养护管理

植物养护管理的总要求是：保持植物自然姿态和艺术造型，保证花卉植物正常生长，充分体现设计意图，使园林景观达到最佳状态。

孤植树（庭荫树）　保持树冠完整，姿态优美，生长繁茂，无枯枝，无病虫害，有较高的观赏价值。游人活动净空高达 2.2m 以上。

行道树　生长健壮，树冠整齐，分支点达 2.2m 以上，无枯死树，无缺损，无倾斜、倒伏树，基本无病虫危害。

风景林木（花卉）　做到乔灌草合理配置，定期修剪和抚育，无枯枝死树，基本无病虫害，植物长势好，开花整齐，整体景观有特色。

整形灌木　应及时修剪，常年保持其艺术造型；一般灌木亦应保持树冠完整，树形自然美观。各类灌木均应做到不亮脚，无枯枝，无病虫枝，生长旺盛，对残缺、老化的灌木应及时更新。

绿篱　配置要因地制宜，与景观功能相协调。整形绿篱每年应修剪 2~3 次，保持整齐、美观，保持设计形状。自然式绿篱也要控制生长，及时清除徒长枝、病虫枝。各类绿篱应常年保持无枯死树、无缺损，长势良好。庭院栽植的大树桩头每年进行蟠扎整形，修剪徒长枝、病虫枝，保持其园林工艺水平。

竹类　应保持生长旺盛，自然美观，无倒伏，无枯桩，及时疏伐和清除老竹头。除特殊情况外，每四年疏伐一次老竹，每两年打老竹头一次；凤尾竹、小琴丝竹等小竹类，每五年翻栽一次。

花卉　公园主要出入口、集散广场、游览中心地区及办公室、接待室等活动场所，应视立地环境特点和要求，布置各类花卉，保持四季鲜花不断。露地盆花摆设要整齐美观，层次分明，色彩悦目，讲究布置艺术，不露盆钵。

花坛　图案清晰美观，色彩明快，开花整齐，无缺损，花卉栽植面积不少于花坛面积的 70%，注意花卉换季更新，做到"五一"、国庆、元旦、春节鲜花开放。

花境（径）　花丛要讲究配置艺术，注意植物的主副关系、层次感、色彩、季相变化，要与环境地貌相协调。

草坪　保持青绿平整，边缘清晰，无积水，无缺株，定期修剪。根据草种的不同，留草高度保持 4～10cm。单一品种草坪无杂草。观赏草坪不准游人进入践踏。游憩草坪应定期轮流关闭养护管理，无人为践踏的道路和踩板结的地块。

地被植物　应选择多种矮生、耐阴、覆盖力强，有一定观赏价值的多年生植物。地被植物种植应做到不杂乱，不挡视线。公园内除硬质地面或铺装地区外，凡可栽种植物的都应用各种地被植物覆盖，做到黄土不露天。

藤蔓植物　保持良好的株型姿态，定期修枝整形，不乱牵乱爬，无枯枝败叶，长势良好。公园的、墙体、建筑、构筑均应发展垂直绿化，因地制宜选择多种藤蔓植物进行覆盖。

古树名木　必须重点保护，制订特殊的管理办法和技术措施，登记造册，挂牌说明，若遇灾害应及时采取抢救措施。严禁砍伐、移植古树名木。

园内所有乔木和大型灌木均应分门别类清理登记、造册存档，并在主要植物上设置植物名称、种类、产地、习性等知识介绍牌。不得随意砍伐、移植园内造景植物，确需砍伐、移植的，应按各地区园林绿化条例及有关政策办理手续。

4.4.2.2　公园、风景名胜区、自然保护区的动物管理

(1) 加大投入，保障动物园可持续发展

各级城市人民政府要在资金、机构、政策等方面给予充分保障，以保证动物园具备正常运营和持续发展所需要的动物资源、笼舍、饲料、医疗等物质条件和兽医等专业技术与管理人员。要设立动物园建设管理专项资金，不能将动物园视为"财政包袱"，推向市场进行商业化经营。公益性动物园的所有权和经营权不得转让。要积极引导社会各界通过捐赠、认养等形式支持动物园的发展。

(2) 严格管理动物园选址和搬迁，确保动物园的公益性质

新建和搬迁动物园，要按照动物园的公益性原则进行可行性论证，严格把关。论证要广泛征求公众意见，结果要通过两种以上的公共媒体向社会公示。最终论证结果要经省级建设（园林绿化）主管部门报住房城乡建设部备案。确需搬迁的，搬迁后不得改变动物园的公益性质，不得改变动物园原址的公园绿地性质。

(3) 加强安全管理，保证动物园安全运营

各地建设（园林绿化）主管部门要加强对动物园日常运行管理中各个环节的监管，定期组织安全检查，及时发现问题、消除隐患。

动物园要制定日常安全管理工作制度，完善安全警示标志等设置，及时检查维护园内设备设施，确保动物和人的安全。要制定动物逃逸、伤人等突发事故及重大动物疫情等突发事件的应急预案，定期组织模拟演练。

(4) 切实保障动物福利，保证动物健康

动物园要保质保量供应适合动物食性的饲料；建设适合动物生活习性、安全卫生、利于操作管理的笼舍，配备必要的防暑御寒设施；加强兽医院建设，采取必要的疾病预防和救治措施，为动物提供必要的医疗保障；妥善处理死亡动物的尸体；不得

进行动物表演；避免让动物受到惊扰和刺激。

不能提供上述基本福利保障的公园不得设立动物展区。

（5）健全档案管理，科学规划发展

动物园要建立健全园内动物饲养、管理档案；设立动物谱系员，专门负责登记、整理动物谱系资料，依据动物园行业的种群发展规划，制订本单位的动物种群发展计划。

（6）完善法规、标准体系，规范行业管理

要充分调动行业协会、科研院所的力量，在行业现状调研的基础上，针对当前动物园管理存在的突出问题，进一步完善动物园建设、管理配套法规，明确法律责任和惩戒措施，使动物园行业管理有法可依、有章可循。

（7）加大宣传，提高全社会动物保护意识

园林绿化主管部门要加大对动物园的宣传力度，提高全社会对动物园在野生动物保护、科学普及教育、环境保护等方面所发挥重要作用的认识，使动物园成为向公众传递关爱自然、保护动物等良好信息的窗口。对于公众和媒体关注的问题，要积极响应、妥善解决。

4.4.2.3　公园、风景名胜区、自然保护区的建设管理

公园、风景名胜区、自然保护区建设要遵循以人为本、生态优先的原则。新建、改建、扩建的各类公园、风景名胜区、自然保护区的设计，必须符合国家有关公园、风景名胜区、自然保护区管理的规定和审批程序。要弘扬我国传统园林艺术，突出地方特色，不断提高公园、风景名胜区、自然保护区设计水平。公园、风景名胜区、自然保护区建设必须按照批准的设计施工，并由相应资质的单位承担。公园、风景名胜区、自然保护区竣工必须按规定验收合格后方可投入使用。城市供电、供热、供气、电信、给排水及其他市政工程应尽量避免在公园内施工，需在公园、风景名胜区、自然保护区内施工的，须事先征得公园、风景名胜区、自然保护区主管部门的同意，并遵守有关规定。

（1）设施管理的任务和目标

公园的园林设施是重要的人文景观，有的园林建筑具有很高的艺术价值和历史文物价值。公园管理者应具有强烈的事业心和历史责任感，维护管理好公园的园林建筑及设施。园林设施管理任务和目标是：维护设施完好无损，确保其艺术和历史价值，发挥其景观功能和使用功能，保持园内设施整洁、清新、美观、完好。

（2）园林建筑管理

园林建筑（亭、台、楼、阁、廊、榭、轩、馆、大门等）要保持外观完好，整洁美观，门窗、座椅、灯具和室内装饰物品要经常擦洗、除尘，做到无灰尘、无蛛网、无污垢、无乱刻乱划，要特别注意保护好书画、匾额、楹联、雕刻等艺术品。园林建筑一般两年油漆粉刷一次，损坏要及时维修。在粉刷和维修时应注意保持园林建筑的原貌和风格，不得随意改变。园内文物和名胜古迹要严格保护，保持完好无损，定期检查维修，建立说明标志。市级以上保护文物要设立保护标志。名人诗词、书画

作品、艺术器皿、古玩，对外交流赠送的礼品、工艺品，有观赏品味和历史价值的几架、盆钵等应有专人负责，登记造册，妥善保管，不得遗失或损坏。雕塑、花架、喷泉、假山、塑石、栏杆、汀步、景门、景墙等园林小品，应定期清洗和维修。需粉刷的要每年粉刷一次，保持其功能完好、清洁美观。

（3）基础设施管理

水电设施、管线铺设要符合水电管理部门的技术安全规范。公园应尽可能将电线、给水排水管理入地下，并在公园地形图上明确指示线路方向。要经常对水电设施作安全检查，损坏要及时维修，园内路灯杆架、灯泡、灯罩要随时检查，发现残损要及时更换。一般要求园内的水电设施（包括路灯）从出现问题到维修的时间不超过24h。道路、平台、步级、路沿、护栏保持平整完好，损坏要及时修补，不得出现道路坑洼、步级缺损、护栏倒伏的现象。需粉刷的围栏至少每年粉刷一次。金属设施（铁门窗、铁围栏、花栏及其他金属装饰构件）应每年除锈，油漆一次，发现锈蚀、残损应及时修补更换。公园必须在大门内外，道路交叉口和其他显著位置设立导游图、公共信息标志、游览须知、景点指示牌和"园林绿化管理十不准"宣传牌、科普教育和环卫知识教育宣传栏等设施。上述设施要求设计新颖，制作坚固，字迹工整，图文规范。切不可在树上临时钉挂。公园应严格控制商业性广告的设置，确需设置的，应报经主管部门批准，并设置在不影响景观、不破坏环境的非主要游览区。一般情况下，导游图、"游园须知" 3 年翻新一次，景点指示牌、宣传牌每年翻新一次，科普宣传栏应每季度更换一次内容，一年粉刷一次。园内应适当设置座椅、洗手池、果皮箱。根据游人分布状况，一般每公顷设座椅 20～100 位。果皮箱一般间距 50～80m 一个。洗手池设于餐、饮、儿童设施附近。

（4）机械设施管理

园内机械设施要保持良好的运行状态，达到安全标准，外观整洁。运输车辆要有专人管理，按有关规定实施保养，不准带故障行驶。所有机械和机动车辆必须停在指定地点，不得在园内乱停乱放，节假日或游人高峰期未经公园管理部门允许，任何车辆不得在园内行驶。自行车、摩托车一律不准在公园内行驶，公园职工应带头遵守，运输用脚踏三轮车，不要在游人高峰期入园行驶。残疾人乘坐的电动轮椅须经公园管理部门同意，在有人保护的情况下方能入园。各种园林机具（如剪草机、修剪机、拖拉机、喷雾器等）要有专人负责保养，使用人员须经过学习培训，熟练掌握使用方法，取得有关部门颁发的使用证书后方可使用运行。所有机械设施使用人员均须定期进行安全学习，加强安全知识教育，保证机械设施安全运行。

4.4.2.4　公园、风景名胜区、自然保护区的文物管理

①公园、风景名胜区、自然保护区内文物和名胜古迹管理要严格按照《中华人民共和国文物保护法》执行保护。

②保持公园、风景名胜区、自然保护区内文物和名胜古迹的完好无损，划定保护区域，定期检查维修，建立说明标志。

③严禁擅自移动、改变文物和名胜古迹原状。严禁擅自在文物和名胜古迹保护范

围内进行建设工程或者爆破、钻探、挖掘等作业。

④对公园、风景名胜区、自然保护区内文物进行修缮，应当根据文物保护的级别报相应的文物行政部门批准。因举办展览、科学研究等需借用公园、风景名胜区、自然保护区内文物的，应当经主管的文物行政部门批准并备案。

4.4.2.5 公园、风景名胜区、自然保护区的卫生管理

(1) 环境卫生管理

公园环境卫生是体现公园园容质量和园林艺术效果的根本保证，是广大群众游览休息的基本条件。公园管理者必须把环境卫生管理作为一项基本任务，坚持常抓不懈。公园环境卫生管理总目标是：整洁、干净、清新、优美、协调、完好，营造整洁、优美、舒适的公园环境。

(2) 园容卫生管理

园内环境要保持整洁干净，所有设施必须放置有序，各类物资均不得在游览区影响景观的地点堆放。

各类经营服务摊点必须按规划经公园管理部门审批定点设置，外观整洁美观。公园大门内规定位置不准设置任何摊点，园内不准设流动摊位。所有摊点必须负责其周围半径 10m 以内的卫生保洁。

大门、广场、主次干道、重点游览区或人流较多的地区每天清扫不得少于两次，其他游览区每天清扫不得少于一次。实行全日立体保洁制度，即从早上开园至晚上闭园的整个游览时间内，室内室外及所有陆地、水面、上下左右各个方位，均做到无垃圾、无卫生死角。

清扫保洁工作实行定员定岗，责任到人的管理。各级公园均应落实专职或兼职卫生管理干部，负责每天检查考核，发现问题，及时处理。

要特别注意园林绿地内的清洁卫生，不得将垃圾、废弃物抛置于绿地内，不准在绿地内堆放物资材料、摆设摊点或停放车辆。植物管护中修剪、清理的枝条、残花杂草等不准残留在绿地内，应及时清运至垃圾库或用土掩埋。

园内座椅、果皮箱、洗手池、痰盂等每天清洗一次，园灯、指示牌、沉沙井、明沟、围栏等每十天清理一次，垃圾库内的垃圾坚持每天清运出园。上述设施出现倒伏、残损及时修复或处理。

公园内原则上不得开设骑马、羊拉车等有损园容卫生的经营项目，确需开设的，要经公园主管部门批准，严格限制在不影响园容景观的地区，并采取妥善措施防止动物粪便乱排和臭味四逸。

后勤设施（宿舍、办公室、值班室、仓库、车库、工具房、食堂等）必须每天清扫，保持环境整洁，室内窗明几净，无蜘蛛网、无垃圾、无蚊蝇、无鼠穴，灯光设施完好。

后勤物资要分类堆放整齐，废弃物及时清运。园内施工现场的建材物资应堆放在指定地点，并用遮掩物隔障，竣工后及时清场，恢复原貌。严禁使用绿地堆放物资材料。

（3）厕所管理

厕所卫生做到无蝇蛆、无淤塞、无积水、无明显臭味、无破烂设施。保证地面、蹲位、挡板净，粪槽、尿槽净，墙壁、门窗净，四周环境净。

厕所的水电设施必须保持完好的使用功能，化粪池要密封，并有排气管，符合技术规范。市级公园的厕所应全部建成水冲式，区县（市）公园厕所也应逐步建成水冲式或安装定时冲水器。厕所应设置洗手池。重点部位的厕所设施和管理应达到国家一级标准并设置残疾人通道和蹲位。

厕所每天大洗两次，粪槽、尿槽每周用去污剂清擦两次以上。

厕所化粪池每年至少清理一次。

（4）湖、池水面管理

保持湖、池水面清洁，设专人每天清捞保洁，做到水面无漂浮物，无臭味，无蚊虫孳生。

$50m^2$ 以下水池每月换水清理一次；$50 \sim 200m^2$ 水池每半年换水清理一次；大湖应酌情在雨季前适当放水清理。换水时应洗擦池底、池壁及池内设施，及时放养观赏鱼或食蚊鱼。严禁将各处污水、废水排入园内的湖、池、溪、河等水域，严防水质污染。

污水排放要经过处理，禁止直接向江、河、湖、池排放污水。

池内的喷水器，叠泉的循环水装置等，原则上每天定时开放，确因电力不足，不能每天开放的，也应保证每星期六、日及节假日开放，并落实人员经常检查维修，保持设备完好，损坏后不能维修开放的应及时拆除或更换。

（5）环境保护管理

公园应做好环境保护工作，改善环境质量，创造良好的生态环境和生活环境。

公园内不准在园内焚烧落叶枯草，不准设置超标准的高音喇叭，不准张贴未经公园管理部门批准的广告、招牌，不准存放垃圾。

发电机房、水塔要安装隔离设施，防止噪声超标。

公园饮食服务设施（如饭店、酒家、茶园等），凡有条件的均应以天然气作燃料，不使用燃煤，以免造成大气污染。要设置隔油隔渣池。坚持每天清除废物和定期清渣。

4.4.2.6　公园、风景名胜区、自然保护区的经营服务管理

①经营服务的总要求：文明、热情、周到、优质、让游客满意。

②按照中国公园协会制定的《公园经营服务管理规范》，结合公园实际，制定各项服务项目的管理规章制度。

③服务岗位基本要求：有岗位责任制及服务规范张贴。有服务时间及价目表。经营网点使用统一标签，一货一签，明码标价。不出售假冒伪劣和无"三期"标志的商品。不出售"回笼票"，不私收现金。有合法的卫生许可证。公布举报电话。负责搞好门前"三包"（包秩序、卫生、绿化）。

④在岗人员行为要求：佩证上岗，衣着整齐，仪表端庄，不赤背袒胸，不穿拖鞋

上班。礼貌待客，态度和蔼，使用文明用语，禁用服务忌语。做到"五不"，即不擅离岗位，不串岗聊天，不办私事，不赌博，不酒后红脸上班。不与游客发生争吵，不出手殴打游客。现金收付，唱收唱付，不出差错。提前做好上岗准备。

4.4.2.7 公园、风景名胜区、自然保护区的资金管理

公园、风景名胜区、自然保护区是社会公益事业。各地建设和园林主管部门要协调当地财政部门，将社会公益性公园、风景名胜区、自然保护区的建设和管理费用列入政府公共财政预算。

对于免费开放的公园、风景名胜区、自然保护区绿地，要落实专项资金，保证公园绿地的维护管理经费，确保公园、风景名胜区、自然保护区绿地维护和管理的正常运行。

要在统一规划的前提下，调动各方面的积极性，加快公园、风景名胜区、自然保护区建设步伐。鼓励企业、事业、公民及其他社会团体通过资助、捐赠等方式参与公园、风景名胜区、自然保护区的建设。

4.4.2.8 公园、风景名胜区、自然保护区的文化活动管理

(1) 文化活动管理的总要求

公园是社会精神文明的窗口，是向广大群众进行文化科学知识教育的场所。通过开展多种形式的文化、娱乐、展出活动，发挥公园的社会效益和经济效益，是公园精神文明建设的重要任务。

公园文化娱乐活动管理的总要求是：健康有益，安全规范，丰富多彩，突出特色。

(2) 游乐活动管理

公园娱乐场（游乐园、儿童乐园等）的设置，必须遵循总体规划，凡总体规划未考虑设置的，不得擅自任意设置；按总体规划设置的，应合理布置，控制项目和容量，不得随意变更或扩大场地，游乐场和儿童活动区以外不要设置游乐设施。

公园游乐园（场）要严格贯彻执行各地区有关游乐园的管理办法和规定，到有关部门办理选址、质检和登记手续。

每台游艺机都应制定安全运行操作规程和科学合理的操作程序以及应急处理方法。

游乐场（点）配备的专业技术人员和操作人员均应经过培训、考核合格，持证上岗，并定期进行安全、技术知识教育。

游乐场应根据每种机械的性能和特点，设置必要的"游客须知"及有关标志，使游客能自觉遵守，正确使用，安全操作，必要时工作人员应实施现场指挥和帮助。

游乐场应设立技术档案积累资料（包括每台机械的生产单位、出厂日期、有关技术参数和检验合格证、运行日志、故障情况处理意见等）。

(3) 展出活动管理

公园应根据各自的特点优势和客观条件，组织多种形式、富有特色、健康有益的

展出活动（如花展、盆景展、灯展、书画展、影展、动物展、科普知识展等），以丰富公园的活动内容。

所有展出活动，均不得破坏园容原貌、损毁植物景观，造成环境污染，影响游人安全。

严禁在公园内搞低级庸俗、黄色下流、封建迷信的展出活动，以及与公园性质、功能不相符合的商贸展销活动。

凡在公园举办大型展出活动，均须考虑公园的容量和承受能力，拟定详细的展出计划和方案，制订严格的安全管理办法，采取保护植物景观的严密措施，报上级主管部门批准后实施。

各种展出活动均应做到布置精细、格调高雅、图文规范、场地整洁。展览广告、标识牌、横幅、标语应经公园管理部门批准设在指定位置，不得在树上悬挂或张贴，不得有碍观瞻。

(4) 文艺演出活动的管理

有条件的公园应积极组织节假日、纪念日或经常性的文艺演出活动，演出内容要体现社会主义精神文明建设，健康有益，讲究艺术性、娱乐性。

禁止在公园举办低级、庸俗、淫秽、下流、色情、恐怖和有损人格及人身安全的娱乐演出活动。

文艺演出活动一般应在园内的剧场、戏院、舞厅等场所举办，要保证活动场所的设施完善和游人安全，严格管理制度和安全措施。露天举办的大型文艺演出活动要注意游人的疏散安全，防止噪声超标，要采取安全措施保护园林绿化和园内设施不遭破坏。

4.4.2.9 公园、风景名胜区、自然保护区的安全管理

保证游人生命安全是公园、风景名胜区、自然保护区管理的头等大事，必须切实加强公园、风景名胜区、自然保护区安全管理。未经公园、风景名胜区、自然保护区管理单位同意和有关部门批准，任何单位和个人都不得在公园、风景名胜区、自然保护区内举办各种大型活动。经批准在公园、风景名胜区、自然保护区内举办的大型活动，必须制订安全应急预案和落实安全保障措施，并报当地主管部门批准，活动期间必须落实安全责任制。要按照公园、风景名胜区、自然保护区游客的合理容量，严格控制游人量，维护正常的游览秩序，确保游人生命财产的安全。要加强对公园、风景名胜区、自然保护区内展览动物的监控，保证防护设施坚固、安全。对各类水上、冰上活动要加强安全管理。要注意搞好公园、风景名胜区、自然保护区游览安全设施、警示标志和引导标牌的建设。要加强安全巡查，杜绝安全隐患，确保游览安全。对玩忽职守造成安全事故的，要追究有关责任人的责任。

4.4.3 公园、风景名胜区、自然保护区管理模式

改革开放以来，党和国家着眼经济社会的全面可持续发展，把生态建设提到战略的高度予以统筹，人们把生态文明看成是人与自然和谐发展、践行科学发展观、全面

建设小康社会的一个重要标志。我国公园、风景名胜区、自然保护区管理模式的核心问题：一是管理主体，即管理机构的设置；二是主体责权，即管理主体的职责和权限的划分；三是管理的运行，即权力的运行过程。目前我国公园、风景名胜区、自然保护区管理模式主要有以下几种：

（1）国有国营模式

国有国营模式是在传统计划经济的影响下形成的一种初级经营模式。

①由政府部门管理　世界各国大多数公园、风景名胜区、自然保护区都是由国家、政府设立专门的机构或由有关部门负责管理，例如专门的国家公园局、自然保护局、自然资源部、内政部或由土地、农林、畜牧、环保、城乡建设、海洋、地矿、文化、计划、旅游、科教和军事等部门设计专门机构负责管理。这些部门实际上是委托地方下属部门、科教部门或承包给公司有关部门全面或部分的管理，提供全部或部分经费，甚至不提供经费。

②由科教部门管理　在由各级政府部门拥有和管理的保护区中，科教部门负责科研和教育项目是很普遍的。许多大学和科研机构通过建立科研检测基地或学生实习基地，管理一些独特的公园、风景名胜区、自然保护区。如美国加州 Davis 分校受内政部国家公园局委托建立专门的国家公园研究机构和管理系统；中国科学院华南植物研究所管理广东肇庆鼎湖山自然保护区和东北林业大学管理的黑龙江凉水保护区都属于这一类型。

其特点表现在等客上门，缺乏主动营销意识，经济上几乎完全靠国家财政拨款，仅能维持或者不能维持日常开支，在职责上是代表国家实现资源的保护和管理，事实上力不从心。

（2）国有民营模式

所有的非公有制模式均被称为国有民营模式。国有民营模式也可称为由非政府组织管理。

由于政府的经济能力往往是有限的，所以非政府组织常常称为被委托人或以租用者的身份经营管理重要的国家公园、风景名胜区、自然保护区，或者至少负责某些保护或管理项目，在某些情况下，甚至购买公园、风景名胜区、自然保护区土地称为集团拥有和管理的公园、风景名胜区、自然保护区。例如，美国的大自然保护协会（The Nature Conservancy）、保护国际（Conservation International）即为成功的例子。还有我国的四川碧霞峰模式首先实现了景区所有权与经营权分离（即景区经营权转让）。它是在四川省政府授权成都万贯集团，在保护生态的前提下，政府提供资源，企业投资经营，在相当长时期内对碧峰峡进行整体开发与管理。如今，经过该集团的不断探索创新，碧峰峡经济效益稳步上升，游客量、人均消费额、游人满意度、生态保护度等成效显著。碧峰峡模式已在国内外引起各方面的关注。

（3）多种所有制模式

这类管理模式又分为 3 种：

①由本地社区拥有和管理　构建公园、风景名胜区、自然保护区及社区一体化管理平台公园、风景名胜区、自然保护区产权制度放活了，就为一体化管理平台奠定了

产权基础。公园、风景名胜区、自然保护区和社区按其内在的联系及保护和经济社会发展的需要，由政府委托的代理人及社区代表建立一体化决策、协调、执行、监督等组织，形成一体化的管理团队。

一体化管理团队，按照政府方针、政策，全权负责保护区及涉及社区的各项管理工作，保护区的承包户和社区承包户在自愿条件下，均可成为该种管理模式中的组成部分。科研和高校的技术管理人员，可以多种方式进行研究、产学研结合，技术和管理的服务和支撑。一体化管理团队应对保护区与社区的土地利用、产业发展、基础设施建设、劳动就业、涉民公共服务、社会管理诸方面统一规划，并对管理的目标任务、机构设置、责权划分、监督检查、激励约束等等作出实施细则。

公园、风景名胜区、自然保护区与社区的一体化管护，要积极发掘社区在长期历史中形成的与地缘相关的气候、水源、宜生动植物种群等本土知识，与自然和谐相处的经验及禁忌的传统；发掘社区已经形成的有效的激励约束机制，特别是有效制约破坏生态、激励保护生态和不违背公共利益村规民俗；强化保护生态资源就是保护社区成员以及他们后代的生存环境，形成在生态资源上社区与国家利益的联合体，使生态保护在社区居民层次上具有"私田"的效应。

联动机制会使公园、风景名胜区、自然保护区关注社区的发展，居民收入的提高，又会使社区在资源保护上与公园、风景名胜区、自然保护区结成长远利益的共同体，可谓"双赢"。

②由地方拥有和管理　随着地方经济的发展和决策者生态意识的提高，这类保护区正在不断增加，面积一般都比较小，大多侧重于生态旅游以及资源开发。

③由个人或社团拥有和管理　主要是土地私有者把自己的山林、湿地、海岸或岛屿按生态旅游和持续发展的要求来经营，发展成保护景观和管理的保护区。这类保护区一般都有比较好的管理。我国目前也出现了一些承包荒山荒滩建造保护区的例子，但规模较小、级别较低、生态价值不大，主要满足服务和娱乐功能。

从上面公园、风景名胜区、自然保护区具体的管理模式来看，公园、风景名胜区、自然保护区具体的管理主体可以多元化，但是不能重叠化。即，在一个公园、风景名胜区、自然保护区内，应尽量避免出现两个或者更多的管理主体。考虑到我国公园、风景名胜区、自然保护区数量巨大，地域广阔，单一的管理主体必定不能很好完成对公园、风景名胜区、自然保护区的管理，所以多个管理主体对公园、风景名胜区、自然保护区是有益的。

4.5　公共绿地、专用绿地的管理

公共绿地和专用绿地是城市绿地系统的重要组成部分，是供居民游览、观赏、休憩、开展科学文化教育及锻炼身体的重要场所，是城市防灾避险的重要基础设施，是改善生态环境和改善广大人民群众生活质量的公益性事业。

改革开放以来，我国引进了生态学的设计理念，城市生态公共绿地、专用绿地更充分地利用了城市物种的生物多样性和公共绿地、专用绿地空间资源，让各种各样的生物有机地组成了一个有序、稳定、和谐的群落，从而具有造景、净化空气、防风固沙等调节城市生态环境平衡作用等众多功能。但是近几年来，随着户外活动较多的发展和生活水平的提高，公共绿地、专用绿地超载现象严重，加重了居民对草地、地被植物、灌木丛地的践踏，造成土壤板结，使植物生境恶化，使草地、灌木丛的面积减少，对公共绿地、专用绿地产生了极大的不良影响，使公共绿地、专用绿地不能充分的发挥城市应有的生态效益。

因此，各级建设、园林主管部门，应充分认识到加强公共绿地、专用绿地生态环境管理工作的重要意义，按照园林绿化管理要求，采取有力措施，加强城市公共绿地、专用绿地的生态环境管理，提高城市公共绿地、专用绿地管理水平，促进城市可持续发展。

"公共绿地"是城市中向公众开放的、以游憩为主要功能，有一定的游憩设施和服务设施，同时建有健全生态、美化景观、防灾减灾等综合作用的绿化用地。它是城市建设用地、城市绿地系统和城市市政公用设施的重要组成部分，是表示城市整体环境水平和居民生活质量的一项重要指标。"专用绿地"是指城市中行政、经济、文化、教育、卫生、体育、科研、设计等机构或设施，以及工厂和部队驻地范围内的绿化用地。

4.5.1 城市公共绿地、专用绿地生态环境管理的原则

鉴于公共绿地、专用绿地生态环境系统存在着一系列特定的功能与意义，必须重视公共绿地、专用绿地本身的生态环境保护。因此为了保护城市公共绿地、专用绿地生态环境系统，促使城市可持续绿地达到良性循环，必须从以下几方面加强公共绿地、专用绿地生态环境管理：

(1) 加强生态意识，注重生态设计的原则

人类社会发展至今，人们对园林的需求已从单纯的游、观赏要求，发展到保护环境、再现自然的高层次阶段。城市公共绿地、专用绿地以创造自然环境为主，要特别强调植物造景。绿色植物是自然界的生产者，是生态系统的基础，用植物造景所形成的"园林景观"是生态园林的主题。植物造景不仅在于改造环境，更重要在于创造环境。人们利用植物本身所固有的形态美、色彩美、季相变化美和风韵变化美的综合表现，加上植物造景形成的"景观"的烘托和渲染，将充分发挥园林的自然美和艺术美，创造出人们向往的优美环境。因此，对于设计者来说，就要在公共绿地、专用绿地设计中充分地科学地掌握、运用植物的习性，建立乔、灌、草、地被植物有机结合的多层次植物群落，组合一个个生态经典，形成生态景观。这样既满足人们对美的享受和追求，又能在改善和提高公共绿地生态环境质量上发挥作用。

(2) 坚持以法治绿的原则，使公共绿地、专用绿地具有一定的延续性和协调性

公共绿地、专用绿地的管理工作是琐碎的，内容又是丰富的。通常可从4个方面考虑：①生态环境管理；②园容管理；③经营活动的管理；④治安、安全管理。但园林管理工作的中心要以"景"为本，必须放在提高景点质量、保持景观效果上。多年来，在公共绿地管理上存在着许多突出的矛盾，如公共绿地、专用绿地用地得不到

保证，甚至常被侵占，公共绿地、专用绿地的环境受到干扰和污染，树木、植被、建筑遭到破坏，古树得不到有效的保护；公共绿地、专用绿地的特色不能保持，管理资金缺少，致使公共绿地、专用绿地陷入困境之中等等。这些问题与公共绿地、专用绿地没有国家立法、不被重视有很大关系。对于公共绿地、专用绿地的任何破坏，都是对景观和环境的破坏，以此作为立法的指导思想，制定公共绿地、专用绿地管理法，在立法的保证下，可使公共绿地、专用绿地管理坚持正确的方向，不受或少受人为的干扰，可以保证管理水平的提高。

（3）加强生态环境管理的原则，制订切实可行的措施

改良公共绿地、专用绿地土壤，对园林植物精心施肥、浇水以增强树势，从而抵抗病虫的侵袭。周期性地关闭各个景区进行必要的养护管理，保护好绿地，防止游人对绿化的破坏、践踏。改进园容园貌管理措施，特别是卫生管理方面，要改变那种为了环境干净，常集中烧毁园林植物群落下面的枯枝落叶现象，公共绿地、专用绿地卫生管理与马路上或其他公共场所不同，该保留小草落叶的地方就要保留，让落叶自然腐烂，以有利于草地的自然生长，从而达到保持土壤、保持山体、水体的目的。还要通过各种宣传途径和卫生管理措施，来强化城市居民的生态意识，使居民认识人为破坏行为和乱扔废弃物，对人类自身的健康和公共绿地生态环境的危害，搞好各种污染物的集中和处理。

（4）坚持合理安排经营活动的原则

经营活动一定要受到"景"的约束，在不破坏景观、不妨碍游览与园林功能的情况下，才能允许存在，而不能"喧宾夺主"、使园林充满商业气息。为了使城市公共绿地、专用绿地成为一个富有魅力的公共场所，要在积极保护公共绿地、专用绿地面貌的前提下，举办各种相适应的有益活动，为居民服务，可获得较好的社会效益、经济效益。

（5）发展草坪文化，突出"绿"的原则

近年来，环境保护的呼声在我国得以响应，人们提倡对环境美的热情很高涨，但草坪在人们心中的地位却仍然可有可无。随着我国城市的现代化，大力发展草坪和地被植物对人类赖以生存的环境起着美化、保护和改善的良好作用，是建设人类物质文明和精神文明战略任务的一个组成部分；绿草茵茵的草坪能给人以静的感受，并心旷神怡、激发情感、陶冶情操。当今世界上草坪文化发达的国家如：德、美、新加坡和日本等国率先提出了"不见一寸土主义"，发誓要将大地除农田与建筑道路之外，全部由草坪、森林和水面覆盖，代表了当代精神文化的新倾向与高标准。因此，在园林绿化中，不仅要种树，而且要大力发展草坪文化，达到使"黄土不见天"转变为"风不扬尘，雨不泥泞"的目的。

4.5.2　公共绿地、专用绿地管理的内容

城市公共绿地、专用绿地的主要服务宗旨是为城市人民服务，要求做到：全面规划，精心设计，以绿化为主，管理精细，四季常青，常年有花，枝繁叶茂，不断增加服务项目，改善服务态度，满足各种不同的游客需要。各种游乐设施均要建立规章制

度，有专人负责维修和管理，确保人民的人身安全，提高绿化水平，丰富群众的文化生活。

（1）加强树木管理

①树木生长旺盛，根据植物生长习性，合理修剪，保持树形整齐美观，枝繁叶茂，修剪落叶乔木、灌木每年至少两次，常绿乔木两年一次；绿篱、草坪、球类等抹芽、修剪要及时，枝条须生枝达到20cm以内，常绿期间无枯枝落叶。

②绿篱生长旺盛，修剪整齐，合理美观，无死株，不断档缺株，绿篱保持原有高度。

（2）加强草坪管理

①草坪内无污染物，无垃圾袋，无攀援杂草攀缠树木；无焚烧垃圾、树叶现象；水面无漂浮物，水中无杂物、水质纯净，园林建筑小品保持清洁，无损坏。

②草坪内无死株、枯枝、枯花等。

（3）加强土壤管理

①经常松耕除草保持土壤疏松、平整、无杂草。

②草坪生长繁茂、平整，无杂草，草坪无枯黄，无新裸露地面，高度不得超过5cm。

（4）加强水肥管理

天气干旱时要及时对树木进行浇水，并要掌握浇水时间，3月浇返青水，11月浇冻水，保证浇水及时，如有死株、枯株等情况，应及时上报林业与园林管理处，并认真做好记录。

（5）加强园路管理

绿地内园路平整，无坑洼、无积水、无积雪；绿化设施完好无损，无人为损坏花草树木现象；无乱贴乱画现象。

（6）加强病虫害的防治工作

随时掌握病虫发生规律，做好预测预报工作并做到适期防治，如发现病虫害应及时治理。绿地内如有苗木倒伏现象应及时扶正、支撑。

（7）加强居民绿化意识

绿地内各种苗木禁止晾晒衣物和扯、拉绳等附着物；禁止种植粮食农作物、蔬菜；行道树每年修剪2次，涂白3次，涂白定杆高度为1.2m，劳动节、国庆节、春节前各涂白1次。

（8）加强责任方管理

①管理期间，乙方自备机械工具和药品进行绿地管理，保证承保范围内绿地、设施的完整性及完好性。乙方对绿地、地上附着物、作物产品有管理保管义务，无处理权、使用权，对原有设施有维护保管义务和使用权。

②管理期间，绿地内如出现大面积的病虫害、苗木死亡、苗木丢失、私自占用绿地、私自开路、喷灌系统丢失等现象，乙方应及时上报园林处并同时积极配合园林处调查取证，由园林处裁决认定其行为责任，如没有及时上报所造成的一切损失费用全部由乙方负责，甲方按市场价格从管理费中扣除。

③有人行道扫保任务的，必须每天两次清扫，达到无垃圾、无白色污染，无乱石杂物。

4.5.3　公共绿地、专用绿地管理的模式

①事业单位管理模式　目前大部分城市仍采用，即城市园林绿化养护是由政府部门下属的绿化队全面负责，采取的是"以费养人"的事业单位管理模式。

②市场化管理模式　即实行企业化承包、专业化管理的办法。绿化养护实行作业层和管理层分开，管理层为绿化主管部门，仍为政府机构，行使绿化养护的管理、指导和监督职能。将作业层的工作（浇水、施肥、清除杂草、防治病虫害、修剪等）直接推向社会，养护单位由有资质的园林绿化养护企业通过投标方式决定，按投标中标价支付经费，养护工人由承包公司雇佣管理。目前只有深圳、上海等少数城市完全实行了绿化养护市场化管理。

③双轨制管理模式　由于体制和经费问题，作为改革的过渡阶段，对新建绿地实行市场化管理，而对原有的地仍然按照事业单位管理模式实行管理。

小　结

本章主要从园林公共管理的概念和特点、园林绿化行政管理、园林绿化法规管理以及风景名胜区、自然保护区和公共绿地的管理四部分对园林公共管理进行阐述。

园林公共管理学是一门研究园林公共组织为促进社会整体协调发展，采取各种方式对涉及社会全体公众整体的生态生活环境质量和共同利益，通过各级行政机关对国家园林绿化事务进行管理的活动。其中园林绿化行政管理的目标是运用规范、程序和科学的方法，推行政令施行管理任务。从园林绿化事业的特点出发，加速园林绿化事业的发展，实现普遍绿化，必须实行切合实际的政策，采取有力的行政管理措施。园林绿化行政管理的原则分别是为民原则、以人为本的原则和实效原则。为了促进城市经济、社会和环境的协调发展，进一步提高城市绿化工作水平，地方各级人民政府和国务院有关部门要充分认识城市绿化的重要作用，进行园林绿化法规管理，采取有力措施，改善城市生态环境和景观环境，提高城市绿化的整体水平。并通过原则、内容、管理模式 3 个方面对公园、风景名胜区、自然保护区、公共绿地、专用绿地进行分析管理。

思　考　题

1. 园林公共管理的概念是什么？
2. 园林公共管理的特点有哪些？
3. 园林绿化行政管理的原则有哪些？
4. 公园、风景名胜区、自然保护区管理的内容？

推荐阅读书目

1. 园林经济管理. 李梅. 中国建筑工业出版社，2007.
2. 园林经济管理. 王泰. 中国林业出版社，1997.
3. 园林经济管理. 黄凯. 气象出版社，2004.
4. 园林经济管理学. 徐正春. 中国农业出版社，2008.
5. 城市园林绿化评价标准（GB/T50563—2010）. 中国建筑工业出版社，2010.

案 例

2010 年 12 月 1 日，由住建部和国家质检总局联合发布的《城市园林绿化评价标准》（GB/T50563—2010）正式实施，《城市园林绿化评价标准》为国家标准，它是国家园林城市和国家生态园林城市的重要支撑。

本标准突出了园林绿化的核心要求和特色，体现以人为本的城市园林绿化建设理念，促进城市园林绿化向节约型、生态型、功能完善型发展；以城市园林绿化为核心，带动城市环境建设的全面发展；继承现行的、较为成熟的园林绿化评价方法；充分考虑到了地域的差异性和特殊的区域要求。对于实现城市园林绿化的全等级覆盖和常态化管理；形成城市（包括管理者和城市市民）对自身城市园林绿化的认知；实现城市园林绿化评价的标准化、规范化；完善城市园林绿化标准化体系具有深远的意义。

标准中涉及绿化的硬性指标有 26 个。它适用于城市园林绿化综合管理评价、城市园林绿地建设评价、各类城市园林绿地建设管控评价、与城市园林绿化相关的生态环境及市政设施建设评价。评价内容包括城市综合管理、绿地建设、建设管控、生态环境、市政设施 5 个大项、55 个子项。《评价标准》将城市园林绿化水平从高到低分成四个标准等级：城市园林绿化 I 级、城市园林绿化 II 级、城市园林绿化 III 级和城市园林绿化 IV 级。要创建国家园林城市必须要进行等级评价，并达到二级以上。

下面是摘自河南省、湖北省住房和城乡建设厅网站的附表供参考。

城市园林绿化等级评价表

基 本 情 况			
城　　市		自评等级	
所在地区		行政级别	
建成区面积		建城区人口	
自 评 情 况			
评价类型	序号	评价内容	自评结果
综合管理	1	城市园林绿化管理机构	
	2	城市园林绿化维护专项资金	

（续）

自 评 情 况			
综合管理	3	城市园林绿化科研能力	
	4	《城市绿地系统规划》编制	
	5	城市绿线管理	
	6	城市蓝线管理	
	7	城市园林绿化制度建设	
	8	城市园林绿化管理信息技术应用	
	9	公众对城市园林绿化的满意率（%）	
绿地建设	1	建成区绿化覆盖率（%）	
	2	建成区绿地率（%）	
	3	城市人均公园绿地面积（m²/人）	
	4	建成区绿化覆盖面积中乔、灌木所占比率（%）	
	5	城市各城区绿地率最低值（%）	
	6	城市各城区人均公园绿地面积最低值（m²/人）	
	7	公园绿地服务半径覆盖率（%）	
	8	拥有综合公园个数（个）	
	9	城市道路绿化普及率（%）	
	10	城市道路绿地达标率（%）	
	11	城市新建、改建居住区绿地达标率（%）	
	12	城市公共设施绿地达标率（%）	
	13	城市防护绿地实施率（%）	
	14	生产绿地占建成区面积比率（%）	
	15	大于40hm²的植物园数量（个）	
	16	林荫停车场推广率（%）	
	17	河道绿化普及率（%）	
建设管控	1	城市园林绿化综合评价值	
	2	城市公园绿地功能性评价值	
	3	城市公园绿地景观性评价值	
	4	城市公园绿地文化性评价值	
	5	城市道路绿化评价值	
	6	古树名木保护率（%）	
	7	节约型绿地建设率（%）	
	8	立体绿化推广	
	9	城市"其他绿地"控制	
	10	生物防治推广率（%）	
	11	公园绿地应急避险场所实施率（%）	

（续）

		自 评 情 况	
建设管控	12	水体岸线自然化率（%）	
	13	城市历史风貌保护	
	14	风景名胜区、文化与自然遗产保护与管理	
生态环境	1	年空气污染指数小于或等于 100 的天数（d）	
	2	地表水Ⅳ类及以上水体比率（%）	
	3	区域环境噪声平均值〔dB（A）〕	
	4	生物多样性保护	
	5	城市湿地资源保护	
市政设施	1	城市容貌评价值	
	2	城市管网水检验项目合格率（%）	
	3	城市污水处理率（%）	
	4	城市生活垃圾无害化处理率（%）	
	5	城市道路完好率（%）	

注：1. 定性项目的自评结果填"满足"或"不满足"，"满足"表示符合相应的等级标准要求；定量项目的自评结果直接填写数据。

2. "城市园林绿化综合评价值、城市公园绿地功能性评价值、城市公园绿地景观性评价值、城市公园绿地文化性评价值、城市道路绿化评价值、城市容貌评价值"等指标通过第三方机构或专家组进行评价；由专家组评价时，专家组原则上不少于 5 人，并至少含 1 位市政专家；专家组成员按照《标准》要求独立打分，结果取平均值。

×× 城市人民政府（公章）

年 月 日

城市园林绿化评价报送材料一览表

评价类型	序号	评价内容	报送材料					
			报告	文件	数据	支撑台账	图纸	备注
综合管理	1	城市园林绿化管理机构	■	■	—	—	—	—
	2	城市园林绿化科研能力	■	—	—	□	—	—
	3	城市园林绿化维护专项资金	■	■	—	□	—	—
	4	《城市绿地系统规划》编制	■	—	—	—	■	规划文本
	5	城市绿线管理	■	■	—	—	■	规划文本
	6	城市蓝线管理	■	■	—	□	■	规划文本
	7	城市园林绿化制度建设	■	■	—	—	—	—
	8	城市园林绿化管理信息技术应用	■	—	—	□	—	—
	9	公众对城市园林绿化的满意度（%）	—	—	■	□	—	—

（续）

评价类型	序号	评价内容	报送材料					
			报告	文件	数据	支撑台账	图纸	备注
绿地建设	1	建成区绿化覆盖率（%）	–	–	■	■	□	–
	2	建成区绿地率（%）	–	–	■	■	□	–
	3	城市人均公园绿地面积（m²/人）	–	–	■	■	□	–
	4	建成区绿化覆盖面积中乔、灌木所占比率（%）	–	–	■	■	–	–
	5	城市各城区绿地率最低值（%）	–	–	■	■	–	–
	6	城市各城区人均公园绿地面积最低值（m²/人）	–	–	■	■	–	–
	7	公园绿地服务半径覆盖率（%）	–	–	■	■	■	–
	8	万人拥有综合公园指数（个/万人）	–	–	■	□	–	–
	9	城市道路绿化普及率（%）	–	–	■	■	–	–
	10	城市新建、改建居住区绿地达标率（%）	–	–	■	■	–	–
	11	城市公共设施绿地达标率（%）	–	–	■	■	–	–
	12	城市防护绿地实施率（%）	–	–	■	■	–	–
	13	生产绿地占建成区面积比率（%）	–	–	■	■	–	–
	14	城市道路绿地达标率（%）	–	–	■	■	–	–
	15	大于40hm²的植物园数量（个）	–	–	■	–	□	–
	16	林荫停车场推广率（%）	–	–	■	■	–	–
	17	河道绿化普及率（%）	–	–	■	■	–	–
	18	受损弃置地生态与景观恢复率（%）	–	–	■	■	□	–
建设管控	1	城市园林绿化综合评价值	■	–	■	□	–	–
	2	城市公园绿地功能性评价值	■	–	■	□	–	–
	3	城市公园绿地景观性评价值	■	–	■	□	–	–
	4	城市公园绿地文化性评价值	■	–	■	□	–	–
	5	城市道路绿化评价值	■	–	■	□	–	–
	6	公园管理规范化率（%）	□	□	■	–	–	–
	7	古树名木保护率（%）	□	□	■	■	–	–
	8	节约型绿地建设率（%）	■	□	■	–	–	–
	9	立体绿化推广	■	–	□	–	–	–
	10	城市"其他绿地"控制	■	–	□	–	□	–
	11	生物防治推广率（%）	□	–	■	–	–	–
	12	公园绿地应急避险场所实施率（%）	□	–	■	–	–	–
	13	水体岸线自然化率（%）	□	–	■	–	–	–
	14	城市历史风貌保护	■	□	–	■	□	–
	15	风景名胜区、文化与自然遗产保护与管理	■	□	–	■	□	–

（续）

评价类型	序号	评价内容	报送材料					
			报告	文件	数据	支撑台账	图纸	备注
生态环境	1	年空气污染指数小于或等于 100 的天数（d）	–	–	■	■	–	–
	2	地表水Ⅳ类及以上水体比率（%）	–	–	■	■	–	–
	3	区域环境噪声平均值［dB（A）］	–	–	■	■	–	–
	4	城市热岛效应强度（℃）	–	–	■	■	–	–
	5	本地木本植物指数	–	–	■	■	–	–
	6	生物多样性保护	■	–	–	–	–	规划文本
	7	城市湿地资源保护	■	□	–	□	□	–
市政设施	1	城市容貌评价值	■	–	■	■	–	–
	2	城市管网水检验项目合格率（%）	–	–	■	■	–	–
	3	城市污水处理率（%）	–	–	■	■	–	–
	4	城市生活垃圾无害化处理率（%）	–	–	■	■	–	–
	5	城市道路完好率（%）	–	–	■	■	–	–
	6	城市主干道平峰期平均车速（km/h）	–	–	■	■	–	–

注：■表示应有的资料，□表示可有的资料。

第5章 园林规划设计管理

5.1 项目管理

5.1.1 项目的设计管理

项目的设计管理是编制设计要求、选择设计单位；组织评选设计方案与投标、与设计单位签订合同、对各设计单位进行协调管理。监督合同履行；审查合同进度计划并监督实施；核查设计大纲和设计深度、使用技术规范合理性；提出设计评估报告（包括各阶段设计核查意见和优化建议）；协助审核设计概算。

5.1.1.1 设计任务的委托方式及其程序

（1）设计任务的委托方式

设计任务可通过招投标或直接委托的方式委托。

①招标委托 建设项目应办理设计招标的主要范围如下：

——基础设施、公共事业等关系社会公共利益、公共安全的项目；

——使用国有资金投资或者国家融资的项目；

——使用国际组织或者外国政府贷款、援助资金项目；

主要模式标准如下（符合下列标准之一的）

——设计单项合同估算价在 50 万元人民币以上的；

——项目总投资额在 3000 万元人民币以上的；

——全部或者部分使用政府投资或者国家融资的项目中，政府投资或者国家融资金额在 100 万人民币以上的。

鼓励政府投资或者国家融资金额在 100 万元人民币以下的项目进行投标。

②直接委托 对于规模较小、功能简单的项目，或者是可以比进行招标的项目，可以采取直接委托的方式进行设计任务的委托。选取一至数家具有相应资质和技术能力的设计单位，进行考察和比较，最终选型一家，委托其完成成够设计任务，双方进行合同谈判并签订设计合同。

（2）设计任务的委托程序

设计任务委托程序如图 5-1 所示。

图 5-1 设计任务委托程序

依法必须进行设计招标的工程建设项目，在招标时应具备以下条件：

——招标人已经依法成立

——按照国家有关规定履行审批手续已获得批准。招标人应取得项目审批部门的立项批准文件，其中包括对工程项目招标范围、招标方式和招标组织形式的核准意见书，以及规划部门批准的规划意见书；

——按照国家有关规定应履行核准手续的，已获核准；

——建设工程资金来源已经落实；

——有满足招标需要用的文件和技术资料；

——法律法规规定的其他条件。

（3）设计招标的主要工作内容

①招标登记　招标人具备招标条件后，持项目审批部门审批的立项文件（其中包括对工程项目招标范围、招标方式和招标组织形式的核准意见书）和规划部门批准的规划意见书，及其他有关文件招标投标管理部门进行招标登记。

招标方式分为公考招标和邀请招标，依法必须进行招标的项目，全部使用国有资金投资或者国有资金投资占控股或者占主导地位的，应当公开招标。

②组建招标组织或委托招标代理机构

第一，招标人自行办理招标事宜，应当具有编制招标文件和组织评标的能力，具体包括：

——具有项目法人资格（或者法人资格）

——具有与招标项目规模和复杂程度相适应的工程技术、概预算、财务和工程管理等方面专业及大户力量；

——有从事同类工程建设项目招标的经验；

——设有专门的招标机构或者拥有 3 名以上招标业务人员；

——熟悉和掌握招标投标法及有关法规规章。

第二，不符合自行招标有关条件的，应委托招标代理机构办理招标事宜。

第三，确定招标组织形式应提交的有关材料：

——招标组织机构和专职招标业务人员的证明材料；专业技术人员名单、职称证书或者职业资格证书及其工作经验的证明材料。同时应提交办理此项目设计招标相关事宜的法人代表委托书，并填写《勘察、设计自行招标备案登记表》；

——委托招标的需提供招标方与委托代理机构签订的委托合同并提供委托代理机构的资质证明材料。

③发布招标公告或投标邀请书

第一，招标人或招标代理机构，应在发布招标公告或者发出投标邀请书规定日期前，持有关材料到招标管理部门进行审核。招标管理部门发现招标人不具备自行招标条件、代理机构无相应资格、招标前期条件不具备、招标公告或者投标邀请书有重大瑕疵的，可以责令招标人暂停招标活动。

第二，公开招标的项目，应填写勘察设计招标公告，招标公告上向社会公布招标信息，此信息将同时在国家批准的招标信息发布指定媒体"中国采购与招标网"与

"中国建设报电子板"显示。国际招标应由《中国日报》登载。

第三，招标人应当按招标公告或者投标邀请书规定的时间、地点和要求，编制资格预审的条件和方法，并在招标公告中载明。

第四，编制发售资格预审文件。

——招标人对投标人进行资格预审的，应当根据建设工程的性质、特点和要求，编制资格预审的条件和方法，并在招标公示中载明。

——公开招标的招标人拟限制投标人数量的，需要在招标公告中载明于身后的投标人数量，没有载明的，招标人不得限制符合资格预审条件投标人投标。

——资格预审须知的主要内容。包括项目概况、招标人、招标代理机构、投标范围、招标目的与招标原则、投标要求和投标申请人、应遵守的规定资格与审核个条件、资格预审条件、资格预审申请书内容、投标资格评审及附表。

——资格预审文件的主要内容：投标申请人的实力（包括技术实力及人力资源、经济实力、财务状况、社会信誉、管理能力等）；相类似工程的设计经验；项目负责人及主要专业负责人的资格及设计经验；对投标联合体的要求。

第五，确认合格投标人。

——公开招标经资格预审后应选择不少于 3 个合格的投标人参加投标。

——邀请招标可直接邀请不少于 3 个具有相应资质的投标人参加投标。

第六，编制发售招标文件。

——招标人或者招标代理机构应当根据招标项目的特点和要求编制招标文件。

——招标文件编制完毕后，招标人应报送招标管理机构审核，审核日后，未提出异议的，招标人可以发出招标文件，如被告知存在问题，招标人应对招标文件进行修改，经确认后再发出。招标人发出招标文件前，需提供 1 份合格或修改的招标文件送招标办备案。

——招标人应当确定潜在投标人编制投标人编制投标文件所需的合理要求的合理时间。依法必须进行勘察设计招标的项目，自招标文件开始发出之日起至投标人提交投标文件截止之日止，最短不得少于 20 日。

——招标人要求投标人提交投标文件的时限为：特级和一级工程不少于 45 日；二级以下工程不少于 30 日；进行概念设计招标的，不少于 20 日。

——招标人对已经发出的招标文件进行必要的澄清或者修改的，应当在叫招标文件截止在期 15 日以前以书面形式通知所有招标文件的收受人。

第七，组织现场踏勘和答疑。对于潜在投标人在阅读招标文件和现场踏勘中突出的疑问，招标人可以书面形式或召开投标预备会的方式解答，但需要同时讲解以书面形式通知所有招标文件收受人，该解答的内容为招标文件的组成部分。

第八，接受投标文件。招标人在招标文件中规定的投标截止日期前接受投标人的投标文件，并检查密封情况。

第九，组织评标委员会。

——评标由招标人依法组建的评标委员会负责，评标委员会由招标人的代表和有关技术、经济等方面的专家组成，成员数量为 5 人以上单数，其中技术、经济等方面的专家不得少于成员总数的 2/3。评标专家应当从手规划委、城建、园林绿化、人事局等部门确定的专家名册或者建设工程招标代理机构的专家库中随机抽取确定。特殊项目的评标庄家选取方式按照国家和本市有关规定执行。

——有以下情形之一的，不得担任评标委员会成员：投标人或者投标人主要负责人的近亲属；项目主管部门或者行政监督部门的人员；与投标人有经济利益关系，可能影响对投标公正评审的；曾因在招标、评标以及其他与招标有关活动中从事违法行为而受过行政处罚或刑事处罚的。

——专家的抽取应在开标前两天进行。

——评标委员会成员名单在中标结果确定前应当保密。

第十，开标、评标。

——开标应当在招标文件确定的提交投标文件截止时间的同一时间公开进行；开标地点应为招标文件中预先确定的地点。招标人应当接受规划管理机构、建设管理机构或有机关行政监督部门对开标过程的监督。

——评标工作由评标委员会负责。

——评标委员会应当按照招标文件确定的评标和方法，组合政府的有关批准文件，对投标人的业绩、信誉和勘察设计人员的能力以及勘察设计方案的优劣进行综合评定。

——评标标准和方法

设计评标一般采取综合评估法进行，可采取百分制，对于每一项的得分，评标委员的有效分数的算术平均值为投标单位各项的得分。各投标单位的技术与商务标得分之和为最终得分。

设计评标分为技术标和商务标的评比。技术标评标的主要内容包括：总体布局；工艺流程；功能分区；节能环保；专业设计；经济合理性。商务标评标的主要内容包括：设计报价；设计工期；设计业绩；管理体系；设计资质；设计人员；服务承诺。

——招标文件中没有规定的标准和方法，不得作为评标的依据。

第十一，确定中标人。

——评标委员会完成评标后，应当向招标人提出书面评价报告，推荐合格的中标候选人。评标文员会推荐的中标候选人应当限定在一至三人，并标明排列顺序。能够最大限度地满足招标文件中规定的各项综合评价标准的投标人，应当推荐为中标候选人。

——使用国有资金投资或国家融资的工程建设项目，招标人一般应当确定排名第一的中标候选人未中标。

——招标人应在接到评标委员会的书面评标报告后 15 日内，根据评标委员会的推荐结果确定中标人，或者授权评标委员会直接选定中标人。

——招标人应当在中标方案确定之日起 7 日内，向中标人发出中标通知，并将中标结果通知所有未中标人。

——招标人和中标人应当自中标通知书发出之日起 30 日内，按照招标文件和中标人的投标文件订立书面合同。

第十二，招投标情况书面报告。

——依法必须进行勘察、设计招投标的项目，招标人应当在确定中标人之日起15日内，向市规划委勘察设计招标管理办公室提交招标情况的书面报告。

——书面报告一般应包括以下内容：填写完整并加盖单位公章的《涉及投标登记表》；资格预审文件、预审结果、招标文件；委托代理机构进行招投标的应提交委托代理合同；投标人情况；评标委员会成员名单；开标情况；评标报告；废标情况；评标委员会推荐的经排序的中标候选人名单；中标结果；未确定排名第一的中标候选人为中标人的原因；其他需说明的问题。上述文件已按规定办理了备案的文件资料，不再重复提交。

5.1.1.2 设计合同的签订

(1) 合同的主要内容

设计合同签订的要求同勘察合同。设计单位选定后，业主一般须与设计单位进行合同谈判，确定合同的具体内容。合同文本采用住建部和国家工商总局监制的示范文本《建设工程设计合同（一）》（GF—2000—0209），业主与设计单位商定的特殊条款可以作为合同的有效附件。《建设工程设计合同（一）》（GF—2000—0209）共有8条26款（详见附录Ⅰ），内容包括：

①合同依据；②合同设计项目的内容：名称、规模、阶段、投资及设计费用等；③发包人应向设计人提交的有关资料及文件；④设计人应向发包人提交的设计资质及相关证明；⑤合同、设计收费及设计费支付进度；⑥双方责任；⑦违约责任；⑧其他。

另一种是《建设工程设计合同（二）》（GF—2000—0210），共12条32款（详见附录Ⅱ）适用于专用建设工程设计。

(2) 合同谈判的主要内容

①设计内容、规模、设计阶段；②设计进度；③设计深度，可按建设部颁发的《建筑工程设计文件编制深度规定》（建质［2003］84号）执行；④设计费及支付方式，设计费可依据《工程勘察设计收费管理规定》（计价格［2002］10号）执行；⑤双方责任；⑥违约责任；⑦其他。

合同谈判完成后，双方签订正式设计合同，设计合同应由法定代表人或其委托代理人签字并加盖单位合同专用章。合同签订后，应报项目所在地建设行政主管部门备案。

5.1.1.3 规划、方案设计管理

规划、方案设计管理的主要内容如图5-2所示。

1) 设计要求的提出

项目管理单位以"设计任务书"的形式向设计单位提出设计要求。

(1) 设计任务书的主要内容

①项目背景 业主单位名称、性质、项目投资、项目名称、建设用地、项目位置

图 5-2　规划、方案设计管理的主要工作内容

及周边环境，项目定位。

　　②项目概况　使用功能、性质、建设规模。

　　③设计条件　规划意见书、地形图、有关立项批复或已批准的总平面图、其他所需的基础资料。

④设计要求　设计范围、设计深度、设计原则、设计目标、使用功能、建筑风格、各部分面积、设计限价、技术指标。

⑤控制节点

——设计任务书所提出的建设规模和投资规模应符合有关主管部门的批复文件要求（项目建议书、可研报告等）。

——设计任务书所提出的建设标准应与投资标准相适应，并体现技术的先进性、合理性。

——设计任务书内容应充分全面的表达业主对项目建设的要求。

⑥设计周期

⑦图纸及文件要求　设计说明；用地平衡表；方案设计；总平面图、功能分区图、环境分析图、交通分析图、绿化分析图、鸟瞰图及局部景点效果图；技术经济指标：总用地面积、总建筑面积、建筑密度、建筑层数、建筑高度、机动车停车数量、环境容量等；景观建筑总平面图、各层平面图、主要立面图、剖面图、效果图等。

⑧规划设计（仅含一般修建性详细规划）　包括规划设计说明书、规划地区现状图、规划总平面图、各项专业规划图、竖向规划图、透视图。图纸比例一般为1:500~1:2000。

⑨园区规划　包括规划设计说明书（含用地平衡表及技术经济指标）、规划地区现状图、规划总平面图、道路规划图、市政设施管网综合规划图、绿地规划图、竖向规划图、能表达设计意图的透视图和各单体建筑方案图（平、立、剖）等。

（2）规划、方案设计管理控制要点

①设计任务书所提出的建设规模和投资规模应符合有关主管部门的批复文件要求（项目建议书、可研报告等）。

②设计任务书所提出的建设标准应与投资标准相适应，并体现技术的先进性。

③设计任务书内容应充分全面地反映了业主对项目建设的要求。

④方案设计的深度是否满足有关规定和报审要求。

⑤设计经济的技术经济指标，应符合规划意见书要求。

⑥应组织设计单位进行现场踏勘，对现状地形图的准确性进行核实。

⑦应核实市政是否具备与城市管网的接口条件，是否要增容。

2）设计条件的确定

（1）场地条件

提供齐备的建设用地相关手续。主要包括：现状地形图，图中应标出建设用地范围，设计管理的要点：地形图、订桩图、其他土地文件。

（2）市政条件

自来水条件、雨污水（市政）条件、热力、燃气、电力、电讯条件等。主要包括：需提供给设计单位用地周围的市政条件，及其接口方向、位置、标高等资料（汉含供水、污水、雨水、燃气、电力、热力、供电、电信等）。设计管理要点：是否具备与城市管网的接口条件，是否需要增容。

（3）交通条件

在委托设计单位将按性方案设计的同时，应同步进行交通影响评价报告的委托，应控制其结论与规划设计方案中的土地开发强度相一致，作为设计方案审查的主要依据，设计管理的要点：与城市道路接口的落实。

（4）地质条件

应将初勘地质报告提供给设计单位（可利用可行性研究时所做的初勘报告）。设计管理的要点：可进行初勘。

（5）其他条件

应落实其他影响建设实际的条件，例如：文物、环保、水利、人防、节能、卫生、教育等是否有需要协调报批的部门（可参照规划意见书中所要求的部门逐一落实）。

①减灾防灾要求　用地规划应充分考虑地震、滑坡、泥石流、洪水等自然条件及生活使用、军事等社会因素的影响情况，应当符合城市防火、防爆、抗震、防洪、防泥石流和治安、交通管理、人民防空等要求，对拟定用地的水文地质及环境条件进行充分考察、论证。特殊情况（超高层建筑、地震带、山区坡地、河岸区等），应进行规划建筑及区域城市的防灾规划。

②环保要求　用地规划设计应与城市环保规划协调，包括与水源保护区的关系，是否有特殊空气质量要求，废水、废气、废渣的排放方式和排放量及噪音与主导风向等。大型项目或特殊类型项目在进行可行性研究过程应委托具有相关资质的研究单位进行书面环保评价，并在申报规划手续时提供给城市规划行政部门。

③安全保密要求　对有安全保密要求的项目用地规划设计应符合安全保密要求。规划管理部门要求征求有关安全保密部门意见的建设工程，设计单位应根据有关安全保密部门的意见进行规划设计。

④风景名胜区保护要求　风景名胜区内的用地规划设计应符合国务院及相关部委发布文件的要求。

风景名胜区应进行总体规划。风景区内建设项目应符合风景区名胜区总体规划的要求，总体规划未经批准不得进行有关工程建设。风景区周围的建设控制地区的建设项目应与风景区协调，不得建设破坏景观、污染环境、妨碍游览、破坏生态植被等的设施。

在游人集中的景区内部的建设宾馆、招待所及修养、疗养机构。

国家级风景名胜区的重大建设项目的规划需征求相关园林及文物和旅游主管部门意见后，报市政主管部门审查，报城市规划部门审批。

在珍贵文物和重点景点上，除必须的保护和附属设施外，不得增减其他工程设施。

⑤文物保护和历史文化保护要求　在文物保护单位的保护范围，建设控制地带以及历史文化保护区内进行规划设计应符合有关文物报和历史文化的要求。设计管理要点：是否有需要协调和报批的问题。

（6）规划条件

需要提供设计单位规划意见书或其他反映规划条件及附图。设计管理要点：设计任务书所提出的技术指标符合规划意见书要求。

3) 设计报批手续办理

办理各项报批手续是对设计文件的要求和设计管理监控要点如表 5-1 所示。

4) 设计文件的确认

设计文件的确认应注意以下内容:

①对业主要求满足程度:功能、规模、标注等方面能否满足业主要求(设计任务书)。

②对法规的满足程度:规划条件的满足(规划意见书)、有关法规的满足(日照、消防、交通、园林、人防、环保、文物、教育等)。

③对申报要求的满足程度(规划、交通、园林、人防等)。

④对设计深度的满足程度。

⑤方案设计的合理性:项目管理反应组织有关专家对设计文件的安全性、技术合理性、经济合理性进行评审,应向设计单位提出设计方案比选和优化的要求。

⑥方案设计的可实施性:技术条件项目所具备的各种技术条件能否保证设计得以实现。

设备水平、施工设备水平能否保证设计得以实现;设计进度是否满足建设工期要求;资金能否控制在限定的投资额度内。

表 5-1　设计批报的要求及管理要点

办理内容	对所需设计文件的要求	设计管理控制点
规划意见书	1. 需新征(占)用地的工程项目 (1) 拟建项目方案设想总平面图:表明比例尺、标注拟建建筑、道路、相邻单位的关系及距离,拟建建筑规模、高度、层数等; (2) 1:500 或 1:2000 比例尺地形图一份(位于远郊区县或机要工程项目需三份),在地形图上用普通黑铅笔绘出你建设用地范围 2. 拥有土地使用权用地上的工程项目 (1) 拟建工程设想方案图,表明比例尺、表明拟建建筑与周围建筑、道路、相邻单位的关系距离,拟建建筑规模、高度、层数等; (2) 1:500 或 1:2000 比例尺地形图在地形图商用普通黑铅笔绘出拟建设用地范围	验证设计文件深度是否符合报审要求、签章是否完备、规格是否满足要求
规划、设计方案	工程项目规划、设计方案 1. 居住类建筑工程设计方案 (1) 标明由规划行政部门出具设计范围,并以现状地形图为底图绘制的总平面图(比例:单体建筑 1:500,居住区 1:1000)2 份;居住区(居住小区、组团)项目在总平面图中表明每栋居住建筑的编号; (2) 各层平面图、各向立面图、剖面图(比例:1:100 或 1:200)各 2 份; (3) 拟建项目周边相邻居住建筑时,应按照《规划意见书》的要求附日照影响分析图及说明各 1 份; (4) 《规划意见书》或《修改设计方案通知书》要求做交通规划影响评价报告的项目,应附交通影响评价报告 1 份; (5) 设计方案各项技术指标要求相对列表说明,如超出规划意见书规定的建筑控高和使用性质时,应付控规调整审批通知书 1 份; (6) 《规划建议书》要求应附的其他有关文件、图纸和模型;	验证设计文件深度是否符合报审要求、签章是否完整、规格是否满足要求

（续）

办理内容	对所需设计文件的要求	设计管理控制点
规划、设计方案	（7）居住区（居住小区、组团）项目应附单栋居住建筑规模（注明地上、地下建筑面积）和配套明细表 1 份； （8）以上文件图纸均按 A3 规格装订成册 2. 非居住区类建筑工程设计方案 （1）标明由规划行政部门出具设计范围，并以现状地形图为底图绘制的总平面图（比例：1:500，居住区 1:1000）2 份； （2）各层平面图、各向立面图、剖面图（比例：1:100 或 1:200）各 2 份； （3）拟建项目周围相邻居住建筑时，应按照《规划意见书》或《修改设计方案通知图》的要求附日照影响分析图及说明 1 份； （4）设计方案各项技术指标要求相对列表说明，如超出规划意见书规定的建筑控高和使用性质时，应附控规调整审批通知书 1 份； （5）《规划意见书》要求应附的有关文件、图纸和模型； （6）以上文件图纸均按 A3 规格装订成册	验证设计文件深度是否符合报审要求、签章是否完整、规格是否满足要求
人防规划项目	人防规划送审表 人防工程规划总平面图	验证设计文件深度是否符合报审要求、签章是否完整、规格是否满足要求
建设项目绿地规划方案	图纸（蓝图）材料： （1）用地范围内古树及胸径大于 30cm 大树的准确定位图（古树名木需标出实际树冠投影范围，并用不小于 1:200 的比例表示其与建筑物关系）及附表（要表明编号、树种、胸径、数量），并套绘出拟建建筑物的准确位置； （2）绿地布置图：需反应图纸比例（1:200 或 1:500，建设用地范围较大的可用 1:1000）、用地红线、绿地范围线、需要保护树木的准确树位、建筑物悬挑部分投影线、图例（含技术经济表及说明、周边环境、建筑层数、地下室和其他地下设施范围），并加盖建设单位和设计单位公章； （3）建筑平面图； （4）首层、二层及地下各层平面图	验证设计文件深度是否符合报审要求、签章是否完整、规格是否满足要求

注：规划意见书申报应在设计前期阶段完成。

5.1.1.4　初步设计管理

初步设计管理的主要内容及程序如图 5-3 所示。

设计方案经政府相关部门确认（如人防、消防、交通、园林绿化、环境、规划、计划）后，可以进行初步设计阶段工作。项目管理机构要求设计单位成立项目设计组，并对人员的资质、设计进度、设计质量及经济技术指标提出明确要求。项目管理机构代表业主向设计单位提出初步设计阶段的设计任务书。

图 5-3 初步设计管理的主要内容及程序

1）初步设计的主要内容

（1）项目概况

项目名称、项目位置及周边环境、项目定位、建设规模。

（2）设计依据

行政主管部门批准的"审定设计方案通知书"；业主最终确认的方案成果；现行的各专业设计规范、相应法规；政府及行业主管部门的要求及规定；项目市政方案及现场周边市政管线情况；建设场地的工程地质资料。

（3）总体设计要求

设计内容、初步设计概算、设计限价（单方造价）。

（4）园林景观建筑设计

针对些园林中有一些功能相对复杂一些的建筑，如茶室、展览、餐厅、会所、俱乐部等。

①总平面图、平面图、立面图、剖面图及外形尺寸；

②结构形式；

③层高及层数；

④空间及功能设计：各种户型使用空间净面积配比、区分单体建筑内部公共区、私密区、娱乐区及休息区；根据国家相关的规范的标准，针对不同建筑物的功能要求对外墙、分户墙体、门窗、设备间、电梯机房及进道，做好隔音、降噪、减震处理；地下防水的措施；保温工程；电梯造型；防火设计；设置排水系统时应注意达到环保要求；无障碍设计；人防工程等。

（5）外装修工程

包括外墙面材料、外窗材料、装饰物材料。

（6）内装修工程

包括精装修的范围、标准、粗装修（毛坯）的范围、标准。

（7）结构设计

项目按几度抗震设防（一般按国家规范）、对梁、柱断面有无特殊要求、特殊用途房间提出使用荷载。

（8）给排水系统

①室外排水

②室内排水　室内给水系统、热水系统、污、废水排放系统、雨水系统、中水系统、给排水设备要求、卫生洁具和给水系统的计量方式等。

（9）采暖通风及空气调节设计

①通风　地下停车库通风要求、无外窗房间通风要求和厨房通风要求等。

②空调及采暖　采暖方式要求、冷源及制冷剂要求、空调系统要求、冷却塔要求、空调方式及暖度要求及有无加湿系统的要求等。

③防、排烟　地下车库防烟的要求、对防排烟系统分区要求、对防排烟管道材料的要求及对消防楼梯及前室正压送风要求等。

（10）电气设计

①强电　变压配电系统（高压）；变电所高压的要求；高压柜产品档次要求、低压配电的要求；电气照明的要求；防雷、接地人防工程、商业和餐饮对动力电的要求等。

②弱电

——设计原则

——设计内容　火灾自动报警及消防联动系统；监控系统；能量管理系统、采取有效地节能措施（计费系统）；安全防范系统（电视报警系统、入侵报警系统、巡更管理系统、出入口控制和门禁系统、停车管理系统和综合或安全防范系统）；综合布线系统；通信网络系统（闭路电视系统、背景音乐及广播系统、手机信号增强系统、会议中心设置同声传译系统、会议电视系统、计算机网路系统、办公自动系统）；智能化系统集成。

（11）设计概算

①设计概算编制依据

②设计概算文件内容　编制说明、总概算表、单位工程概算书、其他工程和费用概算书、钢材、木材、水泥用量、土建工程概算、设备安装工程概算。

（12）图纸及文件要求

各专业涉及深度要求及图纸装订和分数要求等。

2）项目管理机构应提供给设计单位的资料

①扩初设计阶段要有政府用管部门批准的方案设计或实施方案，扩初设计阶段设计任务书；

②设计项目合同确定的设计文件质量特性，包括考虑合同评审结果，以及业主提出了特殊技术要求；

③有关的国家法令、地方法规、必修执行的标准、规范；

④地质勘察报告（初勘）；

⑤土地条件：用地范围、土地使用性质等内容；

⑥市政条件：给水、排水、污水、中水、煤气、电力、电信、电视、消防等内容；

⑦规划条件：用地红线及坐标、建筑退红线要求、建筑高度控制、容积率等内容；

⑧交通条件：道路允许开口的位置等内容；

⑨地质条件：地形图（含电子版）、勘察报告；

⑩其他条件。

3）设计单位提出的文件

设计单位向项目管理机构提交的文件应满足如下要求。

①设计单位提交的文件、图纸应满足设计条件的要求。

②设计单位提交的图纸、文件及概算应符合建设部 2003 年 4 月颁布的《建设工

程设计文件编制深度规定》的要求。

③设计单位应对提交的文件进行评审验证。图纸及签字齐全。按政府有关部门要求加盖报审章及个人注册章。

4）扩初设计文件的报批

项目管理机构负责扩初设计文件的报审报批工作，如何人防、消防、交通、绿化（园林）、环保、文物、节水、卫生、教育、水利、节能、规划、设计等机构报批。在行政主管部门相关网站下载表格填表盖章，按表上要求提供报审图纸，在图纸上加盖报审章及注册章，在行政组管部门规定的地点办理报批手续。将政府有关部门对扩初设计文件的批文或确认意见作为对扩初设计工作的确认。

(1) 建筑工程规划许可证的报批要求（自有用地）

建筑工程施工设计图纸（1/500 或 1/1000 总平面图 3 份，机要工程为 2 份；1/100或1/200 各层平面图各项立面图、剖面图各 1 份；基础平面图、剖面图各 1 份；设计图纸目录 1 份）1 套。以上文件图纸均按 A4 规格装订折叠。项目管理机构应验证涉及深度是否符合报审要求、签章是否完备、规格是否满足要求。

(2) 初步设计报批要求

初步设计报批所需文件内容包括：建设工程水文；地质资料（复印件）说明书；总平面图；首层平面图；工程平面图、剖面图和采暖、通风、给排水、消防、电气（照明）的平面图；室外出地面防倒塌棚架及管理用房详图；改建、扩建工程；应附原工程平、剖面图，并注明新、旧工程的关系。文件深度应满足《建筑工程设计文件编制深度规定》（建设部 2002 年 4 月）规定的扩初文件深度要求，文件格式符合行政主管部门的规定。

(3) 其他报批要求

按行政主管部门要求进行报批。

5）设计文件的确认

①设计文件应符合建设部《建筑设计文件编制深度的要求》的规定。

②设计文件应满足行政主管部门的批审要求，且签章齐全（规划、节能、注册）。

③设计概算应控制在设计限价范围内；

④主要设备、材料选型应符合设计任务书要求，并要求设计单位进行比选（性能、价格）。

5.1.1.5　施工图设计管理

施工图设计管理主要内容和程序如图 5-4 所示。

图 5-4 施工图设计管理内容和程序

(1) 施工图设计要求的提出

项目管理机构影像设计单位提出施工图阶段的设计任务书，其内可在初步设计任务书的基础上进行补充和增加，设计任务书中应对主要设备选型和各部位材料做法提出详细要求。

(2) 设计条件的确定

①地质勘探报告 指详细勘察报告；

②明确市政条件 包括给水、排水、污水、中水、燃气、热力、供电、电信等接

口的方向、位置、标高、管径等闲管技术指标。

（3）施工图设计的报批管理

①施工图设计的报批要求　内容包括工程所在地位置的 1∶500 或 1∶200 地形图（注明工程所在地位置）；建设工程水文、地质资料（复印件）；工程结构计算书（复印件）；人防图纸目录及总平面图；地面建筑立面、剖面图；首层、地下各层平面图；设计说明；门窗表；工程平面、剖面图；相应建筑做法大样图；结构设计说明；底板、顶板、墙体结构模板、配筋图；底板污水坑大样图；梁、柱配筋表；临空墙、防护密闭框墙；进排风扩散室前墙；土中外墙；窗井墙；防护单元墙隔断墙配筋图；进排风竖井室外地面棚架配筋图；墙体节点；窗口大样图；设备设计说明；设备材料表；工程采暖、通风、给水、排水、消防、电气（照明）的平面及系统图；风机房大样图；水箱安装图；室外出入口地下通道；地面防倒塌棚架及管理用房详图等全套图纸。

②施工图审查　施工图是否符合现行规范、规程、标准、规定的要求；图纸是否符合现场和施工的实际条件，深度是否达到施工和安装的要求，是否达到质量的标准。对选型、选材、造型、尺寸、关系、节点等，进行自身质量要求的审查。

（4）设计文件确认

①施工图设计文件确认的主要依据为《施工图审查意见》，项目管理机构应要设计单位按照施工图审查意见进行图纸的修改；

②设计文件深度应符合《建设工程设计文件编制深度规定》。

（5）施工图设计管理的工作要点

①审核设计文件是否满足施工图审查意见要求，是否有未确定的内容或结论；

②审核设计文件是否符合设计合同确定的质量要求（包括考虑合同评审结果以及业主提出的特殊技术要求等）；

③审核设计文件的签章是否齐全（施工图审查备案图）；

④协助业主进行正式设计文件的存档工作。

5.1.1.6　设计变更、洽商的管理

①设计变更、洽商无论由谁提出和批准，均需按设计变更、洽商的基本程序进行；

②设计变更、洽商记录必须经监理单位确认后，承包单位方可执行；

③设计变更、洽商记录的内容应符合有关规范、规程和技术标准；

④设计变更、洽商记录填写的内容必须表述准确、图示规范；

⑤设计变更、洽商的内容应及时反应在施工图纸上；

⑥分包工程的设计变更、洽商应通过总承包单位办理；

⑦设计变更、洽商的费用由承包单位填写《设计变更、洽商费用报审表》报项目监理部门，由监理工程师进行审核后，总监理工程师签认；设计变更、恰上的工程完成并经监理工程是验收合格后，应按正常的支付程序办理变更工程费用的支付手续。

5.1.2 设计项目管理

5.1.2.1 设计流程

(1) 设计流程的发展和变迁

设计项目都有发生、发展与完善的过程，有自己的内在规律与合理的流程。用一个比较学术化的定义，流程是一种跨越边界的活动链，向上需要上一部门传递、交接、共同完成活动，向下需要传递给接手的部门，再将活动链连续传递。这个定义虽然比较狭义，但用于内部的程序还是比较客观和相对全面的。对于一个全过程的设计活动来讲，设计流程应该是从企业首次吸引顾客开始，到企业重新吸引顾客为一个循环，周而复始，循环往复的不间断的过程。创造并持续满足顾客的需求是始终贯穿流程的主线。

设计流程是设计企业管理水平的重要标志，也是企业管理规模化、制度化的基础。从设计师个人的角度，对设计流程的理解和掌握程度，意味着职业素养和管理技巧的高低。我国现代设计企业，从设计流程的发展来看，可分为3个阶段：

①20世纪80年代，设计院流行工序控制。所谓的流程（或称之为工序）是设计单位（当时大多数是事业单位）内部在职能部门或生产单元间（设计工种）顺序流动的活动链，认为是由活动链组成了流程。将部门间的活动链认为流程，是典型的基于部门职员繁多，影响着单位对市场的快速反映能力，生产效率低，阻碍了单位的快速发展。这样的流程对市场和用户的感知是脱节的，处于典型的过程式检验阶段。

②进入20世纪90年代后，ISO9000（国际质量管理和质量认证标准）以其制度的高度概括性和认证模式的严谨性，在我国设计企业中掀起了ISO9000认证热潮。ISO9000标准融合了诸多优秀的管理方法，并用最简洁的方式将企业运行的模式加以概括，指明了企业管理的基本流程，同时该制度本身又兼具有相当的弹性，容许每个企业根据自身特点加以最大限度的发挥运用。在2000版中，ISO强调以顾客为中心，应该理解顾客当前和将来的需求，满足概括要求并努力超越概括的期望。这个时期的设计企业已经完全面向市场了，但ISO9000中缺少对质量成本管理的支持。

③基于项目管理的设计流程。业务流程源于概括的期望，依据职能硬性划分的界限分割之下的病态定义的"流程"就会使职能间的整合遇到困难。流程与顾客的期望紧密相连，也与经营目标紧密相连，它具备自我更新的能力。当顾客的期望发生改变时，相应的流程就应该跟着发生变化。设计企业应该根据原则来进行流程的持续改进或者再造。随着市场竞争的日益激烈，客户对服务的一体化要求越来越高，对工程项目的整体委托越来越多，采取项目管理的生产组织方式是应对市场挑战是有力举措。项目管理对于促进资源整合、提高管理效率、提升服务质量、最大限度满足客户需求、提高设计企业的竞争力都具有重要作用。

设计流程（程序）因地区、设计单位所处环境与工作侧重点不同，其中部分环节可能有差异，但在主要环节方面是相同的。决定流程的几个关键是对成本、质量、时间的把握和平衡。根据项目管理的界面，流程可分为对外流程和对内两部分，即对顾客的流程和面对设计的流程。

(2) 设计过程中的对外流程

ISO9000：2000 中的八项管理原则提出以顾客为关注交点。组织依存于顾客，组织应当理解顾客当前和未来的要求，满足顾客要求并争取超越顾客期望。

在遵守国家和地方法律法规的前提下，设计企业应以满足顾客需求最大化、满意度最大化为目的而进行活动。顾客的利益应该以顾客的价值标准为参照，而非以自己的标准来判别。充分地理解顾客需求，是圆满完成设计任务的前提，设计要求评审则是理解顾客需求的重要方法，评审内容包括：

①顾客对工程设计规定的要求，如工程项目的技术、进度和费用要求，设计交付后的服务要求；

②顾客虽然没有明确规定，但应该包含的预期用途所必需的要求；

③与工程设计有关的法律、法规、规章的要求，例如设计依据、设计规范、标准和基本建设程序；

④项目经理和设计人员对设计项目提出的附加要求，如设计项目采用新技术或项目管理与控制手段等。

通过评审是设计应确保与工程设计有关的要求已得到明确规定或有了相应的对策，企业有足够的能力和资源满足顾客的要求。

原则上，设计时应力争按正常流程进行设计。但是在市场经济条件下，顾客常常不能按设计方的需要提出设计所需资料，实际上也几乎没有一个项目是在条件完全具备的情况下才开始进行的。对此，设计企业应按照实际情况灵活掌握，帮助顾客创造条件，或者借助以往积累的经验和类似的案例作参考，为顾客提供多种选择，尽可能帮助顾客争取时间，减少对设计质量的影响。在香港设计界，通常上部建筑还没设计，基础已经施工了。顾客情愿在基础设计时有较大余量，以金钱换取时间，确保最大收益，这种理念值得我们借鉴。

与顾客保持有效的沟通是设计过程中的重要内容，设计师应选择适当的方式通过多种途径实施与顾客的有效沟通，不断地收集顾客的反馈信息。与顾客沟通的主要内容有：

①向顾客发布拟实施的工程设计信息；

②有关合同、订单在实施过程中的问讯、处理，包括工程设计有关要求的确定与更改；

③工程设计过程中及阶段设计完成后向顾客的通报，包括对顾客要求或意见的反馈信息，顾客投诉的处理信息。

与顾客沟通的方式可以多种多样，主要有：

①用信函方式收集建设单位、施工单位、监理单位或政府主管部门对工程设计的评价信息，以便识别持续改进的机会。

②制订工程回访计划，实施工程回访。了解顾客、施工单位以及建设主管部门对工程设计的产品质量和设计人员的服务质量的意见。

③通过各种形式的会议交流（如设计交底会、现场技术协调会和顾客座谈会等），动态地理解顾客当前和未来的需求。

④顾客满意度调查。可以利用第三方调查机构，定期了解和测量顾客对所提供的设计服务需求和期望，寻求持续改进方向去满足顾客的要求，并争取能超越顾客的期望。

园林设计是科学技术和文化艺术的结晶。在我国经济发展的不同时期设计好坏的评价标准不同，从实用经济美观的设计原则，到更注重艺术性与创新性的思想理念，从注重局部向注重整体，从封闭向开放，从注重游赏向注重生态兼顾游赏的方向转变，顾客首先要求的是品质，设计要有创意，别具一格，安全经济。其次，顾客要求设计进度要快，服务反应要快。时间就是金钱，顾客要求最短的时间无可厚非。在合理的要求下，通过人员的合理投入、工种的合理搭接、前期工作的提前开展，在现有的设计周期上，在保证设计质量的前提下，通过科学管理是有提高的余地的。一个设计企业在同等条件下设计速度的快慢是其管理水平、技术能力设计流程（工艺）水平高低的综合体现。

顾客对设计企业的另一个重要要求是服务。工程的前期工作和政府部门的审批工作，都是专业技术含量较高的工作。顾客在这两个阶段，是需要有经验的设计人员的热心帮助的。建筑设计的产品都是个性化极强的产品，图纸离实施还有很长的一段距离。设计企业对顾客的服务，除了出图，还有送审报批、现场配合等服务环节。设计要指导、辅助施工单位和监理单位进行实施，协调顾客和政府部门进行分阶段和竣工验收，关注项目在使用过程中出现的各种问题。

(3) 设计过程中的内部流程

工程设计流程视项目性质、规模、所在地区的不同各有区别。有了合理的设计程序，设计师知道在什么时候应该了解什么资料，应该与其他专业商讨什么问题，提供什么资料，才会使整个设计有序地进行，才能做到忙而不乱、事半功倍、提高质量、减少返工。

一般来说，一个建设项目的建设程序，有以下几个阶段。

①设计前期　设计企业应对承接项目进行分析和评估，即对项目进度、质量要求、需要的人力资源、项目风险、技术可行性和成本——收益进行分析。这一阶段有时叫做设计要求评审或合同评审，确定本企业是否有足够的资源符合设计要求。如不符合要求，是否可以通过合同谈判或采购租赁方式解决。在确定项目的可接受性以后，应该及时确定项目经理和设计总负责人。

项目经理应根据项目性质和各类限制条件，组织合理的设计团队。项目经理在这一阶段应进行全面的设计策划，对项目设计的总体构想和计划制定详细的设计进度计划表，标注出重要的控制节点，把项目各阶段过程中的具体工作责任落实到人。

②方案设计　在方案设计阶段，设计团队应根据设计任务书的要求，收集相关资料，与顾客沟通，了解顾客对项目的意图和要求，了解基地的规划控制要求（技术指标）、交通部门对基地布置车道出入口要求和市政管线的布局，结合周边环境和交通，对工程基地、交通组织进行分析，对未明确的方面提出疑问，了解周边环境状况（建筑、道路等），拍摄现场照片。

设计师应按照设计任务书的要求，及国家相关管理技术规定（各项用地指标等），及气候与自然环境等条件和不同功能的使用要求，结合项目特点及基地状况，进行总体基本功能布局，确定设计原则，明确定位，并制定工作计划。

项目组成员互相交流对项目的理解和所设计的构思草图，确定方案的发展方向和需要改进的方面。进行方案评审，并根据评审的意见进行调整和修改，以满足设计任务书和相应的规范和设计标准要求，符合功能使用要求。

设计师将初步设计资料提交其他各专业、效果图公司和模型公司，并跟踪制作过程和进展情况。同时深化完善方案设计图纸，编写方案设计说明，进行文本的编排和创意设计。初步完成的方案应进行验证，以确定是否满足设计任务书要求，是否满足设计标准及法规、规定，是否满足深度要求，对技术性较强的项目审查其专业方面的可行性。完成方案设计后，应将设计依据性文件、文本和电子文件完成归档。

③初步设计　在初步设计阶段，设计团队应详细踏勘现场，了解现场及周边情况，研究分析设计资料，详细理解顾客要求，确定设计原则和技术措施。

项目经理应针对工程项目设计范围和时间的要求，确定项目进度、设计及验证人员、设计评审与验证等活动的安排。各专业负责人员应根据项目特点，编写设计原则、技术措施、质量目标。

项目经理应组织各专业负责人仔细准备和整理与本项目相关的政策、法规、技术标准（地方规范）、方案审批文件、依据性文件、设计任务书、设计委托协议、设计合同、顾客提供的各类资料、勘察资料等。

建设单位的修改意见，设计周期，及各专业的协调，及设计实施中的调整对建成效果起着重要作用。

项目经理应组织设计评审。评审设计是否符合项目是设计要求及方案设计的要求，是否符合规划设计条例，是否符合法规、标准及规范，使用功能、结构体系、机电系统选用的合理性、经济性是否满足该阶段的质量要求。解决主要技术问题，识别问题并提出采取的必要措施。各专业按评审要求和工作情况进行协调深化设计，并进行配合、会审和调整设计。

各专业设计人根据校对、审核、审定的工作内容，对计算书、设计文本、设计图纸的标识、深度、内容进行校审，以确定满足设计输入的要求，符号设计规范及有关文件编制深度的规定。验证后输出文件，经设计及验证人员的签字和工程总负责人签字，交付审定人批准，向建设单位提交资料，送交政府部门进行初步设计审批和专项审批。

完成初步设计后，项目经理应将设计依据文件、文本和电子文件完成归档。对多子项大、中型工程项目，各专业编制统一技术措施，为施工图设计做好准备。对初步设计中明确要进一步调研收集资料的内容，提出考察调研工作计划，撰写专业调研报告。

④施工图设计　项目经理根据扩初批复和各主管部门批复，召集专业负责人商定进度计划。根据项目的实际情况，进行初步设计调整，充实和调整设计团队。

园林专业与其他专业协调，向各专业提交详细资料，与顾客、施工单位、项目主管部门、材料供应商、设备供应商、设计监理等沟通，对各类资料进行确认。

在设计过程中，各专业有多次互提资料、配合、调整，每次均应做到追踪和确认并留有记录。顾客常常会提出变更，如按照顾客要求进行重大变更，应重新评审设计，修改计划进度表，并重新提供资料。

结构设计验证过程中，校审人员应根据校对、审核、审定的工作内容，对计算书、设计文本、设计图纸的标识、深度、内容进行校审并填写校审记录。同时，对有消防需要的项目设计人员应填写消防设计审核申报表及节能设计主要参数汇编表等报审表格。

完成验证的文件经设计及验证人员的签字和工程总负责人签字，交付审定人批准（文本），向建设单位提交资料，送交审图公司。通过审图公司审查后，应将设计依据性文件、文本、盖章蓝图和电子文件完成整理归档。

⑤施工配合服务和工程总结　在技术交底上，设计总负责人应介绍该项目的综合概况，设计人员与施工单位就设计进行答疑，对需要补充或修改的图纸进行补充或修改图纸。

设计人员应参加定期的现场协调会，在关键的施工工序中，要亲临现场进行指导和检查，施工配合中各类变更通知和核定单要及时处理，参加隐蔽工程验收、竣工验收。

工程竣工后，项目经理要将各类来往文件、变更通知、修改补充图、会议纪要、核定单、项目手册等整理归档，组织设计人员进行工程回访和工程项目专业总结，收集现场实景照片，申报优秀设计。这些资料就是一个工程实例知识的宝贵积累。

5.1.2.2　设计项目的管理

随着建设投资主题进一步多元化，客户对服务的一体化要求越来越高，对工程项目的整体委托越来越多，采取项目管理的生产组织方式是应对市场挑战的重要举措。实践显示，有效的项目管理对促进专业整合、提高管理效率、提升服务质量、最大限度满足客户需求以及市场竞争力具有重要作用。

(1) 理解和把握设计项目

园林设计工程项目具有项目的一切特点：临时性、独特性、一次性和逐步完善性。设计工程项目的大小和复杂程度千差万别，大的上百万平方米，小的几千平方米，复杂的设计涉及十几个专业，时间跨度很长，简单的项目几个人，几个月就能完成。对于不同性质的项目，用同一种工序一刀切显然是不合适的。项目管理应该深入地理解项目特点，进行工序裁剪，合理配置资源，这是项目成功的前提。

(2) 设计项目管理四要素

设计的项目管理的目标是一个时间、成本和质量的综合体，三者与项目范围构成了项目管理的四要素。一般来说，范围在合同中约定，时间在计划中体现，质量在质量保证中确定，成本在预算中规定。

①范围管理　范围是指为达到项目目的所必须完成的所有工作。项目范围管理是要保证在项目中的使项目成功完成的那些过程和活动，界定哪些是必须做的，哪些不是必须做的，管理内容包括：范围规划、范围定义、创建 WBS (work breakdown structure，工作分解结构）、范围核实、范围控制。

界定项目范围的最根本意义在于确定项目的边界，从而使项目具有可操作性。对项目范围的界定和审核应当由所有关键的项目利益相关者来完成。界定项目范围可以保证项目的可管理性，提高了成本、时间、质量和资源估算的准确性，更好地分配团队成员的职责，为绩效测量和控制确定基准，有助于项目向既定目标发展。

②时间管理　有效的项目时间管理需要合理投入资源，选择经济工期，以及在预算范围内完工。项目进度对设计方案、人员安排、成本费用都会产生影响。项目进度计划安排应当系统考虑，切实可行。项目时间管理包括：活动排序、活动所需资源估算、活动所需时间估算、进度制定、进度控制等。

③成本管理　项目成本管理是为保障项目实际发生的成本不超过项目预算而开展的规划、估算、预算和控制过程。项目成本管理除了需要管理完成全部活动所需的资源成本外，同时还要对决策、开发乃至使用和维护的成本加以管理。成本管理不能简单地理解为节约，而是通过管理提高整个项目的经济效益。

成本管理的另一个重要内容是降低无效成本，在设计中，由于对现场环境掌握不准确或提供的专业资料不清而引起其他专业的大面积返工，就是无效成本的具体体现。

④质量管理　项目质量管理是为了保证项目的可交付成果能够满足项目业主、客户以及项目各方相关利益人的需要所展开的一系列管理工作，包括质量规划、质量保证、质量控制、质量改进等手段，这些手段可以体现在其他各类管理之中。

⑤项目三角形　项目三角形的三个角分别是时间、成本和范围，三者存在相互依存的关系（图5-5）。质量处于项目三角形的中心，是项目三角形的第四个关键因素，是三角形的重心。项目质量受到三个角的约束。例如，消减项目成本会导致项目质量的降低。

图 5-5　项目三角形

(3) 设计项目管理的其他领域

①人力资源管理　项目人力资源管理是根据项目的目标、进展和外部环境的变化对项目参与人员所开展有效规划、积极开发、合理配置、准确评估、适当激励的工作，其目的是调动所有项目参与人的积极性，形成有效的工作机制。

园林设计是一个专业性很强的工作。随着各项工作的日益专业化，即使在某个专业内也各有擅长，有的擅长居住区园林景观设计，有的擅长道路景观设计，有的擅长校园景观设计。找到合适是设计师，就事半功倍。在人员工作分配上，要充分发挥专业人才的资源，让高价值的人员干低价值的事，就是一种浪费。

②沟通和冲突管理　项目沟通管理是交换信息和思想以达到互相理解的过程，以及及时搜集、传播、储存与最终处置项目信息所需的过程。沟通障碍和信息的不对称

通常导致冲突。

冲突是指两个或两个以上的当事人因对项目目标理解的不同以及排除对方对自己达到目标的障碍而产生的分歧行为。冲突是不可避免的，积极的冲突对组织是一种激活，更有利于组织的发展，容易达到对问题的全面认识，从而是决策最大限度地避免失误。

③风险管理　风险是在实施某决策是因主客观的不确定性所造成的损失、伤害、不利甚至毁灭，也指某一特定危险情况发生的可能性和后果的组合。项目与任何一项经济活动一样，都存在风险。风险并不可怕，关键是需要识别和控制，尽量降低不利于项目目标事项发生的概率和后果。

④采购管理　采购管理对项目成功非常重要，好的采购管理可以保证项目的质量和进度，采购涉及了买方和卖方，在不同的场合，卖方被称为承包商、分包商、销售商或供应商。在设计项目中，采购经常体现为专项分承包和劳务引进。

⑤项目的综合管理　综合管理也叫集成管理、整体管理，是指在项目周期中从全局利益出发，对项目各项工作进行系统协调和配合的工作过程，包括对项目的启动、规划、执行、监控和收尾的全过程的管理。综合管理是全局性、综合性的工作，也是项目成功的关键。

从全局利益出发，保证项目所有的管理要素正确有效地整合起来，使项目经理能够站在全局的高度对项目管理进行权衡取舍，界定轻重缓急，以确保项目的成功。成功的项目管理经验表明，项目经理的主要精力应该集中于项目整体管理。

5.1.2.3　方案设计

1）一般要求

（1）方案设计文件

①设计说明书，包括各专业设计说明以及投资估算等内容；

②总平面图、景观建筑平立剖面图、景观节点设计图纸；

③设计委托或设计合同中规定的透视图、鸟瞰图、模型等。

（2）方案设计文件的编排顺序

①封面：写明项目名称、编制单位、编制年月；

②扉页：写明编制单位法定代表人、技术总负责人、项目总负责人的姓名，并经上述人员签署或授权盖章；

③设计文件目录；

④设计说明书；

⑤设计图纸。

注：投标方案按标书要求密封或隐盖编制单位和扉页。

2）设计说明书

（1）设计依据、设计要求及主要技术经济指标

①列出与工程设计有关的依据性文件的名称和文号，如选址及环境评价报告、地形图、项目的可行性研究报告、政府有关主管部门对立项报告的批文、设计任务书或

协议书等。

②设计所采用的主要法规和标准。

③设计基础资料，如气象、地形地貌、水文地质、地震、区域位置等。

④简述建设投资方或政府有关主管部门对项目设计的要求，如项目定位、建设目标、总平面布置要求等。

⑤委托设计的内容和范围，包括使用功能和设备设施的配套情况。

⑥工程规模（如总面积、总投资、容纳人数等）和设计标准（包括工程等级、设计使用年限等）。

⑦列出主要技术经济指标，如总用地面积，及各分项用地面积（水体，道路及活动场地，体育运动场地，景观建筑小品面积，如有地下设施还要列出地下部分建筑面积）、停车泊位数，规划环境容量等指标。确定工程项目执行的设计规范或标准，技术经济指标应满足其规定和标准。

（2）总平面设计说明

①概述场地现状特点和周边环境情况，详尽阐述总体方案的构思意图和布局特点，以及在竖向设计、交通组织、景观绿化、环境保护等方面所采取的具体措施。

②关于一次规划、分期建设、以及原有建筑和古树名木保留、利用、改造（改建）方面的总体设想。

（3）景观建筑方案设计说明

方案的设计构思和特点：

①设计方案的平面和竖向构成，包括设计风格，艺术形式，空间处理、景观节点立面造型、比例、尺度等和环境分析等；

②使用功能布局和各种出入口的布置；

③交通组织、应急避难场所和安全疏散的设计；

④关于无障碍、及夜景照明，安保监控，背景音乐设计、节能和智能化设计方面的简要说明；

⑤日后养护管理需要的设计考虑。

（4）景观建筑结构设计说明

①设计依据

——本工程结构设计所采用的主要法规和标准；

——建设方提出的符合有关法规、标准与结构有关的书面要求；

——项目所在地与结构专业设计有关的自然条件，包括风荷载、雪荷载、地震基本情况及有条件时概述工程地质简况等。

②结构设计　主要阐述以下内容：

——结构的安全等级、设计使用年限和抗震设防类别；

——上部结构选型概述和新结构、新技术应用情况；

——采用的主要结构材料及特殊材料；

——条件许可下阐述基础选型。

③需要特别说明的其他问题　如地下停车库与地上景观建筑的结构关系。

（5）景观建筑及设施（有地下部分时）的结构做法及防水等级

3）设计图纸

（1）总体设计图纸内容

区域位置图、环境分析图、功能分区图、景观分析图、道路系统图、竖向设计图、总平面图、鸟瞰图、局部景点透视图主要表达以下设计内容：

①场地的区域位置，场地的范围（用地和各角点的坐标或定位尺寸、道路红线）。

②场地内及四周环境的反映（四周原有及规划的城市道路和建筑物性质及出入口，场地内需保留的建筑物、古树名木、历史文化遗存、现有地形与标高、水体、不良地质情况等）。

③场地内拟建道路、停车场、广场、绿地及景观建筑的布置，并表示出景观建筑的面积。

④拟建主要景观建筑物的名称、出入口位置、层数与设计标高，以及地形复杂时主要道路、广场的控制标高。

⑤设计的风格与形式。

⑥指北针或风玫瑰图、比例。

⑦根据需要绘制下列反映方案特性的分析图：

空间分析、交通分析（人流及车流的组织、停车场的布置及停车泊位数量等）、地形分析、绿地布置、日照分析、分期建设等。

（2）景观建筑设计图纸

①平面图应表示的内容

——平面的总尺寸、开间、进深尺寸或柱网尺寸（也可用比例表示）；

——各主要使用房间的名称；

——结构受力体系中的柱网、承重墙位置；

——各楼层地面标高、屋面标高；

——室内停车库的停车位和行车线路；

——底层平面图应表明剖切线位置和编号，并应标示指北针；

——必要时绘制主要用房的放大平面和室内布置；

——图纸名称、比例或比例尺。

②立面图应表示的内容

——体现建筑造型的特点，选择绘制一两个有代表性的立面；

——各主要部位和最高点的标高或主体建筑的总高度；

——当与相邻建筑（或原有建筑）有直接关系时，应绘制相邻或原有建筑的局部立面图；

——图纸名称、比例或比例尺。

③剖面图应表示的内容

——剖面应剖在高度和层数不同、空间关系比较复杂的部分；

——各层标高及室外地面标高，室外地面指建筑檐口（女儿墙）的总高度；

——若遇有高度控制时，还应表明最高点的标高；

——剖面编号、比例或比例尺。

④表现图（透视图或鸟瞰图）　方案设计应根据合同约定提供外立面表现图或建筑造型的透视图或鸟瞰图。

5.1.2.4　初步设计

1）一般要求

（1）初步设计文件

①设计说明书，包括设计总说明、各专业设计说明。

②有关专业的设计图纸。

③工程概算书。

需要注意的是：初步设计文件应包括主要设备或材料表，主要设备或材料表可附在说明书中，或附在设计图纸中，或单独成册。

（2）初步设计文件的编排顺序

①封面：写明项目名称、编制单位、编制年月。

②扉页：写明编制单位法定代表人、技术总负责人、项目总负责人和各专业负责人的姓名，并经上述人员签署或授权盖章。

③设计文件目录。

④设计说明书。

⑤设计图纸（可另单独成册）。

⑥概算书（可另单独成册）。

值得注意的是：对于规模较大、设计文件较多的项目，设计说明书和设计图纸可按专业成册；另外单独成册的设计图纸应有图纸总封面和图纸目录；各专业负责人的姓名和签署也在本专业设计说明的首页上标明。

2）设计总说明

（1）工程设计的主要依据

①设计中贯彻国家政策、法规。

②政府有关主管部门批准的批文、可行性研究报告、立项书、方案文件等的文号或名称。

③工程所在地区的气象、地理条件、建设场地的工程地质条件。

④公用设施和交通运输条件。

⑤规划、用地、园林、环保、交通等要求和依据资料，一些项目还会涉及卫生、消防、人防、抗震等。

⑥建设单位提供的有关使用要求或生产工艺等资料。

（2）工程建设的规模和设计范围

①工程的设计规模及项目组成。

②分期建设（应说明近期、远期的工程）的情况。

③承担的设计范围与分工。

（3）设计指导思想和设计特点

①采用新技术、新材料、新设备及结构的情况。

②环境保护、交通组织、用地分配、节能、安保及夜景观，一些项目还会涉及防火安全、人防设置以及抗震设防等设计原则。

③根据使用功能的要求，对总体布局和选用标准的综合叙述。

（4）总指标

①总用地面积及各单项用地面积等指标。

②其他相关技术经济指标。

（5）提请在设计审批时需解决或确定的主要问题

①有关城市规划、红线、拆迁和水、电、暖、气等能源供应或供应方案的协作问题。

②设计总面积、总概算（投资）存在的问题。

③设计选用标准方面的问题。

④主要设计基础资料和施工条件落实情况等影响设计进度和设计文件批复时间的因素。

（6）总说明中已叙述的内容，在各专业说明中可不再重复

3）总平面

在初步设计阶段，总平面的设计文件应包括设计说明书、设计图纸、根据合同约定的鸟瞰图或模型。

（1）设计说明书

①设计依据及基础资料

——摘述方案设计依据资料及批示中与本专业有关的主要内容；

——有关主管部门对本工程批示的规划许可技术条件（道路红线、建筑红线或用地界线、景观建筑的高度控制、绿地率、停车泊位数等），以及对总平面布局、周围环境、空间处理、交通组织、环境保护、文物保护、分期建设等方面的特殊要求；

——本工程地形图所采用的坐标、高程系统；

——凡设计总说明中已阐述的内容可从略。

②场地概述

——说明场地所在地的名称及在城市中的位置（简述周围自然与人文环境、道路、市政基础设施与公共服务设施配套和供应情况，以及四周原有和规划的重要建筑物与构筑物）；

——概述场地地形地貌（如山丘、水域的位置、流向、水深、最高最低标高、总坡向、最大坡度和一般坡度等）；

——描述场地内原有建筑物、构筑物及古树名木、文物古迹的保留及拆除情况；

——摘述与总平面设计有关的自然因素，如地震、土壤性质、地裂缝、岩溶、滑坡与其他地质灾害。

③总平面布置

——说明如何因地制宜，根据地形、地质、日照、通风、防火、卫生、交通以及环境保护等要求布置景观建筑及构筑物，使其满足使用功能、城市规划要求以及技术经济合理性；

——说明功能分区原则、远近期结合的意图、发展用地的考虑；

——说明景观建筑内外空间的组织及其与四周环境的关系；

——说明环境景观和绿化种植设计布置等。

④竖向设计

——说明竖向设计的依据（如城市道路和管道的标高、地形、排水、洪水位、土方平衡等情况）；

——说明竖向布置方式（平坡式或台阶式），地表雨水的排除方式（明沟或暗管）等；如采用明沟系统，还应阐述其排放地点的地形与高程等情况；

——根据需要注明初平土方工程量。

⑤交通组织

——说明人流和车流的组织，出入口、停车场（库）的布置及停车数量的确定；

——救护、消防、日常养护管理车道的布置；

——说明道路的主要设计技术条件（如主干道和次干道的路面宽度、路面类型、最大及最小纵坡等）。

⑥主要技术经济指标表

⑦提请在设计审批时解决或确定的主要问题。特别是涉及总平面设计中的指标和标准方面有待解决的问题，应阐述其情况及建议处理办法。

（2）设计图纸

在方案审批通过的基础上，深化、细化设计内容，主要表达以下设计内容：

①区域位置图 根据需要绘制。

②总平面图

——保留的地形和地物；

——测量坐标网、坐标值，场地范围的测量坐标（或定位尺寸），道路红线，建筑红线或用地界线；

——场地四周原有及规划道路的位置（主要坐标或定位尺寸）和主要景观建筑及构筑物的位置、名称、层数；

——景观建筑及构筑物的位置（地下车库、人防工程、蓄水池等隐蔽工程用虚线表示），其中主要景观建筑及构筑物应标明坐标（或定位尺寸）、名称（或编号）、层数；设计选材及色彩。

——道路、广场的主要坐标（或定位尺寸），停车场及停车位、救护、消防、绿化日常养护车道的布置，必要时加绘交通流线示意；设计选材及色彩。

——绿化植物品种、景观及休闲设施的布置；

——指北针或风玫瑰图；

——主要技术经济指标表，该表也可列于设计说明内；

——说明栏内注写：尺寸单位、比例、地形图的绘制单位、日期、坐标及高程系统名称，补充图例及其他必要的说明等。

③竖向布置图

——场地范围的测量坐标值（或注尺寸）；

——场地四周的道路、地形、常水位，及其关键性标高；

——原有地形及设计地形；

——景观建筑物、构筑物的名称（或编号）、主要景观建筑物和构筑物的室内外设计标高；

——主要道路、广场的起点、变坡点、转折点和终点的设计标高，以及场地的控制性标高；

——用箭头或等高线表示地面坡向，并表示出护坡、挡土墙、排水沟等；

——指北针；

——注明：尺寸单位、比例、补充图例；

——本图可视工程的具体情况与总平面图合并；

——根据需要利用竖向布置图绘制土方图及计算挖填方土方工程量。

4）概算

（1）设计概算

设计概算是初步设计文件的重要组成部分。设计概算文件必须完整的反映工程项目初步设计的内容，严格执行国家有关的方针、政策和制度，实事求是地根据工作所在地的建设条件（包括自然条件、施工条件等影响造价的各种因素），按有关的依据性资料进行编制。

（2）概算的编制依据

①国家有关建设和造价管理的法律、法规和方针政策。

②批准的建设项目的设计任务书（或批准的可行性研究文件）和主管部门的有关规定。

③初步设计项目一览表。

④能满足编制设计概算的各专业经过校审并签字的设计图纸（或内部作用草图）、文字说明和主要设备表，其中：园林景观工程有关各专业提交平面布置图；总图专业提交建设场地的地形图和场地设计标高及道路、排水沟、挡土墙、围墙等构筑物的断面尺寸。给水排水、电气、动力等专业的平面布置图或文字说明和主要设备表；土建工程中建筑专业提交建筑平、立、剖面图和初步设计文字说明（应说明或注明装修标准、门窗尺寸）；结构专业提交结构平面布置图、构件截面尺寸、特殊构件配筋率；

⑤当地和主管部门的现行建筑工程和专业安装工程的概算定额（或预算定额、综合预算定额，本节下同）、单位估价表、材料及构配件预算价格、工程费用定额和有关费用规定的文件等资料。

⑥现行的有关设备原价及运杂费率。

⑦现行的有关其他费用定额、指标和价格。

⑧建设场地的自然条件和施工条件。

⑨类似工程的概、预算及技术经济指标。

⑩建设单位提供的有关工程造价的其他资料。

（3）设计预算文件

设计预算文件分为 3 种：单位工程概算书；单项工程综合概算书；建设项目总概算书。

总概算书由承担建设项目总体设计的单位负责编制。只承担单项工程设计而不承担总体设计的单位，只编制单项工程综合概算书。

建设项目若为一个独立单项工程，则建设项目总概算书与单项工程综合概算书可合并编制。

（4）单位工程概算书

单位工程概算书是计算一个独立建筑物或构筑物（即单项工程）中每个专业工程所需工程费用的文件，分为以下两类：①工程概算书；②设备及安装工程概算书。

单位工程概算文件应包括：建筑（安装）工程直接计算表、建筑（安装）工程人工、材料、机械台班价差表、建筑（安装）工程费用构成表。

（5）单项工程综合概算书

综合概算书是计算一个单项工程所需建设费用的综合性文件；由单项工程内各个专业的单位工程概算书汇总编制而成。综合概算文件应包括：编制说明、综合概算表、有关专业的单位工程概算书。

（6）建设项目总概算书

①总概算书由建设项目内各个单项工程是综合概算书和其他费用概算表汇总编制而成。

②总概算文件应包括：编制说明、总概算表、各单项工程综合概算书、工程建设其他费用概算表、主要建筑安装材料汇总表。独立装订成册的总概算文件宜加封面、签署和目录。

③总概算的项目应按费用划分为以下 6 个部分：

第一，工程费用（建筑安装工程和设备购置费用）：主要工程项目；辅助和服务性的工程项目；工程项目（红线以内），包括土石方、道路、围墙、挡土墙、排水沟等各种构筑物、给排水管道、动力管网、供电线路、绿化种植等工程。

第二，其他费用：不属于建筑安装工程费和设备购置费的其他必要的费用支出，如土地使用费、建设单位管理费、研究试验费、勘察设计费、人员培训费、办公和生活家具购置费、联合试用运转费等（具体内容按工程所在地区和主管部门规定执行）。

第三，预备费用：基本预备费，指在初步设计及概算内不可预见的工程和费用；价差预备费，是在建设期内由于人工、设备、材料、施工机械的价格及费率、利率、汇率等浮动因素引起工程造价变化的预测预留费用。此费用属工程造价的动态因素，应在总预备费中单独列出。

第四，固定资产投资方向调节税。

第五，建设期贷款利息。

第六，铺底流动资金（生产或经营性建设项目才列入）。

（7）主要建筑安装材料耗用费

一般应提供钢材、水泥（或商品混凝土）、木材和其他材料。

（8）概算编制说明内容

①工程概况；②编制依据；③编制方法；④其他必要的说明。

（9）概算编制办法

①建筑工程概算　主要工程项目的建筑工程概算应根据初步设计入住计算主要工程量。按照工程所在地或主管部门规定的定额和取费标准编制；给排水、电气、暖通与空调、热能动力等专业的单位工程概算也可按类似工程预/概算、概算指标、技术经济指标等计划依据编制。

②设备及安装工程概算　主要设备的购置费（含工器具购置费）根据主要设备表的设备项目，按设备原价、运杂费率编制。其安装工程费根据初步设计图纸计算主要工程量，按主管部门规定的定额和取费标准编制；其他设备的购置和安装工程费可按类似工程预/概算、概算指标、技术经济指标等计价依据及主要材料表进行编制。

③工程建设其他费用概算　按当地和主管部门规定的指标，以及建设单位提供的资料编制。

④预备费

基本预备费　以建筑安装工程费、设备购置费、工程建设其他费之和为基数，乘以各地区或主管部门规定的费率计算。

价差预备费　价差预备费根据建设项目分年度投资额，按国家或地区建设行政主管部门定期测定和发布的年投资价格指数计算。

⑤固定资产投资方向调节税　按国家各时期的有关规定计算。

⑥建设期贷款利息　根据建设项目投资的资金使用计划，按建设单位提供或中国人民银行规定的贷款利率计算。计息贷款在贷款当年50%计算，在其余年份按全额计算。

⑦铺底流动资金　按流动资金需要量的30%计列算；流动资金可采用下述方法估算。

用扩大指标估算　一般可参照同类生产企业流动资金占销售收入、经营成本、固定资产投资的比率，以及单位产量占用流动资金的比率进行估算；

分项详细估算　当采用上述两种估算方法有困难时，可由建设单位提供数值或按原可行性研究报告估算数计划。

5.1.2.5　施工图设计

1）一般要求

（1）施工图设计文件

①合同要求所涉及的所有专业的设计图纸（含图纸目录、说明和必要的设备、材料表）以及图纸总封面。

②合同要求的工程预算书。

对于方案设计后直接进入施工图设计的项目，若合同未要求编制工程预算书，施工图设计文件应包括工程概算书。

（2）总封面应表明以下内容：

①项目名称；②编制单位名称；③项目的设计编号；④设计阶段；⑤编制单位法定代表人、技术总负责人和项目总负责人的姓名及其签字或授权盖章；⑥编制年月（即出图年、月）。

2）总平面

在施工图设计阶段，总平面专业设计文件应包括图纸目录、设计说明、设计图纸、计算书。

（1）图纸目录

应以方便建设管理及施工单位熟悉项目图纸的顺序排列图纸。

（2）设计说明

一般工程分别写在有关的图纸上。如重复利用某工程的施工图图纸及其说明时，应详细注明其编制单位、工程名称、设计编号和编制日期；列出主要技术经济指标表（此表也可列在总平面图上）。

（3）总平面图

表达设计方案的实施与实现方法，主要表达以下设计内容：

①保留的地形和地上物；测量坐标网、坐标值；场地四界的测量坐标（或定位尺寸），道路红线和建筑红线或用地界线的位置。

②场地四周原有及规划道路的位置（主要坐标值或定位尺寸），以及主要景观建筑和构筑物的位置、名称、层数。

③景观建筑物、构筑物（水池等，隐蔽工程以虚线表示）的名称或编号、层数、定位（坐标或相互关系尺寸）。

④广场、停车场、运动场地、道路、无障碍设施、排水沟、挡土墙、护坡的定位（坐标或相互关系）尺寸。

⑤景观建筑物、构筑物使用编号时，应列出"景观建筑物和构筑物名称编号表"。

⑥注明施工图设计的依据、尺寸单位、比例、坐标及高程系统（如为场地建筑坐标网时，应注明与测量坐标网的相互关系）、补充图例等。

⑦指北针或风玫瑰图。

（4）竖向布置图

①场地测量坐标网、坐标值。

②地形起伏及道路、水面的关键性标高。

③景观建筑物、构筑物名称或编号、室内外地面设计标高。

④广场、停车场、运动场地的设计标高。

⑤道路、排水沟的起点、变坡点、转折点和终点的设计标高（路面中心和排水沟顶及沟底）、纵坡度、纵坡距、关键性坐标，道路表明双面坡或单面坡，必要时表明道路平曲线及竖曲线要素。

⑥挡土墙、护坡或土坎顶部和底部的主要设计标高及护坡坡度。

⑦用坡向箭头表明地面坡向，当对场地平整要求严格或地形起伏较大时，可用设计等高线表示。

⑧注明尺寸单位、比例、补充图例等。

⑨指北针或风玫瑰图。

（5）土方图

①场地四界的施工坐标。

②设计的景观建筑物、构筑物位置（用细虚线表示）。

③20m×20m 或 40m×40m 方格网及其定位，各方格点的原地面标高、设计标高、填挖高度、填区和挖区的分界线，各方格土方量、总土方量。

④土方工程平衡表（表5-2）。

表5-2　土方工程平衡表

序号	项　目	土方量（m³）		说　明
		填　方	挖　方	
1	地形整理与改造			
2	停车场、水池、建筑物及构筑物基础挖填土			
3	道路、管线地沟、排水沟			包括路堤填土、路堑和路槽挖方
4	土方损益			指土壤经过挖填后的损益数
5	合　计			

注：表列项目随工程内容增减。

（6）管道综合图

①总平面布置。

②场地四界的施工坐标（或注尺寸）、道路红线及建筑红线或用地界线的位置。

③各管线的平面布置，注明各管线与建筑物、构筑物的距离和管线间距。

④场外管线接入点的位置。

⑤管线密集的地段宜适当增加断面图，表明管线与建筑物、构筑物、绿化之间及管线之间的距离，并注明主要交叉点上下管线的标高或间距。

⑥指北针。

（7）绿化种植及建筑小品布置图

①绘出总平面放线图；绿化种植设计放线图。

②绿地（含水面）、人行步道及硬质铺地的定位。

③建筑小品的位置（坐标或定位尺寸）、设计标高、详图索引。

④指北针。

⑤注明尺寸单位、比例、图例、施工要求等。

（8）详图

道路横断面、道路结构、挡土墙、护坡、排水沟、水池、广场、运动场地、活动场地、停车场地面、绿化种植等详图。

(9) 设计图纸的增减

①当工程设计内容简单时，竖向布置图可与总平面图合并。

②当路网复杂时，可增绘道路平面图。

③土方图和管线综合图可根据设计需要确定是否出图。

(10) 计算书（供内部使用）

设计依据、简图、计算公式、计算过程及成果资料均作为技术文件归档。

3）景观建筑

在施工图设计阶段，景观建筑及小品专业设计文件包括在图纸目录中、含施工图设计说明、设计图纸。

(1) 图纸目录

先列新绘制图纸，后列选用的标准图或重复利用图。

(2) 施工图设计说明

①本子项工程施工图设计的依据性文件，批文和相关规范。

②项目概况　内容一般应包括景观建筑名称（亭、台、楼、阁、轩、榭、舫、大门、茶社、温室、展厅、游船码头）、建设地点、面积、基底面积、工程等级、设计使用年限、层数和高度、防火设计建筑分类和耐火等级、屋面防水等级、地下室防水等级、抗震设防烈度等，以及能反应建筑规模的主要技术经济指标，停车的停泊位数等。

③设计标高　本子项的相对标高与总图绝对标高的关系。

④用料说明和建筑装修　墙体、墙身防潮层、地下室防水、屋面、外墙面、勒脚、散水、台阶、坡道、油漆、涂料等的材料和做法，可用文字说明或部分文字说明，部分直接在图上引住或加注索引号。

⑤对新技术、新材料的作法说明及对特殊造型和必要的景观建筑构造的说明。

4）预算

(1) 编制依据

①国家有关工程建设和造价管理的法律、法规和方针政策。

②施工图设计项目一览表，各专业施工图设计的图纸和文字说明、工程地质勘察资料。

③主管部门颁布的现行建筑工程和安装工程预算定额、材料与构配件预算价格、工程费用定额和有关费用规定等文件。

④现行的有关设备原价及运杂费率。

⑤现行的其他费用定额、指标和价格。

⑥建设场地的自然条件和施工条件。

(2) 编制方法和文件内容

①单位工程预算书　建筑、安装工程费根据施工图设计、预算定额规定的项目划分及工程量计算规则计算工程量，并按编制时期的人工、材料、机械台班预算价格和取费标准进行计算。

设备购置费按各专业设备表所列出的设备型号、规格、数量（应按图核对）和编制时期的设备预算价格进行计算。

②综合预算书 单项工程综合预算书由有关专业的单位工程预算书汇编而成。

③总预算书 建设项目总预算书由各单项工程综合预算书和其他费用概算表汇编而成。其他费用概算表若在施工图设计阶段有变动，应按实际情况调整后在编入。

④工程量清单 工程量清单按照国家和各省（直辖市、自治区）主管部门颁布的工程量清单编制规则以及合同要求的内容进行编制。

5.2 设计院（公司）管理

园林设计过程是典型的知识综合与艺术创新相结合的生产过程，设计企业是典型的知识创新型企业。投入的是具有综合性知识及思想理念的创新型人才，生产的是工程技术与艺术相结合作品，销售的是综合性知识及思想理念，管理的是知识型企业与创新型人才。设计企业就是这样一个由各种综合性知识堆积而成的金字塔。

随着建设的飞速发展及人类对自身生存环境认识的深入，设计项目变得越来越庞大，越来越复杂。若把建设项目的大型化和复杂化放在几十年前，是很难想象的。现在建设项目的类别比以前要广泛得多，顾客对项目的要求和标准不断提高，使设计师必须付出更大的劳动。社会的发展也不断提出各类诸如针对环境污染、防灾减灾、交通组织、节能与循环经济等可持续发展的新要求。新技术的发展与应用，使每年都有数不胜数的新材料和新技术出现。如果设计企业不对这些现象予以充分的关注，就会在日益激烈的竞争中落伍。尽管上述原因客观存在，可是投资方要求建成的时间却越来越短。他们希望投入的资金尽快得到回报，以尽量降低市场不稳定带来的风险。这给设计企业带来了巨大的压力。

在设计企业中，知识型企业员工主要由专业设计人员、管理人员等知识型人才组成。企业的生产和工作主要由他们组成、实施和完成。具有创新能力的设计师和工程师，是企业生存和发展的源泉。设计经验和创意存在于设计师的头脑中，不会消失，只会越用越有价值，并且能够不断创造出新知识。设计师们是设计企业的财富。

知识经济时代的设计企业，知识是企业创造财富的最主要的资本。知识积累、人才培养、顾客孕育都是设计企业最基本的行为。设计企业的核心竞争力将从经营转化到创新能力。提高设计企业持续创新能力的重要举措是构建符合知识型企业的管理模式。

设计依靠知识型员工，利用企业所有具备的完备知识技术系统，来生产符合顾客需求的知识产品，是典型的知识型企业。在这一过程中，设计师（知识型员工）、技术体系与机制、客户资源是3个相互依靠又各自独立的要素，通常分别由人事部、技术部和经营部所管理。本节把它们对应为知识资本的几个管理领域：人力资本管理、结构资本管理、顾客资本管理、质量管理、资料管理、合同管理等。

5.2.1 人力资本管理

在设计企业，设计师和管理人员拥有知识的先进程度，判断、分析、综合和创新能力的高低，和顾客关系的密切程度，影响着企业财富的创造水平，对企业的成功有着不可低估的影响。创建能让设计师愉快工作的环境和文化，重视他们的需要和兴趣，都是使人才资源能够被有效调动应用的措施，以下几方面应该给予足够的关注：

（1）挖掘每个人的知识

在设计师的团队中，在一个知识膨胀的世界里，一个人不可能具有足够的相关知识来制定决策。设计师们在完成各自专业设计任务后还要承担起咨询任务，并且参与决策。让设计师参加决策甚至企业决策，给予他们理解目标的机会，可以改变完成工作的方式，而且能使设计师全心全意地致力于企业的业务，释放和使用其聪明才智。

科学地建立人才的特长属性库，可以非常有效地进行管理和挖掘。建立人才的属性库越细致越具体，可挖掘的空间就越广。对于专家型人才的技术履历库，我们可以借鉴层次属性空间的建立，构建其技术属性空间。

①教育背景　包括求学起止日期、学校、学历、学位、所学课程、毕业论文。在所学课程中，包括课程名、学分、课程主要内容、章节、任课老师、成绩等。

②继续培训　包括名称、起止日期、地点、主要内容、培训人、成绩等。

③工程经验　工程名称、性质、地点、起止日期、担当的角色、从事的主要内容、主要心得体会（最好能链接工程档案库，作进一步探询）。

④各类奖励　奖励的名称、性质、等级、日期、排名。

⑤论文专著　论文或专著的名称、作者排名、出版社和期刊信息、日期、字数（最好能有关键词或者链接全文）。

⑥社会活动　学会或兼职、日期、职位或角色。

很多单位对人才的背景的掌握往往比较粗略。例如人事部门对员工的要求，仅仅到学历，招聘时也到学习成绩为止。工作部门的负责人对其员工的学习成绩基本一无所知，也不认为有知道的必要。国外的一些学会，在进行会员资格甄别时，会对其所学课程的很多细节作详细探询，以更深入地把握其学术水平，这也许就是差距。

建立的信息库应该匹配较好的搜索工具。在某类特定的工程类型需要某些富有经验的负责人、顾问、评审、咨询等人员时，可以在人才库中进行定位和排序，以挑选比较合适的专家。例如：让担任过居住区景观设计的专家去从事同类项目的评审，让有风景区规划经验的负责人去评审风景区规划项目。在专业化过程越来越高的今天，专业化意味着深入化和细致化。这对人力资源的管理赋予了新的内涵，人力资源管理的同时也是在管理知识和成本。设计行业是创新型应用学科，经验的积累十分重要，只有理论没有实践是远远不够的。

（2）管理理念的变革

专业领域存在不同层面的专业人员，不可互相替代。设计师在一个领域的精通可能伴随着知识面的狭窄，同时也说明他在这一领域非他人所能企及。由于知识体系年年更新，专业分化越来越快，即使是专业出身的管理者也会发现在他们脱离具体工作的短短几年里，处理细节问题的能力在不断降低。管理者越来越多地发现他们并不真正明白员工们在干什么，他可能对员工们的工作大概了解，但却常常不得要领。一些管理者经常会陷入两种误区：一种是尽力让自己掌握所有的新知识，另一种是坚持要求下属详细解释一切细节，使其足以能独立地做出决策。无论哪种方式，都会使企业有效、快速运用新知识的能力降低。面对自己不精通甚至不熟悉的知识，管理者应该做到：

帮助设计师发现多种选择，并创造一种宽松环境，鼓励他们仔细斟酌这些选择；帮助他们鉴别什么是他们需要思考的问题，在员工中激发出一种兴奋感，让他们看到自己工作的希望，从而表现出最佳状态，激发他们变得比他们意料中的自己更好，比理想中的自己更有创造力，超额完成他们原来所不能完成的工作；帮助设计师对环境潜在的机遇和风险做出评估，更开放地去影响迅速变化的周围环境，倡导设计师把握企业外部环境和顾客的真实需求。

把一些决策权下放给拥有新知识的设计师，这些决策将主要是技术领域（也可能是行政的或管理方面的），这样会使设计师们更兴奋，增强他们对企业的责任感并减轻管理者的工作负担。

（3）鼓励员工发展，打造个人品牌

随着知识的发展、分化，设计师们现有的在已经明显不足。为继续运用知识创造财富，设计师必须不断充电才能迎接新的挑战。在一个动态的世界里，学习是永无止境的。企业需要连续协调地促使设计师增加知识储备，那些走在前面的知识汲取者也正是竞争优势的创造者。

企业必须聚焦于不断地提高自身的知识层次。一个必需的培训计划是不够的，要重视非正式学习及对运用所学进行奖励，建立一个学习型组织，来培养具有丰富知识的团队。

企业应秉承"以人为本"和"共赢共享"的价值观，在积极推进企业快速发展的同时，践行"与员工共创辉煌"的企业道德，关注员工发展，在追求企业价值最大化中，充分体现员工价值最大化，实现企业与员工的共同发展。

（4）知识型员工的管理和激励机制

从知识管理的角度看，拥有隐性知识的设计人才是最有价值的。他们是劳动力的主体。设计企业的人力资源管理的重点是，识别和发现每一位设计师的隐性知识和潜能，然后创造一种能使这些潜能充分施展和不断得到滋氧的环境。设计企业要建立创新失败宽容机制和知识宽松交流机制，要不断地为设计师提供各种培训和教育工具。设计企业中的设计师，一方面必须承担起管理自己的职业发展的责任，另一方面要尽力保证企业的竞争力。

设计师智力投入的程度很难被判别或监测。企业必须寻找一种方式，通过这种方式能激励设计师自由地、积极地将他们的智力贡献出来。这种贡献除了创造出色的产品，还有他们在工作中获得的经验、心得、创意和教训。当设计师感觉他们的聪明才智获得承认，受到尊重，并能在企业中产生作用时，才会将智力投入到工作中。

设计企业隐性知识外化为显性知识是最困难的一个环节。要解决这个问题，必须在企业中建立优秀的企业文化，搭建或创造出一个平台或激励机制，鼓励隐性知识间的相互交流，鼓励隐性知识与显性知识间的相互转化，鼓励设计师通过学习和培训不断将新思想、新知识和新技能内化到自己的工作中去。个人的隐性知识则可能成为推动企业发展和进步的动力，成为组织隐性知识的一部分。企业要让员工意识到，知识的所有者要想保住知识的最佳方法不是垄断已有的知识，而是在现有的知识基础上不断地创新发展，创造出新知识。鼓励员工将自己的隐性知识与大家分享，走集体创新之路，充实自己以增加企业的竞争力。

（5）建立学习型、传授性组织

一般而言，顾客需要设计企业提供可靠的专业知识，并希望设计师为他们设计出最具有个性、最有吸引力和最经济的作品。但设计师大部分工作都是重复应用专业化的技能，解决虽复杂但雷同的问题。顾客的需要、企业的期望和专业人员的习惯行为是有差异的。用一套科学、系统的方法积极地管理设计企业的学习过程，开发设计师、项目小组的专用型、传授型组织的方法如下。

①通过严格要求和反复锻炼提高设计师的高级技能　通过提出复杂问题，给予系统深入的指导，对表现良好的员工给予丰厚的嘉奖，提出强烈刺激使员工理解、整理、发展自己的专业知识，提高设计师业务素质。

②不断推动专业人员超越书本知识，引导他们步入更复杂的智能领域　面对顾客、实际操作系统、高度差异的外部环境及文化差异等，提高设计师的智能水平，增强专业挑战；利用网络系统和软件，使专业人员在系统和软件中获取知识，提高解决问题的能力；鼓励专业人员共享信息，增强交流，提高知识在企业内的传递速度、广度等。在公司中建立团队工作机制，定期组织公司内跨项目的人员的学术研讨会，让更多的人员参与和共享研发活动中的隐性知识，以此降低人员流失所造成的隐性知识流失，同时以网络为纽带，以实时信息汇总为管理制度，促使隐性组织显性化。建立相应的激励机制，在组织上创造知识共享的制度。

要尽量降低员工使用知识管理系统的成本。让员工知道系统的存在，学会使用系统，让他们从主观上知道有比自己摸索更好的选择，避免造成不必要的重复劳动和资源浪费。

在人力资本管理中，"人"的因素极为重要，因为设计企业中所有的活动均是由人来完成的。如何充分发挥"人"的作用，对于设计企业的成败起着至关重要的作用。实际上，设计企业人力资源管理所涉及的内容就是如何发挥"人"的作用，而有效地管理人力资本则是项目经理所面临的最为艰巨的任务之一，这在信息技术领域中尤其如此。

项目人力资本管理的对象包括所有的项目干系人，例如资助者、客户、项目组成员、支持人员、项目的供应商等。人力资本管理就是有效地发挥每个参与项目人员作用的过程，其主要过程包括如下 3 个：

①组织计划编制　包括对项目角色、职责以及报告关系识别、分配和归档。这个过程的主要成果包括以矩阵表示的分配角色和职责，还有一张项目的组织结构图等。

②人员募集　包括获得项目所需的并被指派到项目的工作人员。猎取人员是 IT 项目最关键的挑战之一。

③团队建设　包括为提高项目绩效而建立的每个人和项目组的技能。建立每个人和项目组的技能对于许多项目来说也是一个挑战。

5.2.2 企业结构资本管理

结构资本是指那些由人力资本创造但又独立于人力资本之外，存在于组织之中的保证企业正常、有序运转的组织知识因素，如组织结构、制度规范、企业文化等，以及能直接进行商业化的知识要素，包括专利、版权、发明、创造、技术与工艺、疑难问题的解决方案等。结构资本最为具体，所以常获能得高度重视。

5.2.2.1 有效的组织结构和管理体系

（1）技术创新的体系

设计企业规模有大有小。小有小的特点，大有大的优势。小企业采用的更多的是外包、招聘兼职等方式，灵活且成本低。大企业职能齐全，部门多，有时可以非常细致，充分体现高度专业化和集成化。不管规模如何，要采用知识管理的模式，必须要部门或者个体来实现各级功能。

（2）专业化组织结构

生产组织的专业化和项目管理的方式也是适合知识管理的一种组织方式。专业化组织将分散在各个综合所内的设计资源集中起来，便于技术竞争，有利于技术积累和技术发展，解决资源的排列组合的调整问题。项目管理可以解决"资源调用"问题，让资源可以合理使用。

专业化可以让专业人员相对集中，有利于优化设计方案，提高项目竞标成功率。目前建筑的发展越来越呈现高度的集成化，从项目的精、深、细、全等品质角度考虑，各类层次的设计人员结合在一起，有利于集思广益、取长补短。企业内部在项目竞标时，还可形成诸多方案，比较优化。

5.2.2.2 进行有效的知识积累，建立组织记忆

（1）设计过程中知识运作特点

信息时代的竞争已经不是不进则退的概念了，而是比较谁的创新能力更强。设计师在工作中，找寻资料的时间远大于利用资料的时间，能够快速、准确得到足够和先进的参考资料，就已经赢在起跑线上了，建立一个高效的以知识管理为基础的技术支撑环境，帮助设计师准确、迅速地获取知识，降低设计师获取知识进行创新的成本，是知识管理的重要组成部分。园林工程设计中获取所需知识的方式主要是：创新、类比式学习，询问和查找。

创新就是在无法直接获取知识的情况下通过自己的努力，学习、分析、尝试乃至创造发明去解决问题。在很多情况下，这种选择是在重新创造已经存在的知识，这就不能称之为创新，而是企业最不愿意见到的重复劳动了。

类比式学习就是根据和设计目标类似的案例，进行模仿和推理，这是设计过程常用的方法，前提是要由类似案例的积累。

询问就是去问掌握这种知识的人，查找就是在可用的资源中寻找问题的答案。询问和查找存在一个共性问题，就是去问谁，到哪儿去找。这正是知识管理系统可以解

决的：专家黄页、论坛等都是可以为公司员工的询问活动提供帮助，知识库则是查找知识的最重要的资源之一。

（2）构建有效的知识体系

知识管理应该先"理"后"管"，边"理"边"管"。根据建筑设计企业的特点，对知识进行有效的积累、收集、分类，是企业内开展知识管理战略的基础。以宝贵的知识积累为基础，知识创新才能成为可能。

背景知识管理应遵循的原则有：常用资料应齐全。不常用的资料应提供快速获取途径如馆际互借、网络图书馆等手段，确保设计师最有效地获取工作资源。

实例知识既是设计成果的反映，也是设计过程与经验的反映。完整的设计资料是设计单位赖以生存、持续发展的资源。大量的实例，是进行类比式学习的前提，使用得当，可极大地减少重复劳动和提高生产率，也是企业竞争中无可比拟的优势。

过程知识包括各类规章制度、操作规范、设计流程等文档。这类知识通常是企业特有的，如果缺乏这些知识，应该考虑如何弥补。这些知识的传播范围也要事先考虑清楚。

人才和经验是知识型企业的最宝贵资源，专家们的经历和经验、心得均属于一种隐性知识。建立专家地图，提炼专家经验，对一个企业是至关重要的。

企业和设计师在不同的时期对知识的需求和期望是不同的。承担知识管理的部门，应该对关键的知识点进行梳理，才能找对真正的目标和方向。

（3）建立有效的积累制度

①用"标准化"来强化组织记忆 "标准化"就是指统一流程、统一平台、统一标准。通过这"三个统一"，很多隐形知识就会被提炼成显性知识，并逐渐得到强化。

首先是统一流程。很多设计公司都采用 ISO 管理体系，建立了统一的流程或标准。一个企业是否规范化、流程是否健全是一个标志。员工招聘、上岗、离职、培训、合同评审、设计过程、文件归档、客户服务都要有流程……后来者就在前人的流程之上，不断地去优化和改进，让流程持续改进，过程的知识就有效地保存下来了。

其次是统一平台。包括做设计，做计划，软件工具都是统一的。统一工具便于结果的表达形式的统一。

第三是统一标准。衡量标准的尺度必须是统一的，企业才会有一种公平的环境和稳定的质量。

②从实例中提取知识 每个项目都是企业新知识的来源，每个项目背后蕴藏的知识都是巨大的。企业从项目开始之初，就应在设计策划阶段建立起每个项目的积累策略。

要确认每个项目的知识点，每一个超出知识库记录的知识点，都是应该关注的对象。

在项目的初始技术评估中，每一个创新点都应该关注。对于整体指标超越的项目，应该列入重点工程；对于局部指标创新的项目，应该在项目完成后录入知识库记录体系。

项目的记录不仅仅在建筑本身的技术指标，在一个新的地区进行的项目，可以对这个地区的行政审批程序、地方标准、地质资料、气象参数进行积累。一个投标项目的失败，也许可以在失败案例中增加一个类别，"前车之覆，后车之鉴"。

如果一个项目的知识点都在知识库的记录之内，这就意味着案例推理和设计重用的技巧都有了用武之地。

（4）建立知识的共享和扩展制度

俗话说："教会徒弟，饿死师傅"。在这种顾虑下，专家和高手很难将个人的隐性知识贡献出来。而企业管理层也担心把企业力度各种知识公开后，会被员工在跳槽时带走，造成企业知识的流失。如此种种，给知识的共享带来层层的障碍。

①激励知识分享　让那些提供自身先进经验的人有回报，用利益来驱动。明确企业的价值观和是非标准，主动提供知识的人在公司会得到重用和提拔。对那些贡献知识的人进行包括晋升、薪资等方面的激励。有的公司在网上建立共享社区，鼓励专家回答各类技术问题，解决问题有积分奖励，累积到一定程度可以换取培训机会。

②监管知识外流　有的事务所为了防止知识流失，规定任何形式的资料原件必须首先交给档案室不是技术人员。技术人员只能得到相应的复印件进行工作，这种规定一方面解决了归档难的问题，一方面解决了资料流失的问题。有的公司建立一套标准化的方法。研究人员有科研记录本，发明创造想法只能记录到这个本上，如果不记录，内部审计会查出来。离职的时候必须交接，不许缺页，不许损页。

③减轻员工负担　如果员工的贡献所花费的精力总是比获取的价值低，这就会增加员工的负担，使他们的兴趣大为减低。建立让员工觉得回报大于付出的共享机制是让知识管理能够持续下去的重要举措。

（5）推动新知识的应用和发展

在知识爆炸的时代，竞争优势除了保持传统的积累方式，更多的是在某领域突破式的革新。新思想、新理念、新方法的不断涌现，意味着守旧就要被淘汰，只有创新方能占得先机。短短的十几年，设计行业从手工计算、手工制图到计算机辅助设计和电算，现在又进入计算机仿真、各工种协同设计的时代。每一次变革，都促进了行业的细化，催生了新的市场需求和产业。

发人之未发是创新，通过重新组合，赋予那些我们熟视无睹的事物以新的意义，也是一种了不起的创新。

帮助设计师理解企业的战略，鼓励设计师产生新创意，给设计师创造宽松的环境，用宽容的心态对待模糊的事物，都是催生新知识的有效举措。

新知识要求变革，这种变革不仅仅是内容的更新，它还包括那些与旧知识的相关的体系和结构的变革。这种变革是非常关键的，如果不懂得如何应对这些变革，那些新的知识产生的后果也会非常严重。

5.2.2.3 打造共享平台

对设计单位而言，知识管理战略的核心是电脑。经过精心编码的知识储存在数据库中，企业员工都可方便调用，通常称此为知识管理的编码战略。信息技术是支撑知识管理的关键技术之一。

将知识信息存入数据库，借用数据库管理系统对知识进行管理，是一条比较容易实行是途径，尤其适用于设计知识库这类知识总体规模不太大、推理所占比重较小的应用场合。

为了达到知识管理的目的，在数据库管理的基础上，利用人工智能原理，构造如图 5-6 所示的知识管理系统。

图 5-6　知识管理系统的结构图

知识管理的基本模块，包括建立和维护知识库，工程实例类知识处理，经验类知识处理，设计资料类知识处理，主要有搜索、编辑、修改、添加等操作。

设计企业应以知识管理系统为基础，搭建以网络为平台的工作环境，在网上实现设计流程和设计档案的记录与存档，增加设计流程的透明度。在局域网上最大限度地提供公共信息资源，如员工指南、知识地图、已完成项目数据库、项目小组协作状况、设计项目报告、员工技能评估等。通过快速检索查询和方便重复利用，为设计人员节约大量前期准备工作时间，从而节省设计时间、加快设计速度、缩短设计周期，实现工程项目的动态管理，把不同设计阶段所完成的中间过程都纳入到系统中，加强项目的整个流程管理，使重复劳动减少到最低极限，从而在更大程度上提高整体设计工作的水平。

5.2.2.4　知识的共享和创新

如果知识只是积累，而没有提供共享和交流的手段，没有形成知识在企业内部的自由流淌，那知识积累的价值就没有体现。将企业内宝贵积累的知识在企业内共享和交流。让知识共享成为一个企业的文化，那么一个项目失败的教训，会为企业所有项目借鉴；一个项目成功的经验，也会为企业所有项目学习。将一个项目的个体行为拓展成一个企业的整体行为，将提高企业利用知识的整体价值。通过知识交流而扩展成一个企业的整体知识储备的过程，一般包括以下几种：人与人直接交流，如研讨会、学习会、企业培训等；通过网络进行交流，如讨论组、聊天室、电子会议、电子邮件等；利用知识库进行学习的方式，比如传统的利用图书馆的学习以及现代的 Elearning 等。具体途径则有自我共享、相邻共享、战略共享、专家共享、导师共享等：

①自我共享　一个项目组连续承接类似的项目，上次的经验和积累被转移到下一次类似任务共享中。

②相邻共享　一个项目组长期从事的重复性工作中获得的明晰知识，被其他类似项目组利用。

③专家共享　一个项目组的非常规任务中的隐性知识，被公司采取"轮岗"以及"资深项目经理流动制"来实现隐性知识的共享。

④战略共享　企业用积累的知识来实现可复制化的扩张。

⑤导师共享　遇到超出知识范围问题的个人或项目组，在组织中寻求他人经验，并进行互动交流。

建筑设计企业需要搭建或创造出一个平台或激励机制，鼓励隐性知识间的相互交流，鼓励隐性知识与显性知识间的相互转化，个人的隐性知识则可能成为推动企业发展和进步的动力。企业要让员工意识到，知识的所有者要想保住知识的最佳方法不是垄断已有的知识，而是在现有的知识基础上不断地创新发展，创造出新知识。鼓励员工将自己的隐性知识与大家分享，走集体创新之路，充实自己以增加企业的竞争力。

知识创新是企业的终极目标。有了知识的积累，有了知识在企业内部共享的文化，共享成为企业员工的一种标准行为，才能在企业内部形成脑力激荡，才能产生具有高知识含量的产品，企业在创新方面表现出非凡的活力，这时的产品是知识共享的物质体现。

5.2.3　顾客资本管理

顾客是企业赖以生存的中心，顾客需求是创造财富的动力。如果顾客不进行购买，企业就不会获得利润。企业需要与顾客建立一种新的合作关系。这种关系需要长期培养，可以历久不衰，它意味着多次购买而不是一次性交易，即所谓顾客忠诚度。设计师对待顾客的态度直接决定了顾客是否会建立这样一个长期的合作关系。

顾客忠诚度和顾客满意度是密切相关的，建立顾客满意度的质量观，是现代质量管理的基本要求。风景园林设计有其自身的特点，设计师在和顾客互动的过程中，着重注意以下几点：

5.2.3.1　把握顾客的特点

顾客特点决定其要求，由于地域特点、文化背景、职业成熟度等差异，各类顾客的要求不尽相同。从要求和期望上，顾客有的注重使用，有的注重形式，有的注重经济，有的侧重安全，有的考虑比较全面等；从行事方式上，顾客有的坚定果断，有的固执己见，有的反复无常，有的细致周到。顾客的多方差异对设计的进程和结果会有较大影响。有的顾客的多种要求使设计者无所适从，而这时顾客方处在中心支配地位，具有最终决策权的要求，是决定设计走向的重要条件。设计师必须认真面对这一切，如果不真正了解顾客的特点，设计几乎无法进行。

顾客的要求是重要的设计条件和依据，顾客由于受职业限制，最初提出的要求往往停留在表层，设计师常常无所适从。事实上，顾客的设计要求是随设计的进程逐渐清晰、明确，不断调整的动态过程。为了加速这一进程，使要求明确化、合理化、设计师要主动与顾客交流沟通，从深层挖掘设计信息，同时也要明确表明设计意图和打算，争取顾客的理解和认可，保证设计顺利进行。

园林设计从开始到最终结束，要经过不断的修改、调整、反复，甚至推倒重来。设计有时要走一个非常艰难的路程，设计师和顾客对项目的认识随着设计进展不断深化。设计最终的成果是在不断调整修改中取得的。设计师要当好顾客的参谋和顾问，尽可能提供合理的设计思路与结果，进行全方位多方案的比较，最终获得满意的设计并力争超越顾客的期望。

设计师要树立为顾客全方位、全过程服务的意识，协助顾客与其他各方（如政府部门、施工单位）的关系。项目竣工之后，也要回访了解使用情况，对不尽人意的问题，向顾客提出可行的改进办法避免在以后设计中再出现类似的问题。

设计师和企业和顾客良性互动关系的建立，不应局限于设计产品自身。设计师应该意识到，顾客满意与否是对产品的唯一评判，顾客的意见是设计师与企业持续改进和持续提高的重要途径。企业应以"顾客满意"为中心，调整经营战略，促进质量管理和服务方式的创新，对组织结构和部门职能进行优化，实行管理的高效化。

顾客资本指所有与顾客有关的能为企业价值实现提供帮助和支持的因素之和，是以顾客满意、顾客忠诚等形态蕴涵与客户关系中的价值存在，可看成由人力资本和结构资本交互作用的产物。

5.2.3.2　加强对客户和市场需求的全面研究

设计企业应该把充分满足客户的需求作为追求的目标。服务是设计质量的延伸，应从源头抓质量，奉献优质设计产品，共筑诚信。

为了能够持续地改进设计质量和服务质量，设计企业应采取内外结合的方法定期收集顾客、监理和施工等各方面对我们设计质量和服务质量的反馈信息。如定期进行工程回访活动，以及请第三方做顾客满意度指数的测评工作等，及时和有效地掌控我们的设计质量和服务质量。

5.2.4　质量管理

5.2.4.1　工程项目设计质量控制的内容

（1）正确贯彻执行国家建设法律法规和各项技术标准，其内容主要为：

①有关城市规划、建设批准用地、环境保护、三废治理及建筑工程质量监督等方面的法律、行政法规及各地方政府、专业管理机构发布的法规规定。

②有关工程技术标准、设计规范、规程、工程质量检验评定标准，有关工程造价

方面的规定文件等。其中要特别注意对国家及地方强制性规范的执行。

③经批准的工程项目的可行性研究、立项批准文件及设计纲要等文件。

④勘察单位提出的勘察成果文件。

（2）保证设计方案的技术经济合理性、先进性和实用性，满足业主提出的各项功能要求，控制工程造价，达到项目技术计划的要求。

（3）设计文件应符合国家规定的设计深度要求，并注明工程合理使用年限。设计文件中选用的建筑材料、构配件和设备，应当注明规格、型号、性能等技术指标，其质量必须符合国家规定的标准。

（4）设计图纸必须按规定具有国家批准的出图印章及建筑师、结构工程师的执业印章，并按规定经过有效的审图程序。

5.2.4.2 工程项目设计质量控制的方法

①根据项目建设要求和有关批文、资料、组织设计招标及设计方案竞赛。通过对设计单位编制的设计大纲或方案竞赛文件的比较，优选设计方案及设计单位。

②对勘察、设计单位的资质业绩进行审查，优选勘察、设计单位，签订勘察设计合同，并在合同中明确有关设计范围、要求、依据及设计文件深度和有效性要求。

③根据建设单位对设计功能、等级等方面的要求，根据国家有关建设法规、标准的要求及建设项目环境条件等方面的情况，控制设计输入，做好园林景观的方案设计、专业设计及各设计专业的协调，保证设计成果的质量。

④控制各阶段的设计深度，并按规定组织设计评审，按法规要求对设计文件进行审批（如对扩初设计、设计概算、有关专业设计等），保证各阶段设计符合项目策划阶段提出的质量要求，提交的施工图满足施工的要求，工程造价符号投资计划的要求。

⑤组织施工图图纸会审，吸取建设单位、施工单位、监理单位等方面对图纸问题提出的意见，以保证施工顺利进行。

⑥落实设计变更审核，控制设计变更质量，确保设计变更不导致设计质量的下降。并按规定在工程竣工验收阶段，在对全部变更文件、设计图纸校对及施工质量检查的基础上出具质量检查报告，确认设计质量及工程质量满足设计要求。

5.2.4.3 设计质量检查报告

"设计质量检查报告"是设计单位对建设工程设计质量做出的检查报告。内容包括：工程概括、设计文件检查情况、工程建设过程中质量控制情况（涉及重大变更的设计文件是否重新报审、发现问题的处理情况、履行责任情况、参与现场检查人员的职业资格及质量文件的签署情况等）、其他需要说明的问题、验收结论等。

"验收结论"中，需对设计文件的深度是否符合国家规范的要求；有无违反强制性条文的情况；是否参与建设工程质量事故的分析；是否按图施工；能否满足设计要求等方面给出明确的结论。

"设计质量检查报告"应有相关专业负责人签字，并加盖单位公章方为有效。

5.2.5 资料管理

5.2.5.1 技术文献的概念

设计标准和设计参考资料一起，统称设计技术文献。但是，设计标准在工程设计中不仅仅是参考资料，严格地说还是一种法规和依据。由于设计标准在工程设计中的特殊地位，我们把除去设计标准意外的技术文献，统称设计参考资料。

5.2.5.2 技术文献的分类

文献的分类多种多样，可以按文献固有的形式来分，也可以按文献的来源来分。按文献固有的形式，可分为文字文献、数字文献、图像文献、有声文献等；按文献的来源，可分为第一手文献和第二手文献；根据文献信息源内容形式可以作以下划分：

（1）图书

图书大多是对科技成果、生产技术知识和经验通过选择、比较、核对、组织而成的。内容成熟、定型，论述系统、全面、可靠。但图书的缺点是出版周期较长，知识的新颖性不够。图书有专著、丛书、教科书、词典、手册、百科全书等几种类型。

常见的百科全书，如《不列颠百科全书》《中国大百科全书》都有大量关于建筑工程的词条，《中国大百科全书》74 卷本中，《力学》《地质学》《环境科学》《土木工程》《建筑·园林·城市规划》《水利》《交通》等分卷中，有大量基本概念可供设计师溯本求源。

对于各个专业的设计师来说，各类设计手册、资料集、实例集、理论教材和丛书都是非常重要的知识来源，如国家建筑标准设计图集，建筑设计资料集，建筑构造通用图集，居住区规划设计资料集，景观设计师便携手册。中国图书馆图书分类法中，建筑工程技术的代码为 "TU"，设计师可以按此分类区图书馆或网络查找。

（2）期刊

期刊是指具有固定题名，定期或不定期出版的连续出版物。期刊上刊载的论文大多数是原始文献，包含由许多新成果、新技术、新动向，其特点是出版周期短，报道文献速度快，内容新颖，发行及影响面广。据估计，从期刊上得到的科技情报约占情报来源的 65% 以上。

（3）科技报告

科技报告是科技人员围绕某一专题从事研究取得成果以后撰写的正式报告，或者是在研究过程中每个阶段的进展情况的实际记录。科技报告的特点是内容详尽专深，由具体的篇名、机构名称和统一的连续编号（即报告号），一般单独成册。科技报告分为技术报告、札记、论文、备忘录、通报等几类。

（4）政府出版物

政府出版物是各国政府部门及其所属的专门机构发表、出版的文件。其内容可分为行政性文件（如法令、法规等）和科技文献（科技报告、科普资料等）两大类，其中科技文献占 30% ~40%。政府的行政文件一般都可以在政府的网站上浏览和下载。

（5）会议文献

会议文献指在国内外重要学术会议上发表的论文和报告并加以编辑出版的文献。此类文献代表某学科领域的最新成就，反映该学科领域的发展趋势，具有学术性强、内容新颖、质量高等特点。会议文献可以充分反映出一门学科、一个专业的研究水平和最新成果，许多重大发现往往在学术会议上公诸于众。因此，会议文献是了解世界各国科技发展水平和动向的重要情报源。会议的主办单位一般有学会、协会、研究会、联合会、研究所、研究中心等多种组织。

（6）专利文献

专利文献指由专利局公布出版或归档的所有与专利申请案有关的文件和资料。专利文献的种类有发明专利文献、实用新型专利文献、外观设计专利文献。专利文献覆盖面广，技术含量高，几乎涵盖了整个应用技术领域，这是其他任何一种文献都无法比拟的。据统计，在科研工作中，查阅专利文献可以缩短60%的研究时间，节省40%的科研经费。因此，了解专利文献的基础知识，掌握专利文献检索的方法，是非常必要和有用的。

（7）技术标准

园林规划设计相关的技术标准有很多，主要分类为国家标准与地方标准。

由于园林规划设计项目的工作内容因其项目类型、规模的不同及涉及人对建筑外部空间的使用，因此涉及相关技术标准和规范比较多，具体内容参考本章推荐阅读书目。

（8）科技档案

科技档案是指单位在技术活动中所形成的技术文件、图纸、图片、原始技术记录等资料，包括任务书、协议书、技术指标、审批文件、研究计划、方案、大纲、技术措施、调研材料等。它是生产建设和科研活动中用以积累经验、吸取教训和提高质量的重要文献。科技档案具有保密和内部使用的特点，一般不公开。

（9）学位论文

学位论文是高等学校、科研机构的毕业生、研究生为获得学位所撰写的论文。从其内容来看，学位论文可分为两种类型：一种是作者参考了大量资料，进行了系统地分析、综合、概括，依据充实的数据资料，提出本人的独特见解，称为综论；另一种是作者根据前人的论点或观点，经过试验和研究，提出进一步的新论点、新的论据，虽然不一定很成熟，但有启发作用。从学位名称角度划分，学位论文有博士论文、硕士论文、学士论文。

一般来说，博士、硕士学位论文具有较高的参考价值。其研究课题是在有该课题专长的导师指导下进行的，其论文需经该领域里著名学者审查通过，因此，其中不乏很有创见性的论文或有突出的应用成果，是一种很有参考价值的文献。学位论文一般不公开出版发行，而是保存在学位授予单位或由国家指定机构加以收藏，故取得全文比较困难。随着因特网的发展和普及，现在，许多授予学位的院校和研究机构都把学位论文挂在自己的网站上，因此，目前因特网已成为查询和获取学位论文最方便也是最重要的途径之一。

（10）产品样本

产品样本是国内外生产厂商或经销商为推销产品而印发的企业出版物，用来介绍产品的品种、特点、性能、结构、原理、用途、维修方法和价格等。全世界每年出版的产品样本，据不完全统计有 70 万～80 万种。产品样本是建筑师和工程师进行方案比较和优化的重要信息，一般来说，生产厂商或经销商的网站上都有产品最新参数和介绍。有的专业网站还提供各类产品的比较。

5.2.5.3 技术文献的变化和发展

科学技术和经济的发展大大加速了信息资源内容的拓展和数量的增大。信息技术使信息生产周期缩短、信息资源数量迅速增长。以前难以生产的信息内容现在能容易地生产出来，以前无用的信息现在可能成为有用的信息，以前无法利用的信息现在能够方便地利用，从而是信息资源的内容更加丰富。

除了前述的文献资源，现代信息技术环境下的网络型信息资源还包括用户之间在网络上所进行的非正式信息交流，如电子邮件、电子布告牌、网络专题小组讨论、网络会议中所包含的信息内容以及各种学术团体、企事业单位、政府部门、行业协会等单位通过正式出版物系统无法得到的"灰色"信息，信息的具体内容涉及科学技术、经济管理、文化教育、政策法规等方面，信息资源数量巨大，影响面广。

5.2.6 工程设计合同管理

5.2.6.1 工程设计概述

工程是指依据工程建设目标，运用工程技术和经济方法，对建设工程的工艺、土木、建筑、公用、环境等系统进行综合策划、论证，编制建设所需的设计及其相关活动。工程设计是工程建设活动的重要环节。在建设项目的选址好设计任务书已定的情况下，建设项目是否技术上先进和经济上合理，设计起着决定性的作用。

按我国现行规定，一般建设项目按初步设计和施工图设计两个阶段进行设计。技术复杂而又缺乏经验的工程设计，可增加技术设计阶段。大型复杂工程项目、大型联合企业、矿区和水利枢纽的工程设计，为解决总体部署和开发问题，还需进行总体规划设计或总体方案设计。

工程设计的主要工作包括以下几个方面：

（1）总体规划设计和方案设计

指根据业主的要求和设计任务书，设计师构思既能满足业主要求又符合相关建设法规的要求。方案设计图和资料需能满足初步设计的开展及土地征用准备工作的要求，并呈报给当地的城市规划、建设、园林等有关部门进行审批确认。

总体规划设计和方案设计包括以下几方面的内容：方案说明书和技术经济指标、建设规模、设计方案、环境保护方案、投资估算。

（2）初步设计

方案设计经过有关部门的审查通过后，设计师根据审批的意见建议和发包人的新的要求条件，对方案设计进行修改和调整，同时组织各技术专业的设计配合工作。在项目设计组安排就绪后，设计师同各专业的工程师对设计技术方面的内容进行反复探讨和研究，并在相互提供各专业的技术设计要求和条件后，进行初步设计，形成初步设计图，初步设计图包括以下几方面的内容：初步设计说明书；初步设计总平面图（含总图各专业的初步设计）；特殊部位的构造节点大样图，各专业的初步设计说明书：工程概算书。

（3）技术设计

对于大型和复杂的工程项目，初步设计完成后，需要进行技术设计。但是简单工程的设计，不必经过技术设计阶段。技术设计是为了解决某些新型重大或特殊工程在初步设计阶段无法解决的某些技术问题，某些技术复杂需慎重对待的问题的研究和方案的选择等。

大多数工程项目的初步设计和技术设计需报当地的城市规划局和园林局等有关行政主管部门进行审批确认。

（4）施工图设计

施工图设计的内容主要是根据批准的初步设计和技术设计（如果有），绘制出正确、完整和详尽的建筑、安装施工图纸，使得各有关方面能据此安排设备和材料的订货，制作各种非标准设备、编制施工图预算以及安排施工的深度。

根据初步设计的审查意见建议和业主新的要求条件，设计单位的设计人员对初步设计的内容需要进行修改和调整。当初步设计完成后，已经明确设计原则和主要设计技术问题，则可进行详细的施工图设计。

施工图设计包括地形改造设计施工图、道路铺装设计施工图、种植设计施工图、景观建筑及结构设计施工图、给排水设计施工图、水景工程设计施工图、夜景照明设计施工图、工程预算书等。

施工图设计完成后还需送交施工图审查单位或者城市规划局和园林局等有关部门进行审查和审批。获得通过并取得施工许可证资格后，发包人组织施工招投标工作。

（5）施工现场的服务和配合

在施工的准备过程中，设计师和各专业工程师首先要向施工单位对施工设计图、施工要求和构造进行交底说明。施工单位对设计提出合理化的建议和意见，设计单位对施工图的设计内容进行局部的调整和修改。通常采用现场变更单的方式来解决图纸中设计不完善的问题。另外，设计师和各专业工程师按照施工进度，会不定期到现场对施工单位进行指导和配合。

（6）竣工验收和工程回访

依照国家建设法规的相关规定，施工完成后，设计单位的设计人员要同有关单位和业主对工程进行竣工验收和检查。验收合格后，可正式投入使用。在使用过程中，设计单位要对项目工程进行多次回访，并在使用一年后再次总回访，听取业主和使用者对设计和施工等技术方面的意见和建议。至此，设计全部工作结束。

5.2.6.2 建设工程设计合同

园林景观工程设计合同可以甲乙方双方协商拟定，也可参照相关行业工程设计合同执行，例如，《建设工程设计合同（一）（示范文本)》（GF—2000—0209）及《建设工程设计合同（二）（示范文本)》（GF—2000—0210）。《建设工程设计合同（一）（示范文本)》（GF—2000—0209）适用于民用建设工程设计。《建设工程设计合同（一）（示范文本)》（GF—2000—0210）适用于专业建设工程设计合同，具体内容请参考本书附录部分。

小　结

园林景观工程设计项目的管理主要有从业主角度出发的项目设计管理，设计院（公司）内部的设计项目管理及设计院（公司）管理几部分内容，项目的设计管理是业主对项目设计的管理与把握，对设计项目的成败及工程造价十分重要，是业主报相关政府部门审批的依据，主要有：设计任务的委托方式及其程序，设计合同的签订，规划、方案设计管理，初步设计管理施工图设计管理，设计变更、洽商的管理。设计项目管理主要有：设计对外流程，设计对内流程，其中设计对内流程中包含：设计前期，方案设计，初步设计，施工图设计，施工配合及工程总结几个环节。设计院（公司）管理主要有：人才资本管理，结构资本管理，顾客资本管理，质量管理，资料管理，合同管理。

思考题

1. 项目的设计管理主要有哪些内容？
2. 设计项目的管理主要有哪些环节？
3. 设计院（公司）管理主要有哪些重要内容？
4. 如何才能发挥设计人员的积极性与创造性？
5. 如何保证设计质量？
6. 一个完整的设计流程包括哪些主要环节？

推荐相关设计规范

1. 城市排水工程规划规范（GB50318—2000）中国建筑工业出版社，2001.
2. 历史文化名城保护规划规范（GB50357—2005）中国建筑工业出版社，2005.
3. 城镇老年人设施规划规范（GB50437—2007）中国计划出版社，2008.
4. 城市公共设施规划规范（GB50442—2008）中国建筑工业出版社，2008.
5. 城市水系规划规范（GB50513—2009）中国计划出版社，2009.
6. 城市道路绿化规划与设计规范（CJJ75—1997）中国建筑工业出版社，1998.
7. 公园设计规范（CJJ48—1992）中国建筑工业出版社，1993.
8. 风景名胜区分类标准（CJJ/T121—2008）中国建筑工业出版社，2008.
9. 风景名胜区规划规范（GB50298—1999）中国建筑工业出版社，2008.
10. 室外排水设计规范（GBJ14—1987）中国计划出版社，2002.
11. 城市居住区规划设计规范（GB50180—1993）中国建筑工业出版社，2002.
12. 城市绿地设计规范（GB50420—2007）中国计划出版社，2007.

13. 城市绿地分类标准（CJJ/T85—2002）中国建筑工业出版社，2002.

14. 园林基本术语标准（CJJ/T91—2002）中国建筑工业出版社，2002.

15. 城市规划基本术语标准（GB50280—1998）中国建筑工业出版社，1998.

16. 城市夜景照明设计规范（JGJ/T163—2008）中国建筑工业出版社，2009.

17. 城市道路和建筑物无障碍设计规范（JGJ/T50—2001）中国建筑工业出版社，2001.

18. 城市用地竖向规划规范（CJJ83—1999）中国建筑工业出版社，1999.

...（CJJ/T85—2002）中国建筑工业出版社，2002.
...（CJ/T24—2007）...建筑工业出版社，2007.
...（CECS220：2008）...工业出版社，2008.
...（...）...2009.
...（GB/T50...—2007）中国建筑工业出版社，2007.
...（GB/T4—1999）...工业出版社，1999.

第6章　园林施工管理

6.1　园林施工管理概述

6.1.1　园林施工管理的意义和任务

（1）园林施工管理的意义

园林工程的施工管理是指运用现代管理理论和各种科学有效的管理方法，确保所承担的园林工程以最短的工期、严格的质量标准和尽可能低的造价，来实现施工项目的最大利润，并为将来取得良好的工程信誉为目的所进行的管理工作。其中造价、工期、质量标准称为约束工程的三要素。

（2）园林工程施工管理的任务

园林工程按造园的要素及工程属性，可分为土建工程和园林种植工程，其下又分为若干项：

园林工程开工后，工程管理人员应与技术人员密切合作，共同搞好施工中的管理工作，包括工程管理、质量管理、安全管理、成本管理和劳务管理。

①工程管理　开工后，工程现场行使自主的施工管理，对甲方而言，是如何在确保工程质量的前提下，保证工程的顺利进行，并在合同规定的工期内完成建设项目。

对乙方而言，则是以最少的投资取得最好的效益。工程管理的重要指标是工程速度，因而应在满足经济施工和质量要求的前提下，求得切实可行的最佳工期。

②材料管理　包括材料的订购、材料的验收、材料的保管和材料的领取等。

③质量管理　其目的是为了有效地建造出符合甲方要求的高质量的工程项目，因而需要确定施工现场作业的标准质量，并测定和分析这些数据，把相应的数据填入图表中并加以研究运用，即进行质量管理。有关管理人员和技术员正确掌握质量标准，根据质量管理图进行质量检查和生产管理，确保质量稳定。

④安全管理　这是杜绝劳动伤害、创造秩序井然的施工环境的重要管理任务，应在施工现场成立相应的安全管理组织，制订安全管理计划以便有效地实施安全管理，严格按照各工种的操作规范进行操作，并应经常对工人进行安全教育。

⑤成本管理　目的是在保证园林工程质量的前提下，尽量减少消耗、降低成本、提高工程的利用率。

⑥劳务管理　包括招聘合同手续、劳动伤害保险、工资支付、劳务人员的生活管理等，它是施工项目顺利完成的必要保障。

6.1.2　园林施工程序管理

园林施工程序管理是为了加强施工市场管理，规范工程建设项目实施程序，维护市场的正常秩序。园林施工程序管理包括施工准备阶段、施工阶段、竣工阶段3个阶段。

（1）施工准备阶段

施工准备阶段分为工程建设项目报建、委托建设监理、招标投标、施工合同签订。

（2）施工阶段

施工阶段分为建设工程施工许可证领取、施工。施工单位做好施工图预算和施工组织设计编制工作，并严格按照施工图、工程合同及工程质量要求做好生产准备，组织施工，搞好施工现场管理，确保工程质量。

（3）竣工验收阶段

竣工阶段分为竣工验收及期内保修。竣工后应尽快召集有关单位和质检部门，根据设计要求和施工技术验收规范进行竣工验收，同时办理竣工交工手续。

6.1.3　园林施工承包方式

（1）总承包

一个园林建设项目建设的全过程或其中某个阶段的全部工作，由一个承包单位负责组织实施，这个承包单位可以将若干个专业性工作交给不同的专业承包单位去完成，并统一协调和监督他们的工作。在一般情况下，建设单位仅同这个承包单位发生直接关系，这种承包方式叫做总承包。

（2）分承包

分承包简称分包，是相对总承包而言的，分承包者不与建设单位发生直接关系，而是从总承包单位分包某一分项工程或某种专业工程, 在现场上以总承包统筹安排其活动, 并对总承包负责。分包单位通常为专业公司, 一种是由建设单位指定分包单位与总承包单位签订分包合同, 一种是由总承包单位自行选择分包单位签订分包合同。

(3) 独立承包

独立承包指承包单位依靠自身的力量完成承包任务, 而不实行分包的承包方式。通常适用于中小规模、没有特殊技术和设备要求的园林建设工程。

(4) 联合承包

联合承包是相对于独立承包而言的承包方式, 即有两个以上承包单位联合起来承包一项园林建设承包任务。有参加联合的各单位指定代表统一与建设单位签订合同, 共同对建设单位负责, 并协调他们之间的关系。但参加联合体的各单位仍是各自独立经营的企业, 只是在共同承包的工程项目上根据预先达成的协议, 承担各自的义务和分享共同的收益。

(5) 直接承包

直接承包是在同一工程项目上, 不同的承包单位分别与建设单位签订承包合同, 各自直接对建设单位负责。各承包商之间不存在总分包关系, 现场可由建设单位或监理单位负责协调工作。

6.1.4　施工企业的资质管理

为进一步维护城市园林绿化市场秩序, 加强城市园林绿化市场监督管理, 我国修订了《城市园林绿化企业资质标准》, 用来规范城市园林绿化企业的资质申请和使用, 在该标准中明确了获得各级资质的要求。

(1) 资质的申请

申请资质审查的企业须提交下列文件:

①城市园林绿化企业资质申报表;

②企业法人代表和经济、技术、财务负责人有关证件;

③企业工程技术人员和经营管理专业人员明细表及技术职称证书 (复印件);

④企业主要技术工种情况明细表及岗位合格证书 (复印件);

⑤中级以上技术工种、级别明细表及证明材料;

⑥由上级主管部门或资产评估单位审查的企业固定资产原值和流动资金数量证明书;

⑦企业业绩证明;

⑧其他文件、证明。

(2) 资质的使用

①一级企业

——可承揽各种规模以及类型的园林绿化工程;包括综合性公园、植物园、动物园、主题公园、郊野公园等各类公园, 单位附属绿地、居住区绿地、道路绿地、广场绿地、风景林地等各类绿地。

——可承揽各种规模以及类型的园林绿化综合性养护管理工程;

——可从事园林绿化苗木、花卉、盆景、草坪的培育、生产和经营；

——可从事园林绿化技术咨询、培训和信息服务。

②二级企业

——可承揽 $5 \times 10^4 m^2$ 且工程造价在 500 万元以下的园林绿化综合性工程；

——可承揽 $3 \times 10^4 m^2$ 且工程造价在 300 万元以下的公园、游园等公共绿地，$5 \times 10^4 m^2$ 且工程造价在 300 万元以下的主干道绿化、道路绿地、居住区绿地、单位附属绿地，以及 $7 \times 10^4 m^2$ 且工程造价在 200 万元以下的风景林地、防护绿地建设工程；

——可承揽 $10 \times 10^4 m^2$ 且年养护费用在 100 万元以下的公园、游园等公共绿地；$20 \times 10^4 m^2$ 且年养护费用在 60 万元以下的主干道绿化、道路绿地、居住区绿地、单位附属绿地；$50 \times 10^4 m^2$ 且年养护费用在 50 万元以下的风景林地、防护绿地的养护管理。

——可从事园林绿化苗木、花卉、盆景、草坪的培育、生产和经营，园林绿化技术咨询和信息服务。

③三级企业

——可承揽 $2 \times 10^4 m^2$ 且工程造价在 200 万元以下园林绿化综合性工程；

——可承揽 $2 \times 10^4 m^2$ 且工程造价在 200 万元以下的公园、游园等公共绿地；$3 \times 10^4 m^2$ 且工程造价在 200 万元以下的主干道绿化、道路绿地、居住区绿地、单位附属绿地；$5 \times 10^4 m^2$ 且工程造价在 100 万元以下的风景林地、防护绿地建设工程。

——可承揽 $5 \times 10^4 m^2$ 且年养护费用在 50 万元以下的游园等公共绿地，$10 \times 10^4 m^2$ 且年养护费用在 30 万元以下的主干道绿化、道路绿地、居住区绿地、单位附属绿地，$20 \times 10^4 m^2$ 且年养护费用在 20 万元以下的风景林地、防护绿地的养护管理。

——可从事园林绿化苗木、花卉、草坪的培育、生产和经营。

（3）资质的管理

城市园林绿化企业凡从事规划设计、建设工程施工、古建筑维修和仿古建筑施工的，均应按有关规定向相应的主管部门申请企业的资质等级，经批准取得证书后，方可从事相应的经营活动。

新开办的城市园林绿化企业，应持本规定第五条所列文件向城市园林绿化行政主管部门申请资质初审，初审同意后，颁发《城市园林绿化企业资质试行证书》（以下简称《试行证书》）。

《试行证书》使用两年后，城市园林绿化行政主管部门对企业进行正式资质审查验收，审定合格后，才可获得《城市园林绿化企业资质证书》。

对不符合资质标准，验收不合格的，限期整改；整改后仍不合格，城市园林绿化行政主管部门取消企业资质或予以降级审查，企业应到工商行政管理机关办理变更登记或注销手续。

凡通过资质审查并取得《城市园林绿化企业资质证书》的企业，必须接受资质审查部门的年度审查。

（4）违反资质管理的处罚

违反以上资质管理措施的，有下列行为之一的，由城市园林绿化行政主管部门处以警告、罚款或吊销证书。

　　——不按规定申请办理资质审查的；

　　——申请资质时隐瞒情况、弄虚作假的；

　　——伪造、涂改、出租、借用、转让和出卖资质证书的；

　　——违反资质标准超越等级或超越营业范围承接工程项目的。

6.2　园林建设工程的招投标与合同管理

　　招投标是一种商品交易行为，它包括招标和投标两方面内容。工程招投标是国际上广泛采用的达成建设工程交易的主要方式。它的特点是由唯一的买主（或卖主）设定标底，邀请若干卖主（或买主）通过秘密报价进行竞争，从中选择优胜者与之达成交易协议，随后按协议实现标底。

　　实行招标的目的是为计划兴建的工程项目选择适当的承包单位，将全部工程或其中的某一部分工程委托这个单位负责完成。承包单位则通过投标竞争决定自己的施工生产任务和服务对象，使产品得到社会的承认，从而完成施工生产计划并实现盈利计划。

6.2.1　园林工程招标

(1) 建设单位招标应具备的条件

　　①建设单位是法人或依法成立的其他组织；②建设单位有与招标工程相适应的资金和技术管理人员；③建设单位有组织编制招标文件的能力；④建设单位有审查投标单位资质的能力；⑤建设单位有组织开标、评标、定标的能力；

　　建设单位如不具备上述②～⑤项条件的，须委托具有相应资质的咨询、监理等单位代理招标。

(2) 招标的建设项目应具备的条件

　　①概算已经批准；②建设项目已正式列入国家、地方部门或企业的年度固定资产投资计划；③建设用地已无争议；④有能满足施工需要的施工图纸及技术资料；⑤资金已经到位；⑥已经建设项目所在地规划部门批准，具备施工条件。

(3) 招标的方式

　　招标方式分为公开招标、邀请招标和议标 3 种方式。

　　①公开招标　是指投标人（单位）以招标公告的方式邀请不特定的法人进行投标。采用这种方式，可由招标单位通过报刊、信息网络或其他媒介发布，凡具备条件的企业均可报名参加投标。招标公告应载明招标人的名称和地址、招标项目的性质、数量、实施地点和时间以及获取招标文件的办法等事项。不受地区限制，承包商一律机会均等。

　　公开招标的优点是可以给所有具有法人资格的承包商提供平等竞争的机会，招标单位有较大的选择机会范围，便于开展竞争，打破垄断，促进承包商努力提高工程质量，缩短工期和降低造价。

②邀请招标 是指招标人以投标邀请书的方式，邀请特定的法人参加投标。应当向 3 个以上具备承担招标项目能力、信誉良好的企业发出投标邀请书，同样在邀请书中应载明招标人的名称和地址，招标项目的性质、数量、实施地点和时间，以及获取招标文件的办法等事项。

③议标 是建设单位和施工单位通过友好协商，最终确定工程造价的方式。议标一般是在工程量较小或在多个项目的招标中，其中一个标段因某种原因，造成招标无效的时候所采取的方式。如参加招标的单位数量不符合招标文件的要求，或所有参加招标单位的标底都不符合招标单位的要求等。

（4）招标文件内容

招标文件是作为建设项目的需求者向可能的承包商详细阐明项目建设意图的一系列文件，也是投标单位编制投标书的主要依据。通常包括下列基本内容：

①招标通告或招标邀请书 招标人通过发布招标邀请书或在报刊、信息网络及其他媒介向企业或社会发布招标信息，内容包括招标人的名称和地址；招标项目的内容、规模和资金来源；招标项目的实施地点和工期；获取招标文件的地点和时间；参加投标的费用收取；对投标人的资质等级要求以及企业应向招标人提供的其他企业资料。

②投标须知 是招标单位为了使招标工作能够顺利进行，对招标工程的详细情况以及投标人在投标过程中应注意的问题进行的详细介绍，以使投标人能够顺利完成投标文件的编制和按时送达。

③投标书附件及附表 招标单位为使投标书规范化和便于评标，在招标书中附带一些标准格式的附件及表格，如投标书格式、合同协议书格式、中标通知书格式、资格审查资料格式、履行银行担保格式、授权书格式、技术人员简历表等。

④工程的综合说明（可附工程地质勘察报告和土壤监测报告） 为使投标人对招标工程有一个详细的了解，在招标文件中，招标单位对招标工程所进行的详细介绍，内容包括工程名称、规模、地址、发包范围、场地与地基土质情况、周围环境、给水、电力供应、道路及通信情况以及工期要求等。

⑤设计图纸和技术说明 招标前招标人应向投标人提供投标工程的设计图纸和图纸的技术说明，目的在于使投标人了解工程的具体内容和工程的技术要求，据此拟订工程的施工方案和施工进度计划。

⑥工程量清单 是投标单位计算工程造价和投标单位评标的重要依据。工程量清单通常以个体工程为对象，按分项、单项列出工程数量。

⑦技术规范 是指园林工程在施工中所必须遵守的施工技术标准，它可以是国家标准，也可以是高于国家规范的标准。一般是以国家制定的技术规范为准。

⑧工程计量与支付 招标文件一般应载明工程量的计算方法、工程款的支付时间和支付方法。

⑨合同主要条款 是合同协议书的主要组成部分，对建设单位、施工单位和监理具有同等的约束力，包括合同通用条款和合同专用条款两部分。

⑩评标标准和评标方法 对投标书每一部分的分值和评分标准提出具体的规定，

作为评委评分的依据。

⑪补遗书　由于招标人的疏忽使招标文件出现错误或不明确的地方，以及投标单位提出的质疑，在招标文件发出后，招标单位对招标文件进行解释、修正和补充，而发放给投标单位的补充文件，它也是招标文件的组成部分。

6.2.2　园林工程的投标

（1）投标单位应具备的条件

①投标单位应具有法人资格　为合法的经营单位。

②投标单位应具有相应的施工资质　企业资质即承包商的资格和素质，是作为工程承包经营者必须具备的基本条件，承包商的企业资质必须达到招标文件规定的最低要求。

③投标单位有完成工程的资金保证　目前我国现行的政策和管理方法是，建设单位为保证施工质量、减少投资风险，要求承建单位在施工期间都要有相应的资金垫付或在施工前预交施工保证金。因此，建设单位常要求投标单位为承包工程提供相应的资金保证。

④投标单位要有完成工程相应的技术力量保证　技术是工程质量的根本保证，只有可靠的技术做后盾，才能保证施工工程的质量。因此，相应的技术支持是投标单位的必要条件。

⑤人员、机械等设备能满足投标工程的施工要求　全员职工人数，包括技术人员、技术工人数量及平均等级要能满足施工工程的数量。一些大型的园林工程，还需要有相应的机械设备作为完成工程的保证。

（2）投标资格的审查

资格审查是招标单位为保证工程的顺利完成和工程的施工质量，在招标前对投标企业的施工能力、施工信誉等进行的审查。投标资格的审查包括资格预审和资格后审。资格审查的内容包括：

①企业的营业执照和施工资质证书　营业执照和施工资质证书是否经过年检，是确定企业是否具有法人资格的依据，所列项目是否与施工项目相符，决定企业是否可以参加工程项目的投标。

②企业简历　企业的成立时间、企业的性质、经营状况。

③企业的自有资金情况　企业的流动资金状况决定了企业是否有能力承担本工程

④人员配备　企业的职工人数，包括企业的技术人、技术工人数量及平均技术等级、企业的自有主要施工机械设备一览表等情况。

⑤企业的业绩　企业近几年所承担完成的工程项目，包括施工面积、合同金额、获奖情况等。

⑥企业的在建项目　企业所承担完成的在建工程项目，包括施工面积、合同金额、完成情况等。

（3）投标前的准备工作

①研究招标文件　园林施工企业资格预审合格，取得了招标文件，即进入投标准

备阶段，首先是仔细认真地研究招标文件，充分了解其内容和要求，发现应提交招标单位予以澄清的疑点。

——研究工程的综合说明，以对工程做一个总体了解。

——熟悉并详细研究设计图纸及技术说明书，使制订施工方案和报价有确切的依据，对整个建设工程的设计图纸要吃透，发现不清楚或相互矛盾之处，应提请招标单位解释或更正。

——研究合同主要条款，明确中标后应承担的义务和责任及应享有的权利，重点是承包方式，开工时间和竣工时间、材料供应及价款结算办法、预付款的支付和工程款的决算办法、工程变更及停工、窝工损失的处理办法等。

——熟悉投标单位须知的内容，避免在投标过程中，出现与招标要求不相符的情况而出现废标。

②调查施工环境　施工环境是指招标工程项目所处的自然、经济和社会条件。这些条件都是工程施工的制约因素，必然会影响工程的成本，投标报价时必须考虑。所以应在报价前通过勘查现场、查阅相关资料、市场调研等途径，尽可能地了解清楚。主要内容有：场地的地理位置；地上地下障碍物的情况；土壤情况（包括土质、土壤含水量、pH 值大小等）；气象情况（包括年降水量、年最高气温、最低气温、无霜期等）；地下水位、冻土深度、现场的交通状况；有无给水、供电和通信设施；所需材料的当地供应状况、劳动力资源及工资水平等。

③制订投标策略　园林施工企业参加投标竞争，目的在于得到对自己最有利的施工合同，从而获得尽可能多的盈利。正确的策略是投标获胜的保证，而正确的策略来自实践经验的积累和对投标环境的调查分析，常用的投标策略有以下几种：

——做好施工组织设计，采取先进的工业技术和机械设备；优选各种植物和其他造景材料；合理安排施工进度；选择可靠的分包单位。力求以最快的速度，最大限度地降低成本，以技术和管理优势取胜。

——尽量采用新工艺、新材料、新设备、新施工方案，以降低工程造价，提高施工方案的科学性。

——在保证企业有相应利润的前提下，以低报价取胜。

——为争取未来优势，宁可目前少利润。如为了占据某些有发展前途的专业施工技术，着眼于未来，可适当降低造价，为占领新市场打下基础。

④制订工程方案　应由投标单位的技术负责人或项目经理主持制订，它反映出一个企业对工程承包的技术能力。主要包括下列基本内容：

——施工的总体部署和场地总平面图布置；

——施工总进度和单项（单位）工程进度；

——主要施工方法；

——主要施工机械设备配置及数量；

——劳动力来源、数量及配置；

——主要材料品种的规格、需用量、来源及分批进场的时间安排；

——大宗材料和大型机械设备的运输方式；

——现场水、电需用量、来源及供水、供电设施；

——临时设施的数量和标准。

⑤报价　是投标全过程的核心工作，它不仅是能否中标的关键，而且对中标后能否盈利和盈利多少，也在很大程度上起着决定性的作用。

报价的基础工作　在详细研究了招标文件中的工程综合说明、设计图纸和设计说明，了解了工程内容、场地情况和技术要求后，进行成本核算，按照企业的计划利润进行合理报价。

报价的内容　工程承包报价的内容，就是园林工程费用的全部内容，它包括直接费用、间接费用、计划盈利和税金等。

⑥投标文件的编制和送达

投标文件的编制　投标单位对招标工程做出最后决策之后，即应编制投标书，主要内容有：投标书及其附件，法定代表人资格证明书、法定代表人授权委托书、划价的工程量清单、施工单位简介、主要拟派施工技术人员和管理人员学历及施工经验简历、近几年的企业业绩、企业财务状况表、单价表、施工图纸、技术说明、施工方案，主要施工机械设备清单以及某些重要或特殊材料的说明书和小样等与报价有关的技术文件；其他招标文件中要求提供的材料。

投标书实际上就是由投标的承包负责人签署的正式报价信，中标后，投标书及其附件即成为合同文件的重要组成部分。

投标文件的送达　全部投标文件编号并校对无误后，由项目负责人签署，加盖公章后，按投标须知的规定分装和密封，在投标截止日期前送达招标单位指定的地点。

6.2.3　开标与评标

（1）开标

开标应当在招标文件确定的提交招标文件截止后，在招标文件规定的时间、地点进行，开标前应由投标单位检查自己的投标书，并确认无误、无拆封迹象。

（2）评标

评标由招标人依法组建的评委会负责，按招标文件规定的评标标准和评标方法，进行评标，最终确定中标人。大型招标还应由公证人员监督评审工作。

（3）决标

决标又称定标，由招标人根据评审结果，向中标单位发放中标通知书。

（4）议标

在进行多个标段的招标时，其中一个或几个因特殊情况无法确定中标人，如投标单位数量少于规定数量、所有投标人的投标报价都不符合投标人的要求，但又不宜重新招标的情况下，可参照其他标准，招标人和投标人通过友好协商，最终确定工程的造价方式。

6.2.4　合同管理

（1）园林工程施工合同的作用

①明确建设单位和施工企业在园林工程施工中的权利和义务；②有利于对园林工程施工的管理；③有利于建设市场的培育和发展；④是进行监理的依据和推行监理制的需要。

（2）园林工程施工合同的内容

①工程名称、地点、范围、内容，工程价款及开竣工日期；②双方的权利、义务和一般责任；③施工组织设计的编制要求和工程调整的处置办法；④工程质量要求、检验与验收方法；⑤合同价款调整与支付方式；⑥材料、设备的供应方式与质量标准；⑦设计变更；⑧竣工条件与结算方式；⑨违约责任与处置办法；⑩争议解决方式；⑪安全生产防护措施。

6.3　园林施工组织管理

通常园林施工项目包括施工准备、施工组织、项目施工、项目验收、绿化养护和竣工验收几个阶段。园林施工项目的管理主体是承包单位（园林施工企业），并为实现其经营目标而进行工作。它既可以是园林建设项目的施工、单项工程或单位工程的施工，也可以是部分工程或分项工程的施工。其工作内容包括施工项目的准备、规划、实施和管理。

6.3.1　施工前的准备工作

在合同签订后，应进一步核实施工现场和设计图纸，并做好施工前的各项准备工作。

（1）熟悉图纸

在中标并签订合同之后，施工企业应对设计图纸进行进一步核实，参加设计单位的技术交底会议，掌握设计意图，及时发现图纸中的问题并尽快与甲方和设计单位取得沟通，需要变更的要尽快以书面形式提出变更报告。

（2）现场勘察

由于设计人员的疏忽、设计任务的紧迫或现状图纸的误差，都可能会导致设计图与现状不符，使得设计无法实施或增加施工难度。因此需要对施工现场进行实地勘察，核对图纸，及时发现图纸中的问题并尽快与设计单位和甲方沟通。需要变更的尽快以书面形式提出变更报告。

（3）物资准备

施工前应做好施工物资的准备，包括土建材料的准备、绿化材料的准备、购（配）件和制品加工的准备和施工机具的准备。

（4）做好"三通一清"工作

要确保施工现场的水通、电通、道路通，做好施工场地的清理工作，确保进场后施工的顺利进行。

（5）劳动组织与职工培训

为了进场后确保工程顺利开展工作，保证工程的质量，使新建项目建成后能顺利交付使用，在施工前必须对配套的管理人员、技术人员、技术工人等进行岗前培训。

（6）文明施工和安全生产教育

为保证安全生产和文明施工，施工前必须对职工进行安全生产和文明施工教育。在施工现场成立安全管理组织，设立安全生产专职管理人员，制定安全管理计划，以便有效地实施安全管理。教育职工在施工中严格按照各工种的操作规范文明施工，创造井然有序的施工环境。

（7）施工组织设计

园林施工不是单纯的绿化种植，而是一项与土木、建筑等其他行业协同工作的综合性工程，精心做好施工组织设计是施工准备的核心。

6.3.2　园林施工组织设计

（1）概述

施工组织设计是以施工项目为对象进行编制，用以指导其建设全过程各项施工活动的技术、经济、组织、协调和控制的综合性文件。园林工程的施工组织设计是一个园林建设工程的总体规划和设想。在施工组织设计中要详细地安排工程施工的总体部署，以及该工程中涉及的所有工程项目的技术要求和施工过程。施工开始后，要围绕该总体计划进行施工安排，以施工组织设计为向导进行各项工作的安排部署，进行工期控制和质量管理。

（2）施工组织设计的作用和意义

施工组织设计是对拟建工程项目实行施工全过程科学管理的重要手段。通过施工组织设计的编制，可以全面考虑拟建工程的各种具体施工条件，扬长避短地拟订合理的施工方案，确定施工顺序、施工方法、劳动组织和技术经济的组织措施，合理地统筹安排和拟订施工进度计划，保证拟建工程按期投产或交付使用；施工企业可以提前掌握人力、材料和机具使用上的先后顺序，全面安排资源的供应与消耗，合理地确定临时设施的数量、规模和用途以及临时设施、材料和机具在施工场地上的布置方案。

通过施工组织设计的编制，可以预计施工过程中可能发生的各种情况，事先做好准备、预防，为施工企业实施施工准备工作计划提供依据；可以把拟建工程的设计与施工、技术与经济、前方与后方和施工企业的全部施工安排与具体工程的施工组织工作更紧密地结合起来；可以把直接参加的施工单位与协作单位、部门与部门，阶段与阶段、过程与过程之间的关系更好地协调起来。根据实践经验，对于一个拟建工程来说，如果施工组织设计编制得合理，能正确反映客观实际，符合建设单位和设计单位的要求，并且在施工过程中认真地贯彻执行，就可以保证拟建工程施工的顺利进行，取得好、快、省和安全的效果，早日发挥基本建设投资的经济效益和社会效益。

（3）施工组织设计遵循的原则

——遵守国家有关基本建设的各项方针政策和法规，严格执行建设程序和施工程序；

——与设计、建设单位相结合，做好施工部署和施工方案的选定；

——统筹全局，组织好施工协调工作，分期分批配套地组织施工；

——做好工、料、机、资金等生产要素的优化配置；

——积极采用新技术、新工艺、新材料、新设备，努力推进科技进步；

——认真制订质量保证和安全保证的措施，确保工程质量和施工安全；

——采用先进的施工技术和管理方法，选择合理的施工方案实现工程进度的最优设计。

（4）施工组织总设计的编制

①园林工程施工组织总设计编制依据

——园林建设项目基础文件；

——园林项目初步设计或技术设计图纸和说明书；

——园林项目施工招标文件和工程承包合同文件；

——有关工程建设政策、法规和规范资料；

——有关工程地形、工程地质、水文地质和地区气象资料；

——所在地区绿化资料、建筑材料、构配件和半成品供应状况资料；

——所在地区供水、供电、供热和电信能力的资料；

——施工现场地上、地下的现状，如水、电、电信、煤气管线等状况，地上、地下构筑物、障碍物状况；

——类似施工项目经验资料，包括类似施工项目成本控制资料、工期控制资料、质量控制资料、技术新成果资料和管理新经验。

②园林工程施工组织总设计编制内容

工程概括与特点 包括建设项目名称、性质和建设地点；占地总面积和建设总规模；每个单项占地面积等。

施工总部署 建立项目管理组织，确定单项工程的开、竣工时间，做好主要项目的施工方案。

全场性施工准备计划 根据施工项目的施工总部署的要求，编制施工准备工作计划，包括：材料准备、机具准备、人员培训等。

施工总进度计划 根据施工部署要求，合理确定每个独立交工系统及单项工程控制工期，并使它们相互之间最大限度地进行衔接，编制出施工总进度计划，并绘制出施工进度横道图。

施工总质量计划 是以一个建设项目为对象进行编制、用以控制其施工全过程各项施工活动质量标准的综合性技术文件。应充分掌握设计图纸、施工说明书、特殊施工说明书等文件的质量标准要求，制订各工种施工的质量标准，制订各工种的作业标准、操作规程、作业顺序等，并分别对各工种的工人进行岗前培训及教育。制订质量保证措施，建立施工质量认证体系。

施工总成本计划 是以一个园林建设项目为对象进行编制、用以控制其施工全过程各项施工活动成本额度的综合性技术文件。由于园林建设施工的内容多，牵扯的工种也多，计算编制成本很难，但随着园林建设事业的发展以及不断进行的体制改革和规章制度的日益完善，园林业也和其他部门一样，正朝着制度标准成本的方向努力。

施工总资源计划　包括劳动力需要量计划、主要材料需要量计划、施工机具和设备需要量计划。

施工总平面布局　在满足施工需要的前提下，尽量减少施工用地，合理布置各项施工设施，科学规划施工道路，降低运输费用。

主要技术经济指标　为了评价每个建设项目施工组织设计各个可行方案的优劣，以便从中确定一个最优方案，通常包括工期、成本和利润等技术指标。

（5）**单项（位）工程施工组织设计的编制**

单项（位）工程施工组织设计是根据施工组织总设计来编制的，也是对总设计的具体化，由于要直接用于指导现场施工，所以内容比较详细和具体。

①单项（位）工程施工组织设计的依据

——单项（位）工程全部施工图纸及相关标准图；

——单项（位）工程地质勘察报告、地形图和工程测量控制网；

——单项（位）工程预算文件和资料；

——建设项目施工组织总设计对本工程的工期、质量和成本控制的目标要求；

——承包单位年度施工计划对本工程开、竣工的时间要求；

——有关国家方针、政策、规范、规程和工程预算定额，类似工程施工经验和技术新成果。

②单项（位）工程施工组织设计编制的内容　与施工组织总设计类似，包括工程地点、工程施工特征、施工方案、施工方案的评价体系、施工准备工作、施工进度计划、施工质量计划、施工成本计划、施工资源计划、施工平面布置、主要技术经济指标。

6.3.3　园林施工现场管理

6.3.3.1　园林工程施工现场管理的概念、目的和意义

施工现场是指从事工程施工活动的施工场地。而施工现场管理则指对这个场地上进行的施工活动进行科学安排、合理使用人工、机械，从而保证施工的各个环节顺利有序地开展。做到规范场容、文明施工、安全有序、整洁卫生、不扰民、不损害公共利益，使得园林建设能够顺利完成。

施工现场管理的好坏关系到施工活动能否正常进行，关系到各项专业管理的技术经济效果。它是一面"镜子"，能照出施工企业的精神面貌和企业的素质。

6.3.3.2　园林工程项目施工现场管理的特点

（1）**园林工程的艺术性**

园林工程的最大特点在于它既是一门工程技术，又是一门工程艺术，融科学性、艺术性于一体。园林是一门综合艺术，涉及造型艺术，建筑艺术等诸多艺术领域，要求竣工项目既要符合设计的技术要求，又要达到设计的艺术效果。

（2）园林工程的生命性

园林建设的目的是为人们提供良好的生态环境，而建设良好的生态环境的主体就是有生命的园林植物，园林植物随季节的周期性变化而出现发芽、开花、结果、落叶的周期性变化，使得园林产生丰富的四季景观变化。

（3）园林工程的季节性

园林建设的主体是有生命的植物，而植物有它自身的生长发育规律，园林建设中的绿化种植工程必须符合植物的生长发育规律，才能提高成活率，降低造价。每种植物都有其最佳栽植期，如落叶树在落叶期为最佳栽植时期。

（4）园林工程的不规范性

与其他建设相比，园林建设中的材料规范性较差。园林中的假山石单靠定量的方法无法确定其价值；在进行行道树种植时，要求树木有统一的高度和胸径，而对自然式种植的树木，同一树种有规格上的变化更能丰富园林景观；园林施工中多样的立地条件也使一些园林规范无法正常使用。

（5）施工图纸与施工现场的差异性

由于种种原因，使得园林施工图纸的设计深度不够或对现场的调查不够细致，造成施工图纸和现实情况存在一定误差，需要在施工中进行调整，这在园林施工中是非常普遍的现象。

（6）园林工程的地域性

园林中的土建工程在不同地区有不同的要求，而园林中的主体——园林植物更是随着地区的不同出现品种上的差异和后期养护管理的不同。

6.3.3.3　园林工程项目施工的现场管理

（1）组建施工项目部

施工前应按照施工组织的要求由项目经理组建项目部，建立健全岗位制度，明确责任分工，要层层落实，责任到人，以保证施工项目的顺利开展。

（2）建立完善的规章制度

为保证工程项目的顺利开展，开工前应将安全生产、文明施工以及各工种的操作规程等张贴于项目办公室，并制订相应的检查和管理制度。

（3）做好施工准备工作

施工前应做好施工的各项准备工作，包括施工人员的组织、材料的准备、施工场地的准备等。

（4）制订施工进度计划

在原施工组织设计进度计划的基础上，作进一步细化，包括月计划、周计划、日计划和人员进场计划等。

（5）组织现场施工

组织现场施工就是现场施工过程的管理，它是根据施工计划和施工组织设计，对拟建工程项目在施工过程中进度、质量、安全、节约和现场平面布置等方面进行指挥、协调和控制，以达到施工过程能按照预先制订的计划顺利进行。

（6）计划调整

施工中要求每天发放施工任务单，施工结束后填写施工任务执行单，每周填写周计划执行单，项目部对计划的执行情况应及时分析，对不合理的计划做出及时调整。

（7）及时清场转移

施工结束之后，项目管理者应及时组织清场，将临时设施拆除，剩余物资退场，组织向新工地转移，以便整治规划场地，恢复临时占用土地，不留后患。

（8）做好后期的养护管理

与其他建设项目不同，园林建设项目的后期养护对建设项目能否保证工程质量，并最终获得验收通过是非常重要的，因此必须加强工程完工的后期养护工作。

6.3.4　园林施工监理

园林施工监理是指具有相应的监理资质的企业，受建设单位委托，承担建设进度、质量、安全和协调的管理工作。基本职责是依据施工承包合同进行监理，通过计划、组织、控制、协调、激励等手段，促使承包合同双方履行各自的义务，最终完成工程项目。

（1）计划工作

①制订项目管理工作计划，包括工程整体进度计划及其他工作计划等；

②制订监理工作计划；

③审核批准承包人提交的进度计划、主要材料进场计划和用款计划。

（2）组织工作

①工程施工过程中，就合同执行以及施工中的有关问题组织承包人召开工地会议；

②在工程施工过程中及时组织各种质量检验工作，工程交工时组织工程交工验收工作；

③对承包人完成的工程数量及时组织核实工作并进行确认；

④对重大设计变更和重大技术问题组织有关单位、部门进行专题讨论。

（3）监理控制

①督促承包人提交施工进度计划，年、季度计划，进行审阅并签认；

②对承包人的施工详图设计（包括临时工程设计和永久工程设计）进行审查；

③对承包人的分包活动进行监督和控制，对指定分包人进行监督和管理；

④对承包人的施工进度计划落实情况进行监督，当实际进度达不到计划进度时，监督承包人及时增加施工力量，加快施工进度；当承包人的进场人员包括项目经理不称职时，及时监督进行更换；

⑤对承包人施工放线的准确性及时进行监督和检查；

⑥对承包人到场的材料或设备及时进行检验，必要时在制造场所或运输途中进行检查，以监督其达到质量要求；

⑦对承包人的施工进行现场跟踪，对施工质量进行抽样检验以监督承包人的施工质量达到合同要求；

⑧对承包人完成的工程量进行计量和监督，并及时开具计量证书；

⑨对承包人应获得的支付款进行监督和控制；

⑩对承包人应获得的施工索赔、延期的合法权益进行监督；

⑪对工程的交工质量进行监督检查，办理交工验收证书，对缺陷责任期（保修期）内的工程质量进行监督检查，发现问题要求承包人及时修复，缺陷责任期满后向承包人开具缺陷责任期终止证书。

（4）监理协调

①协调业主与承包人的合同关系。在施工过程中，包括由监理协调业主和承包人之间的合同争议，有效地解决合同纠纷，避免双方直接冲突，保证合同的正常执行。

②协助业主、施工单位与地方的关系，在施工过程中，施工单位为了获取施工用的地方性材料，这些材料的运输可能和地方发生分歧，施工可能对地方产生干扰以及影响当地居民的人身财产安全等问题。为使施工正常进行，监理人员应协助业主协调其中的矛盾，使施工尽量少受影响。

③协调施工单位与施工单位的关系，施工过程中，不同合同段具有相对独立性，施工期间难免互相产生施工干扰，监理工程师应及时进行协调，妥善处理双方的矛盾，防止施工受到影响。

④协调监理与承包人的关系。尽管施工过程中监理工程师与承包人的关系是监理与被监理的关系，但监理人员要使监理工作的指示和决定得到承包人贯彻执行，和承包人保持良好的工作关系是很重要的，所以监理工作中应积极协调好双方的关系。

⑤协调设计与施工的关系。

（5）监理质量

①向承包人书面提供原始基准点、基准线和基准标高等资料，进行现场交桩。

②在开工前和施工过程中，检查用于工程的材料和施工设备，对于不符合合同要求的，有权拒绝使用。

③签发各项工程的开工通知书，必要时通知施工单位暂时停止整个工程或任何部分工程施工。

④对承包人的检验、测试工作进行全面监督；有权利用施工单位的测试仪器设备对工程质量进行检验，凭数据对工程质量进行评定。

⑤按施工进度跟班检查（包括旁站巡视）；对每道工序、每个部位进行质量检查和现场监督，对质量符合施工合同规定的部分或全部工程签认，对不符合质量要求的工程，有权要求承包人返工或采取其他补救措施，一定达到合同规定的技术要求。

⑥对承包人进场的主要施工机械设备的数量、规格、性能按合同要求进行监督、检查，由于机械设备的原因影响工程的工期和质量，监理工程师有权提出更换或停止使用。

⑦协助业主及时妥善完成合同规定的责任事项和法定承诺提供的施工条件。

（6）监理进度

①审批承包人在开工前提交的施工总体进度计划，现金流动计划和总说明，以及在施工阶段提交的各种详细计划和变更计划。

②审批承包人根据总体施工进度计划编制的年度、季度计划。

③在施工过程中检查和监督计划的实施,当工程未能按计划进行时,要求施工单位调整或修改计划,并通知承包人采取必要的措施加快施工进度,以使实际施工进度符合施工合同的要求。

④定期向业主报告工程进度情况,当施工进度可能导致合同工期严重延误时,有责任提出中止执行施工合同的详细报告,供业主采取措施做出相应的决定。

(7) 监理费用

①按施工合同的规定,现场计量核实合同工程量清单规定的任何已完工程数量和费用。

②按合同规定审查、签发中期支付证书及合同终止后剩余款项的支付证书。对不符合规范和合同文件要求的工程项目和施工活动,有权暂拒支付,直到上述项目和施工活动达到要求。

③依据施工合同文件规定,对合同执行期间由于国家或省(自治区、直辖市)颁发的法律、法令、法规,致使工程费用发生的增减,或影响工程费用任何事项的价格涨落,而引起的工程费用发生的增减,监理工程师在与业主和承包人协商后,经合理计算确定新的合同单价或按调整幅度予以支付。

(8) 合同监理

①参加开工前的第一次工地会议和施工阶段的工地例会,有权参加承包人为施工合同组织的有关会议。

②根据工程实际情况,监理工程师可以按施工合同规定的变更范围,对工程或其任何部分做出变更的决定,并下达变更令。对施工合同中规定的重大工程变更,由监理工程师审查后,报业主核批。

③对承包人提出的工期的延长或费用索赔,有责任就其申述的理由查清全部情况,并根据合同规定程序审定延长工期或索赔的款项,按规定权限审批。

④监理工程师必须认真审查承包人的任何分包人的资格和分包人的工程的类型、数量,按合同规定程序和权限审批。

⑤监督施工单位主要技术、管理人员构成、数量与合同所列名单是否相符,对不称职的主要技术、管理人员,监理工程师有权提出更换要求。

6.3.5 园林竣工验收

(1) 园林工程竣工验收的作用

竣工验收阶段是园林建设工程的最后一环,是全面考核园林建设成果、检查设计和施工工程质量的重要步骤,也是园林建设交付使用的标志。

①全面考核建设成果,检查设计、工程质量、景观效果是否符合要求,确保项目按设计要求的各项经济指标正常使用。

②通过竣工验收,建设双方可以总结工程建设经验,提高园林项目的建设和管理水平,使项目投资发挥最大的经济效益。

③通过对财务资料的验收,可以检查各环节的资金使用情况,审查投资是否

合理。

（2）园林建设项目竣工验收的任务

①建设单位、设计单位和施工单位分别对建设项目的决策和论证、勘察和设计以及施工的全过程进行最后的评价，对各自在建设项目进展过程中的经验和教训进行客观的评价和总结。

②办理建设项目的验收和移交手续，并办理建设项目竣工结算和竣工决算，以及建设项目档案资料的移交和保修手续等，同时也宣告建设项目的完成。

小 结

本章主要讲述园林工程的施工管理。首先介绍了园林工程施工管理的任务和意义、园林工程承包的方式、园林施工管理的程序和园林企业的资质管理；接着重点介绍了园林工程的招投标，包括招标企业和投标企业的资质要求、招投标的方式，招标文件和投标文件的内容，评标和开标，合同的签订和合同管理。最后介绍了园林工程的施工组织管理，包括施工组织设计、施工现场管理、施工监理和工程的竣工验收。

思考题

1. 园林工程施工管理的意义是什么？
2. 简述园林工程承包的方式。
3. 施工组织总设计的内容有哪些？
4. 试述施工监理的任务。

推荐阅读书目

1. 园林经济管理. 黄凯. 气象出版社，2004.
2. 园林施工管理. 田建林. 中国建材工业出版社，2010.
3. 园林工程监理. 钱云淦. 中国林业出版社，2008.

第7章 园林花卉商品的经营与管理

经营管理水平的高低不但决定着园林花卉生产的成败，还决定着园林花卉生产的经济效益的高低。园林花卉商品生产后，必须要进入市场流通，才能实现其商品的价值和使用价值。

7.1 园林花卉商品概述

通俗地讲，"花"是植物的繁殖器官，是指姿态优美、色彩鲜艳、气味香馥的观赏植物，"卉"是草的总称。花卉有广义和狭义两种意义。狭义的花卉是指有观赏价值的草本植物。广义的花卉除有观赏价值的草本植物外，还包括草本或木本的地被植物、花灌木、开花乔木以及盆景等。本书所指花卉即广义的花卉。

7.1.1 园林花卉商品的概念

7.1.1.1 商品

商品是用来交换的劳动产品，有价值和使用价值两个基本属性。凡是商品必须是劳动产品，不是劳动产品的不能成为商品，劳动产品如不用于交换，也不能成为商品。随着社会经济的不断发展，人们认识到商品已从物质形态的劳动产品，发展到能够满足人们社会消费需要的所有形态。

作为特殊劳动产品的商品具有以下基本特征：①商品是具有使用价值的劳动产品；②商品是供他人消费的劳动产品；③商品是必须通过交换才能到达他人手中的劳动产品。

7.1.1.2 园林花卉商品

园林花卉商品是在一定社会生产力的发展水平上，由各自不同的生产资料占有者所生产的，具有使用价值和价值，通过交换来实现的劳动产品。

（1）园林花卉商品是劳动产品

园林花卉商品是人类社会劳动的结晶。任何一个园林花卉商品出现在园林花卉商品市场上，都是经过人类劳动后，包含有人类劳动的产品。

（2）园林花卉商品要满足消费者的某种消费需要和欲望

人们的消费需要有物质需要和精神需要两个方面。在园林花卉商品消费过程中，物质需要和精神需要往往是融为一体而不可分割的。园林花卉消费者消费需要的某一触发机制可能同时引起几种不同的需要，精神需要及其满足可能引起的新的物质需要，而物质需要及其满足又可能引起新的精神需要，也可能是物质需要和精神需要交织在一起，引起新的物质和精神需要。园林花卉商品不仅要满足消费者物质的消费需要，而且要满足消费者精神上的消费需要。

（3）园林花卉商品必须通过交换才能实现

园林花卉商品是为了交换，供消费者消费的商品，只有通过交换，才能实现园林花卉商品的价值和使用价值。在交换之前，尽管园林花卉商品是为了交换而生产的，但只是在可能性上是商品，而不是现实的商品。园林花卉商品不是单纯的物，也不是单纯的劳动产品，一旦没有或脱离了交换关系，园林花卉商品就失去了其存在的意义。

7.1.2 园林花卉商品的特点

从现代商品学的观点来看，园林花卉商品具有以下几个特点：

（1）高产值农产品

园林花卉产业是技术、资本与劳动力密集型产业，用地少，用工多，设施投入和技术投入在种植业中都比较高。但是园林花卉产业与传统农业相比，单位面积产值高，经济效益可成倍甚至几十倍增长。如日本 $1hm^2$ 的园林花卉产值一般都在 5000 万日元，是葡萄的 10 倍、水稻的 50 倍。又如世界园林花卉生产大国之一荷兰，园林花卉生产面积占农业生产总面积的 7%，但产值却是农业总产值的 39%。

（2）区域性

由于不同地区的自然生态环境条件不同，因此，存在着不同的生态类型区。不同的园林植物在长期的系统生长发育过程中，形成了对自然环境条件的各自适应范围，以及与生态环境相适应的作物生态类型，因此，不同的园林花卉植物也具有各自的适宜生态区。在最适生态区域内，园林花卉植物能表现出最好的生产性能、生产出的产品品质也最佳。商品质量的地域性特征，是园林花卉生产者应充分重视和加以利用的一个重要特征。

（3）可替代性

园林花卉种类和品种极其繁多，仅原产于我国的观赏植物就多达 113 科 523 属一两万种，花卉中的兰花就有 3 万多个品种。而且不同种类之间的功能相同或相似，具有可替代性，这就增加了园林花卉商品贸易的复杂性和难度。

（4）鲜活性

各种鲜花嫩草多数是鲜活品，含水量高，易损易腐、易失水失鲜，而且越新鲜，其经济价值和价格越高。由于园林花卉商品具有这些特点，就要求园林花卉商品在流通中应有安全的包装条件、良好的贮藏条件和快捷的运输条件以及便利的销售手段等。

（5）应时性

园林花卉是一种特殊的商品，同样的产品，在一定季节是赚钱的，而在另一个季节则可能是赔钱。目前我国的园林花卉消费季节性明显，主要集中在节假日，如"五一"、"十一"、元旦、春节等，其次是情人节、母亲节、教师节等。而园林花卉的生长周期长，要想与未来的消费趋向和消费能力保持一致，需要园林花卉生产企业对消费市场的走向有清楚的了解和正确的预测。

7.2　园林花卉商品的经营

7.2.1　园林花卉商品的经营方式

园林花卉商品经营模式主要是指园林花卉产业活动得以畅通、高效进行的组织依托形式，是对园林花卉商品经营中关键环节和框架关系的概括。随着园林花卉市场的建立和完善，园林花卉业出现了从庭院经济为主的专业户经营模式向专业化生产、规模化经营、企业化管理的园林花卉企业产业化经营过渡。我国一些园林花卉企业成功借鉴我国其他产业产业化的一些成功经验，各地在推进花卉产业化过程中，勇于探索，因地制宜地创造了一些行之有效的经营模式。

7.2.1.1　带动类模式

（1）龙头企业带动型

紧密型　即以国内外市场为导向，以龙头企业为主体，围绕一项或多项园林花卉产品，实现市场牵动龙头、龙头带动基地、基地联结农户，形成"公司＋基地农户"的产加销一体化经营组织。龙头企业外连国内外市场，下连生产经营，形成利益同享、风险共担的经济共同体。

松散型　即龙头企业与花农主要是通过市场进行交易。企业收购花卉产品，价格随行就市，花农靠企业的信誉组织生产，企业与基地和花农的关系是一种不固定的松散关系。

（2）主导产品带动型

即利用当地良好的自然条件、园林花卉资源优势和传统特色园林花卉产品优势，结合市场需求，联合起来，扩大规模，形成区域性主导产品，并围绕主导产品进行产、加、供、销一体化经营。我国幅员辽阔，不少地区都有自己的特色花卉产品，应该很好地开发利用，并形成主导特色商品，投入或开拓国内外市场。

（3）生产基地带动型

这是指通过建立相当规模的花卉生产商品化、专业化、现代化基地，以高投入、高产出、高品质、高效益来带动市场，促进消费，活跃一方经济，致富一方百姓。

（4）专业市场带动型

通过培育花卉市场，特别是专业批发市场，引导其所在地区或市场辐射区内的花农进行专业化生产和产、加、销一体化经营。

（5）服务组织带动型

这是指通过发展产科教一体化服务经济实体和市场中介组织，按照为花农服务和自愿互利的原则，帮助花卉生产单位或花农解决生产经营中的困难，为其提供产前、产中、产后一系列综合服务，实现生产要素的优化组合，进行产、加、销一体经营，由此带动花卉产业的发展。

(6)　花卉能人带动型

以深谙技术、熟悉业务、经营有方且具有一定经济实力的花卉业行家里手，吸引一些花卉小企业或花农加入他们的产供销一体化经营，从而带动小生产的传统花卉业向规模化、专业化商品生产转变。一般来讲，一个经营有道、市场占有率较高、利润较丰厚的花卉企业，无不有一位或几位花卉行家在那里指挥和经营。

(7)　科学技术成果带动型

应用高新技术进行名、优、特、新产品的开发和传统产品的更新换代，由此推动生产、加工、销售的配套发展和新市场的开拓。

7.2.1.2　联合类模式

(1)　"公司＋农户"模式

作为产业化的龙头企业（公司），其经营范围几乎涵盖了花卉生产经营的全部领域，具有较为完善的社会化服务体系。它解决了一家一户花农生产规模小、品种全、信息闭塞、技术落后的矛盾。通过龙头企业的牵动，将千家万户花农组织起来，实行适度规模经营，开展产前、产中、产后一条龙服务，花农只负责产中的专业化生产。这种模式规模大、起点高、效益好。

(2)　花卉产业联合会

按照产业化经营方式，把花卉生产、加工、运输、销售等连接成一个有机的整体，实行产加销一条龙、贸工农一体化，就能大幅度提高综合效益。但是，花卉产业内部一家一户的分散的小规模生产，开拓市场、抵御市场风险的能力是极其有限的。解决这个问题的主要途径就是要在生产者与市场之间架起有效连接与及时沟通的桥梁。这个桥梁就是花卉贸易者、生产者自己的组织。这样，可以有效地促进业内的有益分工和利润的合理分配，并能提高花卉产业的整体水平。

(3)　联合体

即在一个县、市或系统范围内，由主管部门或由一两个大型花卉企业牵头，组成松散型或紧密型利益联合体，以一项或几项产品为主，应用较高技术和手段进行联合生产、加工和营销，实行质量、规格、价格统一，以提高效益，增强市场竞争力。有条件的花卉企业还可着眼长远，面向国内外市场，进行跨行业、跨系统、跨地区、跨省市的联合，组成利益共同体。

(4)　合作社

即为花农自己兴办的产销服务组织。合作社是发达国家中很流行的一种农业一体化模式。其特点在于花农既是花卉产品的生产者，又是加工者、销售者和花卉服务合作社的社员。通过合作社把产前、产后的专业化组织与相应的花农在地区发展空间上紧密结合起来，垂直发展，使花卉产品加工、销售和购置系统通过合作社控制在花农手中，形成农村特有的社会经济结构形式。

7.2.2　园林花卉商品的营销

7.2.2.1　贮藏

花卉贮藏是调节供需的一种重要方式。切花贮藏的目的是把切花的各种生命活动降到最低，其中最重要的是控制蒸腾和呼吸，低温、气压差小都是延续产品萎凋的必要条件，但高湿往往又易使霉菌和腐败微生物发育加快，应予特别注意。花卉的贮藏保鲜方法主要有常规冷藏、气体调进贮藏、低压贮藏。

（1）常规冷藏

对需要较长时间贮藏的切花和草本插条，可采用干贮藏方式，即把材料紧密包装在箱子、纤维圆筒或聚乙烯膜中，以防水分散失。某些切花只进行短期（1～4 周）贮藏时，可采用湿贮藏方式，即把切花插在水中或保鲜液中。

（2）气体调节贮藏

气体调节贮藏（简称气调贮藏）是通过精确控制气体（主要是 CO_2 和 O_2）分压，贮存植物器官的方法。通常在冷藏库中的气体调节是增加 CO_2 浓度，降低 O_2 浓度。这样调节气体可减少切花呼吸强度，从而减缓组织中营养物质的消耗，并抑制乙烯的产生和作用，使切花所有代谢过程变慢，延缓衰老。

（3）低压贮藏

低压贮藏是将植物材料置于降低气压（相对于周围大气正常气压条件）、温度的贮藏室中，并连续供应湿空气气流的贮藏方法。美国的 S. P. Burg 创立了低压贮藏原理，随后的大量研究使此法在生理学和技术方面不断完善。

7.2.2.2　包装

（1）鲜切花包装的形式

①干包装　根据切花大小或购买者的要求，切花以 10，12，15 枝或更多捆扎成束。花束捆扎不能太紧，以防受伤和滋生霉菌。花束可用耐湿纸、湿报纸或塑料套包装。

鲜切花也可散装，数量因包装箱尺寸和购买者要求而定。单枝切花或成束切花，可用塑料封或塑料套保护花朵。大多数切花包装在用聚乙烯膜或抗湿纸衬里的双层套纤维板纸箱中，以保持箱内高湿度。也可使用塑料波纹箱和铁丝加固箱。

②湿包装　即在箱底固定放置保鲜液的容器，将切花垂直插入。湿包装切花主要局限于公路运输；空运限制冰和水的使用，不能采用湿包装。

③加冰包装　切叶类有时放在加冰的包装内，使用浸蜡的或聚乙烯衬里的纤维板箱。箱内也用浸湿的报纸或软纸，以增加湿度。

强制空气冷却所用包装箱应在两端留有通气道，面积为包装箱一侧面积的 4% ～ 5%。可适当通气的箱子能保证切花在储运期间保存良好。

④加涤气瓶包装　一些对乙烯浓度敏感的切花，在包装箱可放入含有高锰酸钾的涤气瓶，以清除箱内乙烯。还有其他一些用高锰酸钾浸渍的商品性装置，可用来吸收乙烯。由于切花与高锰酸钾接触会引起伤害，浸渍有高锰酸钾的材料应另外包装，与

切花隔开。

（2）盆栽植物包装的形式

盆栽植物的包装可防止机械损伤、水分散失和温度波动的副作用。受到伤害的植物会产生较多的乙烯，从而引起叶片黄化、脱落或向下卷曲，花蕾不能开放，萎蔫或脱落等。

盆栽植物的包装方法有两种，即带盆、带土包装和不带土带苔藓包装。包装的选择要考虑植株的大小、叶丛数量、叶枝的柔韧性和缠绕性，装载密度和运费也要考虑。

大部分盆栽植物在运输过程中可用牛皮纸或塑料套保护，也可使用编织聚酯套。各种套袋应在顶部设计把手，以便迅速搬运植株。盆径大于 43cm 的大型植物应用塑料膜或纸包裹。

小型盆栽植物先用纸、塑料膜或纤维膜制成的套袋包好，再放入纤维板箱中，箱底放有抗湿性托盘，盆间有隔板。也可将盆直接放在用塑料或聚苯乙烯泡沫特制的模型中，盆就可以紧密嵌入模子中。如植物运往极冷或极热的地区，箱内应衬聚苯乙烯泡沫。箱外应标明原产地、目的地、植物种类品种及"易碎"、"易腐"、"请勿倒置"等标记。

7.2.2.3 定价

（1）以成本为基础的定价方法

以产品成本作为制订基本价格的基础和依据。定价时，考虑收回企业在营销中投入的全部成本，获得一定利润。该定价方法包括成本加成法和盈亏平衡定价法两种。

①成本加成定价法 是在产品的成本之上加上一定利润确定产品的价格。

$$加成价格 = \frac{单位成本}{1 - 销售额中的预计利润}$$

成本主要有进货成本（进价 + 运杂费）、计息成本（进货成本 + 利息）、计耗成本（计息成本 + 损耗）和销售成本（计耗成本 + 经营管理费）等。

这种定价方法简单易懂，透明度高。在竞争条件比较平和的条件下可采用此方法。但它不利于企业降低成本。园林花卉产品则采用成本加上若干个百分率定价的方法。如在收购价上加上不同费用率和利润率即可作为交易价格。

$$理论销售价格 = \frac{进货成本 \times（1 + 产品周围天数 \times 日利率）}{（1 - 损耗率）\times（1 - 经营费率 - 税率 - 利润率）}$$

成本加成定价法主要有按单位成本定价和边际加成定价两种方法。按单位成本定价，即以平均成本加预期利润。边际成本定价，即仅计算可变动成本定价。按边际成本定价，以获得一定的边际收益弥补企业的固定成本。但边际成本是定价的极限，若售价低于边际成本，则越做越亏。

②盈亏平衡定价法 盈亏平衡就是指企业生产某种产品所获得的销售总收入等于总成本的状态。盈亏平衡定价是利用盈亏平衡分析原理确定价格水平的方法，即保守定价，在保本点即盈亏平衡点，则不赚不亏；超过保本点，则获利，超得越多，利润

越高。当价格一定时，在盈亏平衡点的产品生产或销售量即为保本量或盈亏平衡量。

$$盈亏平衡产量（Q）= \frac{固定成本}{产品价格 - 平均变动成本}$$

由此可推导出：　$保本价格 = \frac{固定成本}{盈亏平衡产量} + 平均变动成本$

（2）以需求为基础的定价方法

依据购买者对商品价格的反应和接受能力制定价格的方法，是以市场需求及顾客对价格水平的反应为基础。一般运作形式是：需求强劲，价格上涨；需求微弱，价格下降。

认知价值定价法　认知价值是指消费者对产品价值的主观评价，将认知价值作为定价基础，这种价值实际上是商品的质量、用途以及服务质量在消费者心目中的反映。价格，就是消费者认为该商品"值"多少钱，营销学称为消费者对价格的理解值。当认知价值大于价格，商品会畅销；当认知价值小于价格，商品会滞销。

需求差别定价法　产品的价格确定以需求为依据，可根据不同的需求强度，不同的购买时间、地点等因素，制定不同的价格。如对不同地理位置、不同消费者对象及同一产品不同包装等定价不同。

（3）以竞争为基础的定价方法

将竞争者的价格作为定价的主要依据，以在竞争环境中求生存和发展为目标的定价法。

随行就市定价法　以本行业的平均价格水平作为企业的定价标准的方法，这样的定价方法非常适合于完全竞争的市场，销售同类产品的各个企业，按照行业的现行价来定价。

价格竞争定价法　以数量和质量上的优势，采取与同一商品市场其他经营者不同的价格展开销售上的竞争时的定价方法，如降价等。但"倾销"即以低于成本价格销售受到各国反倾销法规的限制。

7.2.2.4　流通

（1）园林花卉商品流通的特点

园林花卉商品的流通是以货币为媒介的花卉商品交换过程，也是园林花卉商品从生产领域到消费领域运动的全过程。在研究园林花卉商品流通过程时，常以流向、流速和流量等指标来反映流通过程的状况。

流向　是指园林花卉商品在流通过程中的空间转移方向，即园林花卉商品的物流方向。事实上园林花卉商品的流向是受各种因素和条件的影响和制约的，如生产发展水平和布局情况、价格水平的高低及其变化、消费水平的高低及其变化、现行的经济管理体制。总之，合理流向是园林花卉商品运输的必要条件，也是园林花卉商品价值及时实现和迅速转让其使用价值的要求。

流速　是指园林花卉商品在流通过程中的停留时间。流通时间短则流速快，停留时间长则流速慢。一般来讲，流通时间由售卖时间和购买时间构成：售卖时间主要包

括园林花卉商品运往市场的时间和待售时间；购买时间是园林花卉商品购买阶段所需要的时间。园林花卉商品的流通时间受许多因素制约，如商品的供求状况、市场容量、产销距离、交通运输条件、运输中产品的保护措施等，此外园林花卉商品的种类、特性和生产及流通的计划性也影响流通时间的长短。总体上讲，园林花卉商品的流通要求有最短的流通时间。

流量 是指处在流通过程中的园林花卉商品数量，而且园林花卉商品流量的商品部分将全部处于运动状态。总体流量受不同流向的影响，而每一流向上的流量又受流速的影响。

（2）园林花卉商品流通机构

我国的园林花卉商品生产多数表现为规模小而分散，还有相当数量的园林花卉商品处在偏远地区，交通不便，因此给园林花卉商品的运输和销售带来许多不便。而园林花卉商品要在全国乃至全世界进行销售，所以生产者和消费者在通常情况下都离不开流通机构。目前我国园林花卉商品的主要流通机构有4种。

园林花卉商品经销公司 各类国有、集体和个体从事园林花卉商品经销的公司，通常技术力量雄厚、设备齐全、购销网络健全、市场信息灵通，是我国经销园林花卉商品的重要流通机构，也承担着稳定市场、调节淡季的任务。各类花卉公司经营灵活，主要从事园林花卉的经销工作，有些花卉公司也进行花卉商品的开发。

各类联营集团 联营集团的具体名称很多，属性各异，比如各种"园林花卉商品服务中心"、"苗木城"、"花木城"、"花鸟市场"、"花木合作社"等。这些团体经营方式灵活，投入少、见效快，往往集生产、流通和服务于一体，很受从事园林花卉工作人员的欢迎，越来越成为园林花卉商品流通机构的主力军。

专业传媒 在促进产品的流通上，传媒的作用不可小视。《中国花卉报》、中国花卉网（www. chinaflower. com）、《农村信息报》开设的《花卉专刊》《花木世界》中国绿色产业网（www. green168. com）、青青花木网（www. 312green. com）、中国花木网（www. cnhm. com）、全球花木网（www. humu. cn）、中国花木交易网站（www. f158. com）、浙江省花卉产业网（www. zjhxw. com）、蓝天园林网（www. blue-skylandscape. com）及浙江园林网（www. yuanlin. com）等相关专业网站相继开办，为人们更快速更便捷地了解花卉行情提供了可能。

经纪人 专门从事园林花卉商品销售的个体劳动者和运销专业户。花卉经纪人既是花卉交易的桥梁，又是当地调整花卉产业结构的参谋，他们是园林花卉商品流通的重要补充力量。

7.2.2.5 售后服务

园林花卉售后服务是指园林花卉商品出售后，园林花卉企业向消费者提供的与园林花卉相关的各项活动，包括养护咨询、技术指导、配送服务、赔偿服务等内容。

售后服务形式多样，常见的有为消费者提供上门服务，如相关花卉的特性与日常管理办法、怎样浇水与施肥、病虫害防治等；通过电话接受消费的电话咨询；网络咨询；花卉门诊等形式。

7. 2. 3　园林花卉商品的国际贸易

7. 2. 3. 1　贸易方式

（1）经销和代理

①经销　是国际贸易中常见的一种出口贸易方式，是指出口企业（即供货方）与国外经销商（即经销方）之间以"货款两清"的买断形式完成的一种商品买卖活动。经销方式下，进口商在以自有资金付清商品的货款后便享有商品的所有权，以进口价格和转售价格之间的差额为经销利润，并要承担货物进口后到将货物转售之前的一切经营风险并享有全部的收益。

依据经销商权限的不同，可以将经销贸易方式分为总经销、独家经销和一般经销3 种类型。总经销和独家经销方式需要出口生产企业签订特许经销协议或发放授权证书的方式授予经销商指定商品的经营权。

②代理　是国际贸易活动中常见的做法，是指出品商（即委托人）授权进口商（即代理人）代表委托人向其他中间商或用户销售其产品的一种贸易方式。代理人以委托人支付的佣金为代理业务的报酬，不享有所代理的商品的所有权，不用对委托人支付所代理商品的货款，不承担经营中的风险，不承担履行合同的责任，也不能擅自改变委托人规定的交易条件。在具体运用代理方式时，可根据出口供货商对代理人授予的经营权限，将代理人分为总代理、独家代理和一般代理3 种类型。

（2）寄售和拍卖

①寄售　是指出口人（即寄售人）根据事先与国外客户（即代销人）签订的寄售协议，先将货物运交国外代销人，委托代销人按寄售协议规定的条件和办法，以代销人自己的名义在当地市场代销，然后将所得货款扣除佣金和各种费用后汇交寄售人的一种贸易方式。

②拍卖　是一种现实实物交易，是由专营拍卖业务的拍卖行在规定的时间和地点，按照一定的规章，通过公开叫价或密封出价的方法，将货物逐件、逐批地卖给出价最高的买主的一种交易方式。它适用于规格复杂、不能根据标准品级或样品进行交易的商品，绝大部分园林花卉产品可以使用拍卖的方式。

（3）易货交易

国际贸易中的易货通常是指买卖双方将进出口结合起来，相互交换各自的商品，从而避免向对方进行货币支付的贸易方式。易货包括狭义与广义两种形式。狭义的易货就是直接易货，买卖双方各以一种能为对方所接受的货物直接进行交换，两种货物的交货时间相同、价值相等；广义的易货又称为综合易货或一揽子交易，它是指交易双方都承诺购买对方等值的商品，从而将进出口结合在一起的贸易方式，在这种方式下，双方的交货时间通常有先有后，比要求双方同时交货的直接贸易更富有灵活性。

（4）电子商务

电子商务是指通过网络按照一定的规则或标准进行的生产、经营、销售和流通活动，它不仅是指基于因特网上的交易，而且也指所有利用电子信息技术解决问题、降低成本、增加价值和创造商机的商务活动，包括通过网络实现从材料查询、采购、产品展销、订购到出品、储运以及电子支付等一系列贸易活动。电子商务最早采用的经营模式是电子数据交换，现在逐步发展出商家对消费者（B2C）、企业间交易（B2B）、消费者之间交易（C2C）等新的经营模式。

7.2.3.2 国际贸易操作流程

（1）合同的签订

进出口合同的签订过程就是交易磋商的过程。交易磋商一般包括询盘、发盘、还盘、接受4个环节，其中发盘与接受是达成交易所必需的两个环节。

①询盘　通常是指买方或卖方拟定购买或销售某种商品，向对方发出有关交易条件的询问及要求对方发盘的行为。询盘的内容除价格、品名外，有时还包括规格、数量或交货期等。询盘中涉及的交易条件往往不够明确或带有某些保留条件，因此它对询盘人与被询盘人都没有法律上的约束力。若被询盘人愿与询盘人成交，还需要同对方进行进一步的洽商。

②发盘　又叫发价、报盘、报价，是交易的一方向另一方提出各项交易条件，并愿意按这些条件达成交易，签订合同买卖某种商品的表示。发出发盘的一方就是发盘人，收到发盘的一方则被称为受盘人。发盘往往是发盘人在收到对方询盘后发出的，但也可以在未收到询盘的情况下由发盘人直接对受盘人发出。实际业务中，发盘大都由卖方发出，少数由买方发出。

③还盘　又称还价，是受盘人对发盘条件不能完全同意而对原发盘提出相应的修改或变更的意见。还盘是对原发盘的拒绝，也是受盘人对原发盘人做出的一项新的发盘，只是内容较一般的发盘简单，只涉及受盘人要求修改的部分。

在实际国际贸易中，一笔交易的达成往往要经过多次反复洽商：一方发盘，另一方对发盘内容不同意，要进行还盘；同样，一方还盘，另一方对其内容不同意，也可以再进行还盘，俗称再还盘。还盘与再还盘不仅就商品价格，也可以就交易的其他条件提出修改意见。

④接受　是交易一方无条件地同意对方在发盘或还盘中所提出的交易条件，并以声明或行为表示愿意按这些条件与对方成交、签订合同。一般情况下，发盘一经接受，合同即告成立，对买卖双方都将产生约束力。

（2）合同的履行

①出口合同的履行　通过交易洽商达成交易，签订了具体的书面合同，就进入了履行合同的阶段。合同履行是指合同当事人按照合同规定履行各自义务的行为。出口合同的履行包括备货、报检、催证审证改证、租船定舱、报关、投保、制单结汇等环节。

备货　一般在合同签订后开始进行，外贸公司首先向生产或供货单位及仓储部门下达联系单，安排生产或催交货物，并要求后者按联系单的内容对货物进行加工、整理、包装，然后再由外贸公司对货物进行核实、验收。

报检　在货物备齐后，凡属法定检验的出口商品，及合同或信用证中规定必须由商检局出具检验证书的商品，在货物备妥后应向商检局申请检验。

催证、审证、改证 虽然按合同规定及时开立信用证是买方的主要义务之一，但买方往往因市场行情变化或资金周转困难等原因而拖延开证。这可能会使出口方错过船期，不能按时履约。催证就是指出口方利用电报、电传等通信方式催促进口方办理开立信用证手续。信用证的审核由银行和外贸企业共同承担，前者着重审核有关开证银行方面的条款和问题；后者侧重审核信用证的内容与合同是否一致。若在审证时发现违背国家政策、出口企业无法办到、与合同规定不相符的内容时，出口方应立即要求对方向原开证行申请改证，并在收到由通知行转来的、由开证行开出的信用证修改通知书后，继续履行出口合同的义务。

租船、定舱 按到岸价格或成本加运费付至指定目的地条件签订的出口合同，租船或订舱由出口方负责。我国出口企业通常委托中国对外贸易运输公司代办托运。在办理租船手续时，应先填写托运单，列明出口货物的名称、件数、毛重、尺码、目的港、最后装运期等内容，在收单截止期前交外运公司作为订舱的依据，外运公司收到托运单后，会同有关代理公司安排船只和舱位，并签发装货单。

报关 是指货物装运出口前，向海关申报的手续。海关对货物和有关单证检验无误后，在装货单上盖章放行。根据我国海关规定，凡是进出国境的货物，必须申报并检验出口许可证、出口货物报关单等必要证件和单据。

投保 在货物装船前，凡按 CIF 或 CFR 条件成交的出口货物，需按合同和信用证规定的保险条款，逐笔向保险公司办理投保手续，取得约定的保险单据。

制单结汇 出口货物发运后，出口方应立即按照信用证的要求，正确无误地编制各种单据，且在信用证规定的交单有效期内递交银行结汇。我国出口的议付结汇一般的做法是，由银行接受出口人交来的信用证项下出口单据，经审查无误后寄往国外开证行或指定付款银行索取货款，待其收到货款后，按当日外汇牌价折算成人民币记入出口人账户，并通知出口人。

②进口合同的履行 进口合同成立后，我国的进口企业一方面要履行付款、收货的义务；另一方面也要督促国外出口商及时履行合同规定的各项义务，防止其违约而造成损失。进口合同履行一般都要经过开证、租船订舱和催装、投保、审单付款、报关接货、商检、进口索赔等几个主要环节。

开证 进口合同签订后，我国进口企业按合同中的规定，及时向银行提交开证申请书及进口合同副本，要求银行对外开证。开证申请书中商品的品名、规格、数量、包装、价格、交货期限、装运条件、付款期限等内容均以合同为依据，仔细列明。

租船订舱和催装 按离岸价格签订合同，进口方要负责派船到指定港口接货。通常情况下，卖方收到信用证后，应将预计装船日期通知买方，由买方向航运公司租船或订舱，我国进口企业往往将这项工作委托给外运公司代办。

投保 如上所述，按 FOB 或 CFR 签订进口合同，买方要凭卖方发出的装运通知，向保险公司办理保险手续、交纳保险费，并从保险公司取得保险单或保险凭证。

审单付款 国外卖方交单议付后，议付方将全套货运单据寄交我国开证行，由银行会同有关进口企业对单据的种类、份数、内容进行审核。在审单无误后银行即对外付款，同时要求进口企业按国外外汇牌价以人民币购买外汇赎单，此后进口企业再凭银行的付款通知书向用货部门结算货款。

报关接货　待货物到达卸货口岸后，由进口公司或委托代理公司，根据进口公司填写的进口货物报关单，连同发票、提单、保险单、装运单、商检证书经海关查验货证无误后放行。

商品检验　我国规定，一切进口商品都必须在合同规定的有效期内进行检验。只有检验合格后方可安装投产、销售和使用。如自行检验发现问题，应迅速向检验机构申请复验出证，以此作为对外索赔的凭证。

进口索赔　在进出口业务中，如果出现进口方不能收到或不能按时收到货物，或收到的货物在品质、数量、包装等方面不符合合同规定，则进口方应向有关责任方索赔。进口索赔要注意索赔期限、索赔通知、索赔证据、索赔金额等问题，否则，最后达不到索赔要求。由于承运人的过失造成货物残损、遗失的，应向承运人索赔。若承运人不愿赔偿或赔偿金额不足抵补损失的，应向保险公司提出索赔，属于自然灾害、意外事故等致使货物受损，且在承保范围内，也应向保险公司索赔。

7.3　园林花卉商品的检疫制度

花卉是植物检验检疫风险极高的农产品，受到世界各国检验检疫部门的高度关注。植物检疫是通过法律、行政和技术手段，防止危险性植物病、虫、杂草和其他有害生物的人为传播，保障农林业生产安全，促进贸易发展。它是人类同自然长期斗争的产物，也是当今世界各国普遍实行的一项制度。

7.3.1　国内检疫

7.3.1.1　国内检疫机构

我国的植物检疫体系目前由进出境检疫、国内农业检疫及林业检疫3个部分组成。国家有关植物检疫法规的立法和管理由农业部、国家林业局和国家质量监督检验检疫总局负责。进出境植物检疫现由国家质量监督检验检疫总局管理，国内的植物检疫由农业部和国家林业局分别负责，国内县级以上各级植物检疫机构受同级农业或林业行政主管部门领导的管理。

农业部主管全国农业植物检疫工作。负责起草植物检疫法律、法规和拟定有关标准的工作并监督实施；承办政府间协议、协定签署的有关事宜；禁止入境植物名录及植物检疫性有害生物名单的确定、调整，由农业部委托国家质量监督检验检疫总局负责，以农业部的名义发布。

国家质量监督检验检疫总局作为具体主管部门负责全国口岸出入境动植物检疫工作；制定与贸易伙伴国的国际双边或多边协定中有关检疫条款；处理贸易中出现的检疫问题；收集世界各国疫情，提出应对措施；办理检疫特许审批；负责制定与实施口岸检疫科研计划等。国家质检总局动植物检疫监管司是具体负责进出境花卉种苗检验检疫主管部门，在全国31个省、自治区、直辖市共设有35个直属出入境检验检疫局，在海陆空口岸和货物集散地设有近300个分支局和200多个办事处，负责进出境货物、人员、交通运输工具等实施检验检疫。

农业部所属植物检疫机构和国家林业局所属森林检疫机构作为具体的主管部门负责全国的国内植物检疫工作；起草植物检疫法规，提出检疫工作长远规划的建议；贯彻执行《植物检疫条例》、协助解决执行中出现的问题；制定并发布植物限定性有害生物名单和应检植物、植物产品名单；负责国外引种审批；开展国内疫情普查，汇编全国植物检疫资料，推广检疫工作经验；组织检疫科研攻关，培训检疫技术人员。各省、自治区、直辖市的农业、林业主管部门主要负责贯彻《植物检疫条例》及国家发布的各项植物检疫法令、规章制度及制定本地区的实施计划和措施；起草本地区有关植物检疫的地方性法规和规章；确定本地区的植物检疫性有害生物名单；提出划分疫区和非疫区以及非检疫产地与生产点的管理；检查指导本地区各级植物检疫机构的工作；签发植物检疫有关证书，承办国外引种和省间种苗及应检植物的检疫审批，监督检查种苗的隔离试种等。

7.3.1.2　国内检疫制度

（1）检疫审批制度

检疫审批是植物检疫法定程序之一，最根本的目的是在某些检疫物入境前实施超前性预防，即对其能否被允许进境采取控制措施。《中华人民共和国进出境动植物检疫法》和《植物检疫条例》中对相关物品的检疫审批亦做出了明确的规定。

检疫审批是指在输入某些检疫物或引进某些禁止进境物时，输入单位向植物检疫机关提出申请，检疫机关经过审查做出是否批准输入或引进的法定程序。检疫审批可分为特许审批和一般审批两种类型。在植物检疫工作中，特许审批所针对的是禁止进境物，如植物病原体、害虫及其他有害生物等活体；一般审批针对的是植物种子、苗木和其他繁殖材料等。

（2）检疫报检制度

检疫报检是植物检疫程序中的一个重要环节，其主要目的是使货主或代理人及时向检疫机关申请检疫，以利于检疫程序的逐步进行，顺利办理检疫及提货手续。

检疫申报一般由报检员凭《报检员证》向检疫机关办理手续，报检员由检疫机关负责考核。办理检疫申报手续时，报检员首先填写报检单，然后将报检单、检疫证书、产地证书、贸易合同、信用证、发票等单证一并交检疫机关。

（3）检疫制度

①现场检验　是由官方在现场环境中对花卉、种苗进行的直观检查，以确认是否存在有害生物和确认是否符合植物检疫法规要求的法定程序。现场检查和抽样是现场检验的主要内容。现场抽样主要针对运输及装载工具、货物及存放场所、携带物及邮寄物等应检物进行直观检验。现场抽样是用科学的方法从检疫物总体中抽取有代表性的样品，作为评定该批检疫物质量和安全的依据，一般根据货物的种类和可能携带的有害生物学特性决定具体的抽样方案。现场检验的主要方法包括肉眼检查、过筛检查、X 光机检查和检疫犬检查等。

②实验室检测　是由检验人员在实验室中借助一定的仪器设备对样品进行深入检

查的植物检疫法定程序，以确认有害生物是否存在或鉴别有害生物的种类。检疫人员依据相关的法规以及输入国或地区所提出的检疫要求，对输出或输入的花卉与种苗产品进行有害生物的检测。实验室检测的常用方法有比重检测、染色检测、洗涤检测、保湿萌芽检测、分离培养与接种检测、鉴别寄主检测、血清学检测和显微镜检测。

③隔离检疫　是对进境的花卉种子、苗木和其他繁殖材料，在植物检疫机关指定的场所内，在隔离条件下进行试种，在其生长期间进行检验和处理的检疫过程。

（4）检疫处理和签证放行制度

针对出入境的花卉产品，经现场检验或实验室检测，如果发现带有《中华人民共和国进境植物检疫危险性病、虫、杂草名录》或进口国检疫要求中所不允许的有害生物，则应区分情况对货物分别采用除害处理、禁止出口、退回或销毁处理，严防限定的有害生物传入和传出。

经检疫合格的花卉产品，检验检疫机关发入境花卉产品检验检疫证明，或在提单、报关单上加盖检验检疫放行章，交货主或其代理人办理报关、提货、发运手续。

（5）检疫监管制度

检疫监管是检疫机构按照检疫法规对应该实施检疫的物品在检疫期间所实行的检疫监管与管理程序，以防止有害生物的应检物扩散。检疫监管的范围较广，包括预定要出入境的花卉产品在出入境前的注册登记、产地检疫与预检；入境的花卉产品在入境后到出关放行前的所有时段内的动向；国家划定为检疫区内的所有应检物等。

7.3.2　国外检疫

7.3.2.1　欧盟进口花卉检疫

（1）欧盟进口花卉检疫机构

源自非欧盟国家的植物、植物产品进入欧盟时，在第一个进境口岸进行植物健康检验。进境口岸所属国家的检疫机构负责进口花卉的检疫工作，并根据欧盟理事会2000/29/EC 关于防止危害植物或植物产品的有害生物传入欧共体并在欧共体境内扩散的保护性措施、双边、多边协议、对外检疫公告和相关检疫操作手册，在其机场、码头、边境站设立检查站执行。

（2）欧盟进口花卉检疫制度

①禁止进境制度

所有欧盟成员禁止进口的货物　被检疫性有害生物名录中的一种有害生物侵染的植物、植物产品、土壤或生长介质。检疫性有害生物及商品要求名录中的一种有害生物侵染的某些植物或植物产品。

保护区禁止进口的货物　任何引入或在有关保护区内调动，被检疫性有害生物名录中的一种有害生物侵染的植物、植物产品、土壤或称生长介质。

②限制进境制度

首次入境　首次向欧共体引进有关的植物、植物产品或其他物品，进口商，无论是否属于生产者，必须按照规定进行官方注册。文件和货证相符检查以及确保符合2009/20/EC 指令中第 4 条规定的检查，必须与其他包括海关手续在内的有关进口的行政管理手续，在同一地点和同一时间进行。

　　植物检疫证书　源自非欧盟国家的植物、植物产品及其他物品进入欧盟需要植物检疫证书。植物检疫证书对植物、植物产品及其他物品无有害生物的证明适用于整个欧盟地区，因此，商品在欧盟内部进行调运时，植物检疫证书应由原产国的国际植物保护公约授权植物检疫机构签发，特殊情况下也可由另一国家签发。应采用由国际植物保护公约认可的标准证书格式。所有欧盟地区对进口某些花卉、种子和土壤及生长介质有植物检疫证书的要求。

7.3.2.2　美国进口花卉检疫

（1）美国进口花卉检疫机构

　　美国农业部的动植物检疫局（United States Department of Agriculture，Animal and Plant Health Inspection Service，USDA-APHIS）负责进口花卉的检疫工作，并根据植物保护法、联邦种子法、联邦植物有害生物法、濒危物种法等相关法律制订对外检疫公告和相关检疫操作手册，在各机场、码头、边境站设立检查站执行。

（2）美国进口花卉检疫制度

　　①禁止进境制度　联邦法典中明令禁止从指定国家进口的苗木、植株、根、球茎、种子或其他植物产品，这些产品除科学用途引进外不得进口到美国。禁止进境名录内的花卉不可以进入美国，除非满足下列条件：

　　——美国农业部进口用作试验或科学研究；

　　——进口到植物种质检疫中心或经由特指的联邦检查站入境；

　　——遵守为该物品签发的农业部许可证的规定，并在入境口岸存档；

　　——符合农业部许可证注明的条件并且检疫官员认为已经采取足够措施以防止植物有害生物传入美国，如处理、加工、种植、装船、处置等；

　　——标签或标志必须牢固附在装运物品的容器外，若无容器则附在物品上，标签上注明的农业部许可证号应与该物品办理的农业部许可证号一致。

　　②限制进境制度　限制进境不属于禁止进境产品的，具有繁殖能力的苗木、植株、根、球茎、种子或其他植物产品，这些产品开始起运到美国之前，进口商必须取得进口许可，并附有出口国家的植物检疫证书。

　　证书要求　限制进境花卉在运送到美国之前，进口商须取得进口许可以及出口国家签发的官方植物检疫证书。这些文件证明须由出口国家检疫官员在产品运离该国前，已完成产品有害生物检查，证书上必须注明进口花卉的属名。

　　栽培介质和包装材料　除非另有规定，进口的限制进境花卉和包装不得携带沙、土壤、泥土和其他栽培介质。

　　标签要求　进口到美国的限制进境花卉应附有发票或装箱单。使用邮件以外方式进口时，须清楚、正确地在产品或包装上标明相关信息，包括产品学名和商品名、数量、原产国或原产地、发货人、货主、运输或转运人姓名和地址、收货人姓名和地址、发货人识别标记以及签发书面进口许可证上允许进口的数量。以邮件方式进口则须在包装内附有包含上述信息的清单，并寄送到指定口岸的检查站。

入境口岸　需要进口许可的限制进境花卉，如果没有提前批准，则必须从指定口岸进口到美国，另有规定的除外。

到达通知　进口限制进境花卉到达入境口岸时，进口商应立即将舱单、海关手续文件、发票、运货单、代理文件或起同样作用的通知表格提交给当地口岸的检查站。

检查和处理　在到达第一入境口岸时由检疫官员抽样和检查，并且在种植原产国进行预检，并必须根据检疫官员的命令按特殊要求实施处理。限制进境花卉中如果感染经处理不能消灭的有害生物，则在第一入境口岸禁止进入美国。

隔离检疫　一些来自指定国家和地区的限制进境花卉必须在签订州隔离检疫协议的地区进行隔离检疫，进口商在申请并签署隔离检疫种植协议后，检疫官员对其进行监督和实施隔离检疫。

7.3.2.3　加拿大进口花卉检疫

（1）加拿大进口花卉检疫机构

加拿大的进口花卉检疫工作主要由加拿大食品检验局（Canadian Food Inspection Agency，CFIA）负责，涉及的法律法规主要包括植物保护法及其条例、加拿大农业产品法、种子法及条例以及不定期更新的植物保护法令。

（2）加拿大进口花卉检疫制度

加拿大法律法规规定不得将任何有害生物以及感染有害生物的物品进口到加拿大，除非获得并向检疫官员提供有效的许可证和植物检疫证书。除来自美国的部分产品外，所有种植用繁殖材料都需要进境许可和植物检疫证书。法律法规对进境口岸、包装材料、切花、种子、苗木作了具体的规定。

①进境口岸　根据植物保护条例的规定，进口花卉须从设有海关和加拿大食品检验局机构的口岸入境，并且在没有得到海关或检疫官员的指令前，不得打开交通工具或货物的包装，或将货物运到其他口岸或加拿大境内的其他地方。

②包装材料　进口花卉必须使用下列批准的包装材料：荞麦壳、软木、纸张、珍珠岩、聚丙烯酰胺（吸水聚合体）、谷壳、矿毛绝缘纤维、锯屑、蛭石、刨花或按具体情况批准的其他产品或材料。运输进口花卉的包装箱必须是首次使用，并且不带有土壤及相关物质。

③切花　进口的切花不得带有根、土壤、栽培介质和有害生物，需要提供有效的原产国植物检疫证书或转口植物检疫证书。

④种子　进口的种子需在口岸接受检查，不得带有加拿大禁止的有害杂草和土壤，并符合其他如纯度和发芽等方面规定。进口到加拿大的种子须附有一份种子分析证明书，表明该批种子已按要求测试过。

⑤苗木　进口的苗木不得带有限定性有害生物和土壤，某些原产国和品种还会受到不同附加要求的限制。进口商必须保证货物符合所有要求。苗木在进口前，必须在原产国至少生长1年或1个生长周期。生长不足1年或1个生长周期的转口苗木，必须声明该货物的原产国。如果进口的苗木属于加拿大的新植物品种或濒危物种，在向加拿大食品检验局申请进境许可证前，还必须符合加拿大环境保护要求。植物检疫证

书上必须标明进口苗木的学名。如果需要处理则必须在证书上的处理部分予以体现。植物的产地如果存在加拿大限定性有害生物，植物检疫证书必须附加相关的声明。

小　结

本章从园林花卉的概念出发，介绍了园林花卉商品的概念与特点，园林花卉商品的经营方式，园林花卉商品的检疫制度。对于园林花卉商品的经营，介绍了园林花卉商品的经营特征与经营模式以及营销渠道，园林花卉商品的国际贸易方式与操作流程。对于园林花卉商品的检疫制度，介绍了国内花卉检疫机构与制度、国外花卉检疫机构与制度。

思考题

1. 什么是园林花卉商品？园林花卉商品的特点是什么？
2. 园林花卉商品的经营特征是什么？
3. 园林花卉商品的经营模式有哪些？
4. 园林花卉商品的贮藏方法有哪些？
5. 园林花卉商品的包装形式有哪些？
6. 园林花卉商品的国际贸易方式有哪些？
7. 国内花卉检疫机构制度有哪些？

推荐阅读书目

1. 花卉国际贸易实务. 罗宁. 中国林业出版社，2010.
2. 花卉业的全球化和地方集群创新. 杨锐，李萍. 中国建筑工业出版社，2010.
3. 商品学. 刘增田. 北京大学出版社，2010.

案例 1　浙江萧山园林花卉生产与经营

浙江萧山园林花卉苗木有着 40 多年历史，随着改革开放，特别是近 10 年来，花卉苗木作为萧山区调整优化农业生产结构的优势产业而异军突起，成为该区农业五大特色主导产业之一，在全国也具有较高的知名度，是全国最大的花木生产基地之一，有"中国花木之乡"的美誉。

据萧山区农业局统计：全区花卉苗木复种面积 18 036hm²，其中观赏和绿化苗木 15 719hm²、花卉 2174hm²、草皮 143hm²、盆栽类 441.37 万盆。全区常年花卉苗木种植面积 10 033.33hm²，其中有苗木 9593.33hm²、花卉 406.67hm²、草皮 33.33hm²。全区花卉园艺实现产值 165 420 万元，其中花卉苗木产值 161 576 万元、盆栽类园艺产值 3844 万元。花卉苗木产值中有苗木产值 145 499 万元、花卉产值 14 657 万元、草皮产值 1420 万元。全区生产观赏绿化苗木 10 亿株，生产盆栽植物 2000 万盆，生产鲜切花、切叶 100 万枝。全区有 300 多个村、500 多家企业、3 万多农户、6 万多人从事花卉苗木的生产、经营、销售、园林工程及与之相关的服务，产品销往全国

31 个省、自治区、直辖市，并出口美国、韩国、日本、德国、中国香港等国家和地区。花卉苗木已成为萧山都市型效益农业新的亮点和新的增长点，是萧山农业的一张"金名片"。

萧山花卉苗木产业呈现以下六大特点：

（1）生产规模化

随着花木产业的迅速发展，规模化程度不断提高，萧山区花卉苗木已改变以往零星分散、千家万户为主的生产现状。据统计，全区现有 50 亩*以上的大户 695 户，总面积 110 500 亩，占全区花木面积的 73%。其中 100 亩以上有 230 余家，最大的一家生产面积达 1800 亩。萧山苗农还在区外建立了 5 万多亩的花木基地。

（2）品种多样化

萧山区广大苗木企业、苗农为适应市场对植物多样性的需求，栽培的品种由单一向多品种方向发展，坚持以市场为导向，结合萧山实际，以生产观赏绿化苗木为主，在保持传统特色类型的柏木类、黄杨类为主的基础上，积极引进新优品种，优化苗木品种结构，形成了行道树、花灌木、绿篱植物、地被植物、攀缘植物、湿生植物、盆景类、花坛植物、室内植物、观赏盆花为主的十大类上千个品种。现在萧山花卉苗木品种齐全，绿化工程上所需的常规苗木在萧山都能办到。

（3）经营产业化

萧山区花卉苗木业已形成一条从生产、营销、园林工程、绿化养护、市场交易到教育、科研的产业链。目前全区具有园林施工资质的企业 69 家，其中：国家一级资质 9 家，二级资质 23 家，园林绿化工程施工资质全国领先，2010 年全区园林公司承接园林绿化工程达 30 亿元。一些工商企业也投入到花卉种子种苗生产及花卉市场建设，如省农业高科技示范园区、浙江（中国）花木城、萧山花木市场等，2009 年以浙江（中国）花木城为龙头，全区花卉苗木市场交易额达 12 亿元，成为华东地区最大的花木集散地，市场内汇集了全国 16 个省（自治区、直辖市）的花木企业，摊位总数达 2000 多个。

（4）栽培设施化

在不断引进新品种，扩大种植面积的同时，全区的花木种植户特别注重利用现代科学技术进行设施栽培。全区现有花木设施栽培面积 7000 多亩，其中大棚面积 $160 \times 10^4 m^2$。同时，容器育苗快速发展，全区容器育苗面积 4000 多亩，生产工程用容器苗 1.5 亿株、扦插苗 3 亿株。另外，喷灌、滴灌在绿化苗木生产上的应用逐步推广。这些先进设施的应用，为全区花卉产业走科技化道路奠定了良好的基础。

（5）种植标准化

生产现代化离不开生产的标准化。随着花卉苗木竞争日趋激励，广大花木生产者逐渐认识到产品质量标准的重要性。在上级业务部门的支持下，全区先后制订了圆柏、龙柏、瓜子黄杨、红花檵木、蝴蝶兰、桂花等品种的生产标准，其中圆柏、瓜子黄杨为省级标准，并且引导苗农按标准化生产，提高产品质量；同时还十分重视品牌

---

* 1 亩 = 666.7m²

建设，注册了"绿都"、"金土"、"五彩"等苗木商标 30 多个，以提高萧山苗木的知名度和市场占有率。

（6）交易现代化

全区花农在利用传统的现场交易和市场交易的同时，还积极利用现代网络技术，进行网上交易。据不完全统计，全区有 100 多家花木企业、苗场都建立了自己的网站，2010 年实现网上销售达 8000 余万元。由萧山区林业局和花卉协会创建的萧山花木网对内成为企业交流的平台，对外成为展示萧山花木的窗口。

案例 2　荷兰花卉行业

荷兰号称"世界花卉王国"，具有悠久的花卉生产历史，先进的花卉栽培技术，完善的生产设施，优良及丰富多彩的种植品种，严格的质量控制系统，快速高效的营销及推广服务系统。

（1）花卉中介组织的有效管理

荷兰花卉中介组织不仅数量多，而且门类齐全，既有官方、半官方的（如花卉批发商协会），但更多的是民间形式（如花卉零售商协会）。目前，在荷兰花卉产业生产、流通领域的各个环节、各类花卉中，都组建了自己专门的中介组织。如生产上有种植者协会（NTS），其理事会从各类花卉及产品的专业种植者协会（鲜切花、盆花、观赏植物、月季、菊花、郁金香等协会和组织）中选举产生；营销上有荷兰花卉零售商协会（VBM）、批发商协会（VGB）、拍卖商协会四 BN）及各产品销售协会、出口商协会；支撑体系中有荷兰花卉委员会（BBH）、花卉研究中心 P（BG）、植物保护局伊 PS）、荷兰栽培环境工程协会（MPS）、国际花卉球根中心（IBC）等组织。

在众多的荷兰花卉中介组织中，一部分是荷兰政府根据市场经济规律和花卉产业发展不断趋向成熟的实际情况本着小政府、大社会的宗旨，将政府职能转移，并从政府管理部门中剥离而产生的，另一部分是根据市场需求，将原官方的协会或管理部门进行改制，而形成民间私有化的中介机构；而大部分中介组织是由各花卉专业公司根据市场需求自发联合成立的，不需要政府批准，但需在政府注册。中介组织的费用来源于各成员单位交纳的会费，如批发商协会规定，批发商成交额的 0.1% 作为强制性捐款必须赠给理事会，同时，理事会任务是负责为成员单位收集交易支付和负债人情况信息，催促有关方面及时付款。当某一中介组织不适应市场需求时，即可自行解散。

（2）高度的专业化大生产和科学的社会化分工

花卉业是高投入、高产出、高风险的特殊行业。荷兰花卉业始终坚持高度专业化、规模化生产和科学的社会化分工协作，荷兰花卉生产、销售、科研、推广培训、相关设备等各个环节，一般都是由独立的专门公司承担，由行业协会协调衔接。一般情况下，生产者不参与销售，销售者不直接从事生产，种花的不繁殖种苗，繁殖种苗的不生产花卉，分工极其明确，这既有利于花卉业主集中精力专心致志地从事单项工作，提高生产经营水平和效率，又有利于花卉生产、加工、包装、贮藏、运输的机械化和自动化。由于荷兰建立了发达的营销体系（拍卖、批发、零售），特别是拍卖市场的高速运转，使花卉市场需求稳定，产品价格波动相对较小，生产者、销售者都不必采用小而全的生产经营方式来避免市场风险，生产者只关心如何生产高质量的产品，从而使专业化、规模化生产达到顶峰。

（3）健全、快捷、高效的花卉流通体系

荷兰花卉流通体系包括七大拍卖市场、近1000家批发企业和逾1.4万家零售店，流通体系中龙头和核心是拍卖市场，它是由一批龙头企业为成员组建的股份制联合体。拍卖市场的主要特征是公平、公开、快捷、高效，荷兰花卉出口额的85%是通过拍卖市场进行的，拍卖已成为荷兰花卉销售的主要方式和主渠道。拍卖市场将花卉购买者集中，对买方形成一定的竞争压力，以保证生产者利益的最大化和风险最小化。为保持花卉的新鲜，拍卖时只需把各种产品的部分样品在拍卖市场展示，产品拍卖成交后将直接运抵买主指定的地点。同时，由于拍卖市场对花卉保鲜、包装、检疫、海关、运输、结算等服务环节实现了一体化和一条龙服务，确保了成交的鲜花在当天晚上或第二天出现在世界各地的花店里，不仅降低了交易成本和风险，而且提高了效率。

（4）适度规模的集约化经营与现代化栽培设施和高新技术的应用

荷兰在长期花卉产业发展实践中，已积累了大量的经验，认识到花卉生产规模并非越大越好，关键是要集约化经营，展高新技术产品。因此在进行花卉产业发展时，就确立了稳定的种植面积，适度的经营规模，高度集约化管理措施以及发展高新技术产品的策略。荷兰全国70%的花卉采用温室栽培。现代化的新型温室，是通过电脑控制花卉生产过程中的温度、湿度、光照、施肥、喷药等，而播种、移栽、采收、分级、包装等生产环节又都实现了机械化作业。在荷兰，花卉种苗的组织培养已相当普及，许多大公司都拥有自己的组培室。在无性繁殖的花卉种苗中，80%以上是通过组培繁殖的。这不仅提高了花卉生产的质量，而且大幅度提高了生产效率。荷兰的花卉业十分注重高新技术成果的推广和应用。花卉生产企业都普遍应用无土栽培技术、"潮汐"式灌溉技术、分子育种等技术。

（5）健全严格的花卉质量监控体系

荷兰十分重视花卉产品的质量监控，通过健全质量监控机构、制定严格质量标准、实行质量认证制度和产品质量信誉认可等措施来确保花卉产品质量。荷兰花卉质量监控机构分为政府和民间两大类。政府花卉质量监控机构主要是荷兰植物保护局及其分支机构，其主要任务是对进出口植物材料签发检疫通行证。进口植物在入关时就设立了健康档案，并进行全程跟踪检测；出口植物产品实行产地检疫，在生产基地或运输袋装地点进行检疫，提高了效率。监控的内容包括，病虫害检疫、农药含量等。另一类机构是荷兰鲜切花和观赏植物检验总局，它是荷兰农业部领导下的一个私营基金会组织，其经费来自成员单位交纳的会费。NAKB主要负责检查花卉公司有关产品的健康状况、品种纯度、新鲜度和花形、花色等外表质量，同时，还检查公司的经营、管理和卫生等状况。荷兰不同花卉产品的质量标准，由各花卉中介组织依据农产品质量法案分别制定，由荷兰植物保护局、NAKB、国家新品种鉴定中心等机构执行。如某一公司花卉产品符合质量标准，则相应机构颁发产品质量认可证书，产品方可上市流通，否则，不许上市。同时，荷兰还通过激烈的市场竞争，来提高花卉生产企业的质量意识。如在荷兰最大的阿斯米尔拍卖市场，各花卉生产的产品一进入拍卖市场，就完全处于市场的控制之下，由专业技术人员为产品按质分级。如果某一产品因质量达不到标准而未拍卖成交，则该产品将作为垃圾处理，而且，生产企业还必须支付垃圾处理费，而不会让你拿回来降价销售。由于荷兰采取了严格的质量保证措施，使其花卉产品在全球激烈的市场竞争中始终立于不败之地。

第8章　园林行业人力资源管理

近年来中国园林绿化行业发展迅速，市场需求环境较比以往变化更快，对于园林行业的人力资源管理提出了更高的要求。从个体角度上，园林企业的管理人员以及相关从业人员必须紧跟时代发展的要求，不断提高自己的素质和能力，才能适应园林行业快速变化的趋势。从园林企业管理的角度上看，企业也必须认识到人力资源的内涵，不断根据环境变化调整自己的人力资源发展战略，加强企业内部和外部人力资源的管理，真正做到"人尽其才"，降低企业的人力成本，发挥人力资本在企业发展中的重要作用。

8.1　园林行业的人力资源概述

8.1.1　人力资源的基本概念

第二次世界大战以后，芝加哥大学教授、诺贝尔经济学奖获得者西奥多·T·舒尔茨（T. T. Schulth）在 20 世纪 50 年代末 60 年代初提出了人力资本的理论并得到经济学界普遍的认同，他用这种理论成功地解决了古典经济学家长期以来未曾解决的经济增长的源泉之难题，解开了当代财富之谜。他认为人力资本才是国家和地区的富裕之泉。这种理论突破了只有厂房、机器等物质性资源才是资本的概念，把国家、地区和企业在教育、保健、人口、迁移等方面投资所形成的人之能力的提高和生命周期的延长也看做资本的一种形态。舒尔茨认为，人力资本是通过对人力资源投资而体现在劳动者身上的体力、智力和技能，它是另一种形态的资本，与物质资本共同构成了国民财富，而这种资本的有形形态就是人力资源。这种资源是企业、地区和国家生产和发展的要素之一。当代经济学家普遍接受了舒尔茨的观点。经济学家认为，土地、厂房、机器、资金等已经不再是国家、地区和企业致富的源泉，唯独人力资源才是企业和国家发展之根本。

那么究竟何为人力资源？经济学家从不同的角度给出了不同的定义，常见的有以下几种：广义地说，人力资源是指智力正常的人。狭义上，有多种定义：①人力资源是指能够推动国民经济和社会发展的、具有智力劳动和体力劳动能力的人们的总和，它包括数量和质量两个方面。②人力资源是指劳动力资源，即一个国家或地区有劳动能力的人口总和。③人力资源是指具有智力劳动或体力劳动能力的人们的总和。④人力资源是指包含在人体内的一种生产能力，它是表现在劳动者身上的、以劳动者的数量和质量表示的资源，它对经济起着生产性的作用，使国民收入持续增长。⑤人力资源是指能够推动整个经济和社会发展的劳动者的能力，即处在劳动年龄的已直接投入建设或尚未投入建设的人口的能力。⑥人力资源是指具有为社会创造物质财富和精神财富、为社会提供劳务和服务的人。

　　由于本书所论述的是园林企业所需的人力资源，所以可将其定义为能够推动园林企业发展的、具有智力劳动和体力劳动的人们的总和，它包括数量和质量两个方面。

8.1.2　人力资源的特征

　　人力资源是园林企业进行管理和日常生产活动最基本最重要的资源，与企业其他资源相比较，它具有如下特点：

　　(1) 人力资源具有能动性

　　这是人力资源区别于其他资源的最根本的区别。人力资源具有思想、情感和思维，具有主观能动性，能有目的地、有意识地主动利用其他资源去推动企业的发展，因而它在企业的活动中起到了积极的和主导的作用，其他资源则处于被动使用的地位。另外，人力资源还是唯一能起到创造作用的因素。由于人具有创造性思维的潜能，这种潜能可在两个方面发挥作用：一是人在企业活动中往往能创造性地提出一些全新的方法，加速企业的进步和经济效益的提高；二是人能适应环境的变化和要求担负起应变、进取、创新发展的任务，从而使组织更加充满活力。人力资源的能动性可以体现在 3 个方面：①自我强化：通过接受教育或主动学习，使得自己的素质（如知识、技能、意志、体魄等）得到提高。②选择职业：在人力资源市场中具有择业的自主权力，即每个人均可按自己的爱好与特长自由地选择职业。③积极劳动：人在劳动过程中，会产生敬业、爱业精神，能够积极主动地利用自己的知识与能力、思想与思维、意识与品格，有效地利用自然资源、资本资源和信息资源为社会和经济的发展创造性地工作。

　　(2) 两重性

　　人力资源既是投资的结果，同时又能创造财富，或者说，它既是生产者，又是消费者。根据舒尔茨人力资源的理论，人力资本主要由个人和社会双方来投资，主要用于对教育的投资、对卫生健康的投资和对人力资源迁移的投资，人力资本投资的程度决定了人力资源质量的高低。由于人的知识是后天获得的，为了提高知识与技能，必须接受教育和培训，必须投入财富和时间，投入的财富构成人力资本的直接成本（投资）的一部分。人力资本的直接成本（投资）的另一部分是对卫生健康和迁移的投资。另外，人力资源由于投入了大量的时间用于接受教育用来提高知识和技能，而失去了许多就业机会和获得收入，这构成了人力资本的间接成本（即机会成本）。从生产与消费的角度来看，人力资本投资是一种消费行为，并且这种消费行为是必需的，先于人力资本收益的，没有这种先前的投资，就不可能有后期的收益。另一方面，人力资本与一般资本一样具有投入产出的规律，并具有高增值性。研究证明，对人力资源的投资无论是对社会性还是对个人所带来的收益要远远大于对其他资源投资所产生的收益。舒尔茨用投资收益率法研究了美国 1828 年到 1857 年的经济增长贡献，结果表明，教育投资对经济增长率的贡献为 33%。

（3）时效性

人力资源存在于人的生命之中，它是一种具有生命的资源，它的形成、开发和利用都要受到时间的限制。作为生物有机体的人有其生命的周期，每个人均要经过幼稚年期、青壮年期、老年期，由于每个时期人的体能和智能的不同，其各个时期的劳动能力各不相同，因而这种资源在各个时期的可利用程度也不相同。从个人成长的角度来看，人才的培养也有童年期、成长期、成熟期和退化期的过程，相应地，其使用则经历培训期、试用期、最佳使用期和淘汰期的过程，这是由于随着时间的推移，社会将不断进步，科学技术也将不断发展，这使得人的知识和技能相对老化而产生的结果。人力资源的开发与管理也必须尊重人力资源的时效特征。

（4）再生性

与物质资源相似，人力资源在使用过程中也会出现有形磨损和无形磨损。有形磨损是指人自身的疲劳和衰老，这是一个不可避免的、无法抗拒的损耗。无形磨损是指个人的知识和技能与科学技术发展相比的相对老化，我们可以通过一定的方式与方法减少这种损耗。物质资源在形成产品、投入使用并磨损以后，一般予以折旧，不存在继续开发问题。人力资源在使用过程中，有一个可持续开发，丰富再生的独特过程，使用过程也是开发过程。人在工作以后，可以通过不断地学习更新自己的知识，提高技能；而且，通过工作，可以积累经验，充实提高。所以，人力资源能够实现自我补偿，自我更新，自我丰富，持续开发。这就要求人力资源的开发与管理要注重终生教育，加强后期培训与开发，不断提高其德才水平。

（5）社会性

由于每一个民族（团体）都有其自身的文化特征，每一种文化都是一个民族（团体）的共同的价值取向，但是这种文化特征是通过人这个载体而表现出来的，由于每个人受自身民族文化和社会环境影响的不同，其个人的价值观也不相同，他们在生产经营活动、人与人交往等社会性活动中，其行为可能与民族（团体）文化所倡导的行为准则发生矛盾，可能与他人的行为准则发生矛盾，这就要求人力资源管理注重团队的建设，注重人与人、人与群体、人与社会的关系及利益的协调与整合，倡导团队精神和民族精神。

8.2 人力资源规划

8.2.1 人力资源规划的概念

人力资源规划是根据组织的战略目标，科学预测组织在未来环境变化中人力资源的供给与需求状况，制订必要的人力资源获取、利用、保持和开发策略，确保组织对人力资源在数量上和质量上的需求，使组织和个人获得长远利益。

作为园林企业，进行必要的人力资源规划将使企业以及企业的职工都能得到长远的利益。具体作用体现在以下几点：

（1）增强企业对于环境的适应性

人力资源规划可以根据组织目标的变化和组织的人力资源现状，分析预测人力资源的供需，采取必要的确保措施，平衡人力资源的供给与需求，确保组织目标的实现。再者，由于人力资源规划不断随环境的变化而变化，使得组织的战略目标更加完善，使得组织对于环境的适应能力更强，组织因而更富有竞争力。

（2）提高企业成员的主观能动性

人力资源规划还能创造良好的条件，充分发挥组织中每个人的主观能动性，提高工作效率，使组织的目标得以实现。

（3）为企业工作分析提供依据

人力资源规划的一项基本任务是对组织的现有能力进行分析，对职工预期达到的能力与要求进行估计与分析。人力资源规划的各项业务计划将为工作分析提供依据。组织根据工作分析的结果与对职工现有的工作能力的分析，决定人员配置的数量与质量，并对人力资源的需求做出必要的修正，然后组织根据人力资源的供需计划和人员配置的结果（即剩余人员或短缺人员的数量）来决定招聘与解雇职工的数量，因此人力资源供需计划是职工配置的基础。

（4）为企业制订培训计划提供帮助

人力资源规划对职工的培训也有很大的影响。人力资源需求计划对人员的数量与质量提出了要求，组织上可根据目前的人力资源供给状况来决定对职工培训的范围（参加人数）与内容，决定培训的投资额度，达到以最小的人力资源成本获得最大效益的目的。与此同时，对职工的培训使得职工的素质与能力得到提高，这又会对人力资源的供给产生影响。人力资源规划与职工培训是相互作用的。

8.2.2　人力资源规划的基本程序

一般而言，园林企业人力资源规划的主要过程可分为 4 个阶段：

（1）调查分析准备阶段

即调查研究以取得人力资源规划所需的信息资料，并为后续阶段作实务方法和工具做准备。所调查的信息包括企业外在环境、经营战略、组织环境以及人力资源现状等。

（2）预测阶段

即在所收集的人力资源信息的基础上，通过主观经验判断和各种统计方法及预测模型，对园林企业人力资源供给和需求进行预测。

（3）制订规划阶段

即制订人力资源开发与管理的总规划，根据总规划制订各项具体的业务计划以及相应的人事政策，以便各部门贯彻执行。

（4）规划实施、评估与反馈阶段

企业组织将人力资源的总规划与各项业务付诸实施，并根据实施的结果进行人力资源规划的评估，并及时将评估的结果反馈，修正人力资源规划。

8.2.3　人力资源规划的编制

人力资源规划是一个连续的规划过程，它主要包括两个部分：基础性的人力资源规划（总规划），业务性的人力资源行动计划。

8.2.3.1　基础性的人力资源规划

基础性人力资源规划一般应包括以下几个方面：

①与组织的总体规划有关的人力资源规划目标、任务的说明；

②有关人力资源管理的各项政策策略及其有关说明；

③内部人力资源的供给与需求预测，外部人力资源情况与预测；

④人力资源净需求。人力资源净需求可在人力资源需求预测与人力资源（内部）供给预测的基础上求得，同时还应考虑到新进人员的损耗。通常有两类人力资源净需求，第一类是按部门编制的净需求，第二类是按人力资源类别编制的净需求，前者可表明组织未来人力资源规划的大致情况，后者可为后续的业务计划使用。

8.2.3.2　业务性的人力资源计划

（1）招聘计划

①需要人员的类别、数目、时间；②特殊人力的供应问题与处理方法；③从何处、如何招聘；④拟定录用条件，这是招聘计划的关键。条件有：工作地点、业务种类、工资、劳动时间、生活福利等；⑤成立招聘小组；⑥为招聘而做广告与财务准备；⑦制订招聘进度表，进度表包括：开始日期，招聘地点，确定招聘准则，选定并训练招聘人员，定出访问次数计划，做好活动预算。

（2）升迁计划

由于招聘对现有人员及士气均有一定程度的负影响，所以升迁计划是人力资源规划中很重要的一项。包括：①现有职工能否升迁；②现有职工经培训后是否适合升迁；③过去组织内的升迁渠道与模式；④过去组织内的升迁渠道与模式的评价，以及它对职工进取心、组织管理方针政策的影响。

（3）人员裁减计划

①人员裁减的对象、时间、地点；②经过培训是否可避免裁减；③帮助裁减对象寻找新工作的具体步骤与措施；④裁减的补偿；⑤其他有关问题。

（4）职工培训计划

①所需培训新职工的人数、内容、时间、方式、地点；②现有职工的再次培训计划；③培训费用的估算。

（5）管理与组织发展计划

针对组织的未来发展，有计划进行相应的人力资源准备，形成人力资源发展梯队。

（6）人力资源保留计划

利用人力资源规划工作中的经验与有关资料，采取各种措施，挽留人才，减少不必要的人力资源损耗。措施包括：改进薪酬方案；提供发展机会；减少内部摩擦；加强沟通；减轻新进人员的适应危机；改善工作条件；实行轮岗制；提供再培训机会；改进升迁方法等。

(7) 生产率提高计划

①生产率提高与人力资源的关系；②建立生产率指标，提供具体的努力目标；③劳动力成本对生产率提高的影响；④提高劳动生产率的措施。

以上计划是相互影响、相互作用的。因此，各项计划必须考虑到综合平衡的问题。

8.3　人力资源吸收——职工招聘

8.3.1　工作分析

8.3.1.1　工作分析的概念和内容

工作分析，亦称职务分析，就是对组织中各工作职务的特征、规范、要求、流程以及对完成此工作职工的素质、知识、技能要求进行描述的过程，它的结果是产生工作描述和任职说明。

工作分析是园林企业人力资源开发和管理最基本的作业，是人力资源开发和管理的基础。园林企业工作分析的内容主要包括 4 个方面：

①工作性质分析　其目的在于确定某项工作与其他工作质的区别。分析结果是通过确定工作名称而准确表达各项工作的具体内容。工作名称由工种、职务、职称和工作等级组成，如园林设计高级工程师，工种、职务、职称由劳动程序分工或专业分工所决定，工作等级则由工作分级确定。它们都反映了工作性质的差别。

②工作任务量的分析　就是对同一性质的工作任务的多少进行分析；其结果往往表现为确定同一名称的工作所需人员的数量。

③工作规范分析　包括岗位操作分析、工作责任分析、工作关系分析、工作环境分析、劳动技能分析、劳动强度分析 5 项内容。岗位操作分析就是分析为完成某一任务而必需的操作行为，一定的岗位操作行为是形成独立的工种和职务的前提。工作责任分析就是确定某项工作的职责范围及在园林企业中的重要程度。工作关系分析就是分析某项工作与他项工作的协作内容及联系。工作环境分析就是对工作场所和条件的分析，工作环境分析是改善工作条件，调整职工适应能力的前提。劳动强度分析就是对工作的精力集中程度和疲劳程度的分析。

④工作人员的条件分析　包括应知、应会、工作实例和人员体格及特性等方面的分析。应知就是工作人员对所从事的工作应具备的专业知识。应会是指工作人员为完成某项工作任务必须具备的操作能力和实际工作经验。工作实例就是根据应知、应会的要求，通过某项典型工作来分析判断从事某项工作的工作人员所必须具备的能力、智力及操作的熟练程度。工作人员的体格及特性是指身体方面的要求及性别、年龄和特殊能力的要求等。

8.3.1.2　工作分析的方法

工作分析的方法一般可采用以下 5 种：

①问卷调查法　即把结构化问卷发放给职工，由他们来确认各自要完成的任务。

②实地观察法　即对在现场工作的职工进行观察，作详细记录，然后进行系统的分析。

③面谈法　即工作分析人员同工作人员进行直接交谈，以了解工作的内容。

④记录法　即将工作中的有关事项及其动作、顺序加以记录，并进行统计整理，说明工作的性质和内容。

⑤试验法　即用生理的、医学的以及心理学的测定方法，对工作进行计量测定的分析。

8.3.1.3　职位分类

（1）职位

所谓职位，是指一定的人员所经常担任的工作职务及责任。

职位具有 3 个要素：

①职务　指规定担任的工作或为实现某一目的而从事的明确的工作行为。

②职权　依法赋予职位的某种权利，以保证履行职责，完成工作任务。

③责任　指担任一定职务的人对某一工作的同意或承诺。

（2）职位分类

职位分类是指将所有的工作岗位即职位，按其业务性质分为若干职组、职系（从横向上讲），然后按责任大小、工作难易、所需教育程度及技术高低分为若干职级、职等（从纵向上讲），对每一职位给予准确的定义和描述，制成职位说明书，以此作为对聘用人员管理的依据。

①职系　是指一些工作性质相同，而责任轻重和困难程度不同，所以职级、职等不同的系列。简而言之，一个职系就是一种专门职业。

②职组　工作性质相近的若干职系综合而成为职组，也叫职群。

③职级　是分类结构中最重要的概念，指将工作内容、难易程度、责任大小、所需资格皆相似的职位为同一职级。

④职等　工作性质不同或主要职务不同，但其困难程度、职责大小、工作所需资格等条件充分相同之职级的归纳称为职等。

（3）职位分类的程序和方法

园林企业职位分类的基本原则是"因事设职"。其所依据的因素主要有 4 个，即工作的业务性质、难易程度、责任大小、对工作人员的资格要求。

职务分类的实施程序一般应遵循有前后衔接的 3 个步骤：

职位调查　即对企业现有职位的工作内容、工作量、权责划分等实际情况做细致全面的调查，并在此基础上，确定基本分类的因素，建立分类标准。

职位品评　即在职位调查的基础上，以基本分类因素为标准，对职位进行比较评价、区分职系、划定职级的过程。这是职位分类实施过程中的中心步骤。职位品评由互相衔接的两部分工作组成。一是职系区分：按工作的业务性质，并同区异，划分出职系，如技术系列、管理系列。二是职级划定：根据各职系、职位的工作简繁，责任大小，所需资格，技术高低等，把所有的工作职位定级、定等，并确定薪金待遇。所以，职位品评，实际上就是一种工作评价。

制订职级规范，即对划分职级后的每一个职级或职位作标准化和定量化说明的书面文件。这一书面文件就是职级规范，又叫"职级说明书"或"职位说明书"。

8.3.2 人员招聘

人员招聘是指组织为了发展的需要，根据人力资源规划和工作分析的数量和质量要求，从组织外部吸收人力资源的过程。它是人力资源规划的具体实施。园林企业的人员招聘大致分为招募、选拔、录用、评估 4 个阶段。

8.3.2.1 招募

人员招募是招聘的一个重要环节，其主要目的在于吸引更多的人来应聘，使得组织有更大的人员选择余地，避免出现因应聘人数过少而降低录用标准或随意、盲目挑选的现象；同时也可使应聘者更好地了解组织，减少因盲目加入组织而后又不得不离职的可能性。有效的人员招募可提高招聘质量，减少组织和个人的损失。人员招募主要包括：

（1）招聘计划的制订与审批

招聘计划是招聘的主要依据。制订招聘计划的目的在于使招聘更加合理化、科学化。由于职工招聘直接影响到人力资源开发与管理的其他步骤，招聘工作一旦失误，以后的工作就难以开展，企业也将得不到最优秀的人力资源，企业的生存与发展则受到威胁。

招聘计划是用人部门根据部门的发展需要，根据人力资源规划的人力净需求、工作说明的具体要求，对招聘的岗位、人员数量、时间限制等因素做出详细的计划。招聘计划的具体内容包括：①招聘的岗位、人员需求量、每个岗位的具体要求；②招聘信息发布的时间、方式、渠道与范围；③招募对象的来源与范围；④招募方法；⑤招聘测试的实施部门；⑥招聘预算；⑦招聘结束时间与新职工到位时间。

招聘计划由用人部门制订，然后由人力资源部门对它进行复核，特别是要对人员需求量、费用等项目进行严格复查，签署意见后交上级主管领导审批。

（2）招聘信息的发布

招聘信息发布的时间、方式、渠道与范围是根据招聘计划来确定的。由于需招聘的岗位、数量、任职者要求的不同，招募对象的来源与范围的不同，以及新职工到位时间和招聘预算的限制，招聘信息发布时间、方式、渠道与范围则也是不同的。

（3）应聘者提出申请

应聘者在获取招聘信息后，可向招聘单位提出应聘申请。应聘申请有两种方式：一是应聘者通过信函向招聘单位提出申请；二是直接填写招聘单位应聘申请表。

　　根据招募对象的来源我们可将招募分为内部招募与外部招募,它们各自采用的方法也不同。

　　内部招聘是指当企业中出现职位空缺,人力资源管理部门采取积极的态度首先从组织内部中寻找、挑选合适的人员填补空缺。内部招募有以下优点:①为组织内部职工提供了发展的机会,增加了组织对内部职工的信任感,这有利于激励内部职工,有利于职工职业生涯发展,有利于稳定职工队伍,调动职工的积极性;②可为组织节约大量的费用,如广告费用、招聘人员与应聘人员的差旅费、被录用人员的生活安置费培训费等;③简化了招聘程序,为组织节约了时间,省去了许多不必要的培训项目(如职前培训、基本技能培训等),减少了组织因职位空缺而造成的间接损失(如岗位闲置等待、效率降低等);④由于对内部职工有较为充分的了解,使得被选择的人员更加可靠,提高了招聘质量;⑤对那些刚进入组织时被迫从事自己所不感兴趣的工作的人来说,提供了较好的机遇,使他们有可能选择所感兴趣的工作。内部招募对象的主要来源有提升、工作调换、工作轮换、内部人员重新聘用。

　　外部招募必须借助于企业外的劳动力市场,主要来源与方法有广告、学校、就业媒体、信息网络招聘与求职以及特色招募等。

8.3.2.2　人员选拔

　　人员选拔是指从对应聘者的资格审查开始,经过用人部门与人力资源部门共同的初选、面试、考试、体检、个人资料核实,到人员甄选的过程。人员选拔是招聘工作中最关键的一步,也是招聘工作中技术性最强的一步,因而,其难度也最大。其选拔过程包括:

　　(1)　资格审查与初选

　　资格审查是园林企业对求职者是否符合职位的基本要求的一种审查。人力资源部门将符合要求的求职者人员名单与资料移交用人部门,由用人部门进行初选。

　　(2)　面试

　　由于人员资格审查与初选不能反映应聘者的全部信息,企业不能对应聘者进行深层次的了解,个人也无法得到关于企业的更为全面的信息,因此需要通过面试使企业与个人各自得到所需要的信息,以便企业进行录用决策,个人进行是否加入企业的决策。面试是双向选择的一个重要手段。

8.3.2.3　人员录用

　　人员录用过程主要包括:试用合同的签订、职工的初始安排、试用、正式录用。

　　(1)　试用合同

　　职工进入企业前,要与企业签订试用合同。职工试用合同是对职工与企业双方的约束与保障。试用合同应包括以下主要内容:试用的职位、试用的期限、职工在试用期的报酬与福利、职工在试用期应接受的培训、职工在试用期的工作绩效目标与应承担的义务和责任、职工在试用期应享受的权利、职工转正的条件、试用期企业解聘职工的条件与承担的义务和责任、职工辞职的条件与义务、职工试用期被延长的条件等。

（2）职工的安排与试用

职工进入企业后，企业要为其安排合适的职位。一般来说，职工的职位均是按照招聘的要求和应聘者的应聘意愿来安排的。人员安排即人员试用的开始。试用是对职工的能力与潜力、个人品质与心理素质的进一步考核。

（3）人员录用的原则

因事择人　要求企业招聘职工应是根据工作的需要来进行，应严格按照人力资源规划的供需计划来吸纳每一名职工，人员配备切莫出自于部门领导或人力资源部门领导的个人需要或长官意志，也不能借工作需要来达到个人的某种目的。

知事识人　要求部门领导对每一个工作岗位的责任、义务和要求非常明确，应当学会对人才鉴别，掌握基本的人才测试、鉴别、选拔的方法，不但要使自己成为一个好领导，也应当成为一个"伯乐"，应懂得什么样的岗位安排什么样的人员。

任人唯贤　强调用人要出于"公心"，以事业为重，做到大贤大用，小贤小用，不贤不用。

知人善用，要求管理者对所任用的职工了如指掌，并能及时发现人才，使用得当，使每个人都能充分施展自己的才能。

用人不疑，疑人不用　这个原则要求管理者对职工要给予充分的信任与尊重。如果对部下怀有疑虑，不如干脆不用。事实上，试用人员与正式职工在使用上并无本质的差异，关键是管理者能不能给他们以充分的信任与权力，大胆放手让他们在其岗位上发挥自己的才能。

严爱相济，指导帮助　职工在试用期间，管理者必须为其制订工作标准与绩效目标，对其进行必要的考核，考核可从几个方面进行：能力及能力的提高、工作成绩、行为模式及行为模式的改进等；对试用的职工在生活上应当给予更多的关怀，尽可能地帮助职工解决后顾之忧，在工作上要指导帮助职工取得进步，用情感吸引他们留在组织中；同时，从法律上保证职工享受应有的权利。这些对职工是否愿意积极努力地、长期稳定地为组织工作是非常有利的。

（4）正式录用

正式录用过程中用人部门与人力资源部门应完成以下主要工作：职工试用期的考核鉴定；根据考核情况进行正式录用决策；与职工签订正式的雇用合同；给职工提供相应的待遇；制订职工发展计划；为职工提供必要的帮助与咨询等。

8.4　绩效考评

8.4.1　绩效考评的程序和目的

8.4.1.1　绩效考评的程序

绩效考评是企业根据职工的职务说明，对职工的工作业绩，包括工作行为和工作效果，进行考察与评估。考绩的程序一般分为"横向程序"和"纵向程序"两种：

（1）横向程序

横向程序是指按考绩工作的先后顺序形成的过程进行，主要有下列环节：

制订考绩标准 这是考绩时为避免主观随意性而不可少的前提条件，考核标准必须经职务分析中制订的职务说明与职务规范为依据，因为那是对职工所应尽职责的正式要求。

实施考绩 即对职工的工作绩效进行考核、测定和记录。根据目的，考核可分全面的或局部的。

考绩结果的分析与评定 考绩的记录需与既定标准进行对照来作分析与评判，从而获得考绩的结论。

结果反馈与实施纠正 考绩结论通常应与被考评职工见面。使其了解企业对自己工作的看法与评价。从而发扬优点，克服缺点。但另一方面，还需针对考绩中发现的问题，采取纠正措施。因为绩效是职工主、客观因素的综合结果，所以纠正不仅是针对被考评的职工的，也需针对环境条件作相应调整。

（2）纵向程序

纵向程序是指按组织层次逐级进行考绩的程序。考绩一般是先对基层考绩，再对中层考绩，最后对高层考绩，形成由下而上的过程。

以基层为起点，由基层部门的领导对其直属下级进行考绩。考绩分析的单元包括职工个人的工作行为、职工个人的工作效果，也包括影响其行为的个人特征及品质。

基层考绩之后，即可上升到中层部门进行考绩，内容既包括中层干部的个人工作行为与特性，也包括该部门总体的工作绩效（如任务完成率、劳动生产率、工程合格率等）。

待逐级上升到公司领导层时，再由公司所隶属的上级机构（或董事会），对公司这一最高层次进行考绩，其内容主要是经营效果方面硬指标的完成情况（如利润、市场占有率等）。

8.4.1.2 绩效考评的目的

考绩的目的主要是进行行政管理，如制订调迁、升降、委任、奖惩等人事决策；但其目的也有培训开发性的，如考绩结果对被考评者的反馈，以及据此结果制订与实施培训计划等。考绩的主要目的包括：

①考绩本身当然首先是一种绩效控制的手段，也是对职工业绩的评定与认可。因此它具有激励功能，使职工体验到成就感、自豪感，从而增强其工作满意感。另一方面，考绩也是执行惩戒的依据之一，而惩戒也是提高工作效率、改善绩效不可缺少的措施。

②按照按劳分配的付酬原则，考绩之后应论功行赏，所以考绩结果是薪酬管理的重要工具。薪酬与物质奖励无论如何仍是激励职工的重要工具。健全的考绩制度与措施，能使职工普遍感到公平与心服，从而也增强其工作满意感。

③考绩结果又是职工调迁、升降、淘汰的重要标准，因为通过考绩可以评估职工对现任工作的胜任程度及其发展潜力。

④考绩对于职工的培训与发展有重要意义。一方面，考绩能发现职工的长处与不足，对他们的长处应注意保护、发扬；对其不足，需施行辅导与培训。对于培训工作，考绩不但可以发现和找出培训的需要，据此制订培训措施与计划，还可以检查培训措施与计划的效果。

⑤在考绩中，职工的实际工作表现经过上级的考察与测评，可通过面谈或其他渠道，将结果向被评职工反馈，并听取反映、说明和申诉。这样，考绩便具有促进上、下级间的沟通，了解彼此对对方期望的作用。

⑥考绩的结果可提供给生产、供应、销售、财务等其他职能部门，供制订有关决策时作为参考依据。

8.4.2　绩效考评的标准

绩效考评的标准是对职工绩效的数量和质量进行监测的准则。考评标准从不同的角度可以有不同的分类。通常的分类方法有 4 种：按考评手段分类；按考评的尺度分类；按标准的属性分类；按标准的形态分类。

（1）按考评的手段分类

按考评的手段可把考评标准分为定量标准和定性标准。定量标准，就是用数量作为标度的标准，如工作能力和工作成果一般用分数作为标度。定性标准，就是用评语或字符作为标度的标准，如对职工性格的描述。

（2）按标准的属性分类

按标准的属性可将考评标准分为主观标准和客观标准，相对标准与绝对标准。

（3）按标准的形态分类

按标准的形态可分为静态标准与动态标准。

8.4.3　常用的考评方法

（1）分级法

分级法即按被考评职工每人绩效相对的优劣程度，通过比较，确定每人的相对等级或名次。所以又可称为排序法，即排出全体被考评职工的绩效优劣顺序。排列方向由最优排至最劣，或反之由最劣排至最优均可。排序比较可以循某个单一的特定绩效维度（如工程质量、服务态度等）进行，但更常见的是对每人的整体工作状况进行比较。

（2）量表考绩法

此法用得最为普遍，它通常作维度分解，并沿各维度划分等级，设置量表（即尺度）可实现量化考评，而且操作也较为简捷。有时只用纯数字而不附文字说明，最简单的甚至只列有均等刻度与分段的标尺，令考评者适当勾选即可。量表法考绩也需较多准备与设计工作，它的准备工作，首先是维度的选定；维度应当力求纯净，即只涉及同一性质的同类工作活动；必须可以明确定义；可以取行为作基础，也可取品质，但必须能有效操作。

（3）关键事件法

此法需对每一待考评职工每人保持一本"考绩日记"或"绩效记录"，由考察与知情的人（通常为被考评者直属上级）随时记载。需要说明的是，所记载的事件既有好事（如某日提前多久完成了所分派给他的某项重要任务），也有不好的事（如某日因违反操作规程而造成一次重大的质量事故）；所记载的必须是较突出的、与工作绩效直接相关的事，而不是一般的、琐细的生活细节方面的事；所记载的应是具体的事件与行为，不是对某种品质的评判（如"此人是认真负责的"）。最后还应指出，事件的记录本身不是评语，只是素材的积累；但有了这些具体事实作根据，经归纳、整理，便可得出可信的考评结论；从这些素材中不难得出有关考评者的长处与不足，在对此人进行反馈时，不但因有具体事实作支持而易于被接受，而且可充实那些抽象的评语，并加深被考评者对它们的理解，有利于以后的改进，因而培训功能较强。此外，在设计和开发其他考绩工具时，可有助于从这些记录中找出合理的考绩维度和行为性实例，供作标尺刻度说明词用。

（4）评语法

这就是最常见的以一篇简短的书面鉴定来进行考评的方法。考评的内容、格式、篇幅、重点等均不拘，完全由考评者自由掌握，不存在标准规范。通常包括被考评者的优点与缺点、成绩与不足、潜在能力、改进的建议及培养方法等。此法评语各具特色，又只涉及总体，不分维度或任取粗略划分的维度；既无定义，又无行为对照标准，所以难作相互对比；加之几乎全部使用定性式描述，无量化数据，据此做出准确人事决策，相当不易。但因为它明确而灵活，反馈简捷，所以至今仍颇受欢迎。在我国，此法更是一种传统的考核方式。

8.4.4 绩效考核的实施

8.4.4.1 考绩的执行者

合格的考绩执行者应当满足的理想条件是：了解被考评者职务的性质、工作内容、要求及考绩标准与公司有关政策；熟悉被考评者本人的工作表现，尤其是本考绩周期内的，最好有直接的近距离密切观察其工作的机会；当然此人应当公正客观，不具偏见。

（1）直接上级执行考绩

直接上级很符合上述条件中的头两条。授权他们来考评，也是企业组织的期望，他们握有奖惩手段，无此手段的考评便失去了权威。但在第三个条件即公正性上不太可靠，因为频繁的日常直接接触，很容易使考绩掺入个人感情色彩。所以有的企业用一组同类部门的干部共同考核彼此的下级，只有同一的判断才作为结论。

（2）同级同事

同级同事对被考绩者的职务最熟悉、最内行，对被评同事的情况也很了解。但同事之间必须关系融洽，相互信任，团结一致；相互间有一定交往与协作，而不是各自为战，独立作业。这种办法多用于专业性组织，如大学、医院、科研单位等，企业专业性很强的部门也可使用；也可用于考评很难由另一类人考评的职务，如中层干部。

（3）被考评者本人

这就是常说的自我鉴定。这可使被考评者得以陈述对自身绩效的看法，而他们也确是最了解自己所作所为的人。自我考核能令被考评者感到满意，抵制少，且能有利于工作的改进。不过自评时，本人对考评维度及权重的理解可能与上级不一致，常见的是自我考绩的评语优于上级的。

（4）直属下级给上级考绩

有相当一些人不太主张用此法。这是因为下级若提了上级缺点，怕被报复，给小鞋穿，所以只报喜不报忧；下级还易于仅从此上级是否照顾自己个人利益判断其好坏，对坚持原则，严格要求而维护企业利益的上级评价不良。对上级来说，常顾虑这会削弱自己的威信与奖惩权；而且知道自己的考绩要由下级来做，便可能在管理中缩手缩脚，投鼠忌器，充老好人，尽量少得罪下级，使管理工作受损。但不应一概排斥，因为在企业中采用，至少对改变干部工作作风有较好效果，并有利于形成政治上的平等气氛。为了消除下级顾虑，可以取无记名评价表或问卷作工具。

（5）外界考绩专家或顾问

这些人有考绩方面的专门技术与经验，理论修养也深；而且他们在公司中无个人瓜葛，较易做到公允。他们被请来，是会得到本应担任考评者的干部们的欢迎的，因为可以省去自己本需花费的考绩时间，还可免去不少人际矛盾。被考绩的下级也欢迎，因为专家不涉及个人恩怨，较易客观公正。公司也欢迎，因为专家们内行，在各部门所用的考核法与标准是一致的，具有可比性，而且较为合理。只是成本较高，而且他们对于考核专业可能不内行。

8.4.4.2　考绩面谈

只做考评而不将结果反馈给被考评的下级，考绩便失去它极重要的激励、奖惩与培训的功能。反馈的方式主要是考绩面谈。一般这种面谈都由做过考绩并发现被考评的下级有些绩效上的缺陷而主动约见的。因为谈话具有批评性，又与随后的奖惩措施有联系，所以颇敏感，但却又是不可缺少的。因此掌握好此种谈话便需要某种技巧乃至艺术。

8.4.4.3　影响考绩的因素

（1）考评者的判断

他们的个人特点，如个性（是否怕伤害别人感情等）、态度（是否视考绩为不必要的累赘）、智力（对考绩标准、内容与方法理解与掌握会因之不同）、价值观（如性别、年龄歧视等）和情绪与心境（高昂愉快时考评偏宽、低沉抑郁时偏严）等常有影响。

（2）与被评者的关系

除考评者与被考评者间关系的亲疏，过去的恩怨外，对被评者的工作情况及其职务的特点与要求的了解程度，也颇有影响。

（3）考绩标准与方法

考评维度选择的恰当性，是否相关和全面、定义是抽象含混还是具体明确；是否传达给被评者，都对考绩结果有影响。

（4）组织条件

企业领导对考绩工作的重视与支持；考绩制度的正规性与严肃性；对各级主管干部是否进行过考绩教育与培训；考绩结果是否认真分析并用于人事决策，还是考完便锁进档案文件柜，使考绩流于形式；考绩是否发扬了民主，让被考评者高度参与；所用考绩标准与方法是长期僵守，还是随形势发展而修正、增删与调整等，对考绩效果的影响很大。

（5）考绩中常见的心理弊病

这些弊病造成主观性与片面性，影响考绩可信度与效度，实践中这种弊病很难完全避免，但事先了解和提醒，可最大限度地减少其消极影响。如晕轮效应、群体定见、第一印象误差、类己效应、近因效应等。

8.5 企业职工的培训与发展

职工的培训与发展是园林企业人力资源开发的一个重要内容。从职工个人来看，培训和发展可以帮助职工充分发挥和利用其人力资源潜能，更大程度地实现其自身价值，提高工作满意度，增强对企业的组织归属感和责任感。从企业来看，对职工的培训和发展是企业应尽的责任，有效的培训可以减少事故，降低成本，提高工作效率和经济效益，从而增强企业的市场竞争能力。因此，任何企业都不能对职工的培训和发展掉以轻心。

8.5.1 培训的目的和方法

8.5.1.1 培训的目的

园林企业培训的目的主要有 4 项：育道德、建观点、传知识、培能力，缺一不可，但是，前两者是软性的、间接的，后两者才是硬性的、直接的，是企业培训的重点。

企业培训中的知和能，反映了企业的经营管理实践的两个重要特征：一是强烈的应用导向性，即实用性。知，即有关的概念和理论，都是为解决实际问题而研究和建立的，绝不是为理论而建理论，不是纸上谈兵，不是纯学术性结果；能，更应是可操作的，是对症下药的，能解决实际问题，能见实效。二是多元性、复杂性与动态性。企业的生产经营活动既涉及物，也涉及有感情的、受个人心理因素影响的人，所以在企业的生产经营工作中很少有一种万能的、统一的最佳方法，它是权变的，是因时因地因情制宜的能。

在企业培训中向职工传授的知识，就其性质看来，可分为 3 类：一是基础知识，如数理化、语文、外语等。二是专业知识，指的是有关企业生产经营的各种职能，如会计、财务、生产、科技、营销、人事等方面的理论和技术。三是背景性的广度知识。

至于企业培训中培养职工掌握的能力，不应仅限于技术性专业能力，在企业的生产经营过程中，涉及更多的还有与人有关的软因素。以管理人员的日常工作为例，据统计，70% ~80% 的时间是跟人打交道。因此，对职工的培训，尤其是对管理人员的培训，不能不重视人际技能，如沟通能力、协调能力、冲突处理能力等。另外，企业培训还应培养职工根据所面对的具体情况独立解决问题的能力。对于管理人员来说，这更是其能力培养的核心。这里所说的解决问题，是由下述 7 个环节组成的一个完整的过程。这 7 个环节是：

(1) 发现问题

管理者在实际工作中往往面临的是千头万绪的复杂情况，他必须首先找出存在的问题，才知道自己任务的具体内容。

(2) 分清主次

一种管理情景往往包含着多种问题，想要同时解决是困难的，必须把这些问题按轻重缓急列出顺序。这就是要首先找出主要矛盾，以便事半功倍。

(3) 诊断病因

诊断病因即通过分析，找出问题产生的原因，首先是那些最主要、最重要、最迫切问题的原因。

(4) 拟定对策

找出了问题根源，便应针对这些原因，拟定解决办法。但为避免片面性，至少应想出两种备选方案。

(5) 比较权衡

分析不同的备选方案的利弊、机会与风险，以及可能带来的收获、损失及其概率。

(6) 做出决策

经过了以上步骤，便可从中选出最有利的一种方案，作为决策。

(7) 贯彻执行

有了决策，便需要制订出可操作的具体行动计划，以付诸实施，把问题解决掉。

8.5.1.2　企业培训中的具体方法

园林企业培训的具体形式是多样化的，为了达到培训目的，其方法应符合企业经营管理实践的两个特征，除了采用传统的课堂讲授式教学外，更要注重亲验式的培训方法，如案例研究、讨论交流、现场学习、课堂作业、模拟练习、心理测试、角色扮演、游戏竞争、小组活动，等等。下面着重介绍案例教学法和亲验式练习法。

(1) 案例教学法

案例，是指用一定视听媒介，如文字、录音、录像等，描述客观存在的真实情景。它作为一种研究工具早就广泛用于社会科学的调研工作中，20 世纪 20 年代起，哈佛商学院首先把案例用于管理教学，称为案例教学法。

案例用于教学时，具有 3 个基本特点：首先，其内容应是真实的，不允许虚构。

为了保密，有关的人名、单位名、地名可以改用假名，作为掩饰；但基本情节不得虚假，有关数字可以乘以某掩饰系数加以放大或缩小，但相互间比例不能改变。其次，教学案例中应包含一定的管理问题，否则便无学习与研究价值。第三，教学案例必须有明确的教学目的，它的编写与使用都是为某些既定的教学目的服务的。

作为管理案例的主体，应包含有尚待解决的问题，并无现成的答案。由于管理的权变性，别人的经验不能照搬，更不存在最佳方法。所以，案例教学的主要功能不是在于了解一项独特的经验，而是在于在自己探索以及与同学切磋怎样解决管理问题的过程中，总结出一套适合自己特点的思考与分析问题的逻辑和方法，学会如何独立地解决问题，做出决策。这种学习是亲验性的，能有效地提高学员分析决策能力，并使他们在小组活动中通过与其他人的频繁交往，提高沟通、说服与群体协调等宝贵的管理技巧。

对刚开始接触案例学习的学员来说，应知道典型的案例课通常分为 3 个阶段，即个人学习、小组讨论及全班的课堂讨论。个人学习是后两个阶段的基础，学员必须首先认真自学。通常先需粗读一遍，快速浏览初步梗概；进而精读一遍，掌握细节后，再按解决问题的 7 个环节（找问题—列主次—诊原因—出对策—作权衡—定决策—付实施）去系统思考。分析案例必须摆脱旁观身份，进入角色，从案例中主要当事者，即决策人的角度去考虑。小组讨论则是一个重要的中间环节，它不仅可使学员间交流观点达成共识，集思广益，而且可以在查找文献、制作图形等方面进行分工配合，在培养学员个人决策能力的同时，也培养了他们的沟通和协作能力。但一堂案例课的成功主要还取决于最后一个环节，即全班课堂讨论的表现与结果，它是全体师生的集体贡献。对于大型综合性案例，有的还要求每一学员独立撰写和呈交一份书面分析报告。

（2）亲验性练习法

亲验式练习主要包括结构性练习、角色扮演与心理自我测试 3 类活动，都是独特而有效的教学方法。之所以使用这类练习，主要是因为它们本身在教学上体现出的有效性。尽管它们比课堂讲授多费时间，但经过学生在这些活动中的亲身体验，结论是自己在活动中观察归纳出来的，因而比单纯接受别人讲授的知识和原理要深刻得多；至于在能力培养方面的效果，更不是讲授所能取代的。

①结构式练习　这种练习事先安排和设计有十分明确而系统的程序，活动是按部就班进行的。此外，这种练习总是为某种明确的既定教学目的服务的。活动通常是在假设的某一模拟现实中进行的，这一模拟现实的情景较为简化或典型化，学生通过在此情景中的行为表现借此举一反三式的思考与推理，对人们在真实管理情景下的行为规律获得一些有启迪性的结论。这类练习中往往要求学生分成小组，并使活动带有组织竞赛的性质，所以有时称为模拟性游戏或竞赛，这不仅是为增加活动的刺激性与趣味性，而且是因为市场经济中工商管理实践所具有的竞争性，并可借此提供和培养学生的进取精神。常见的结构式练习方法有公文处理法、管理游戏法、模拟决策法、小组竞赛法、无领袖小组讨论法等。

②角色扮演　角色扮演活动需先设置某一管理情景，指派一定的角色，但没有既

定的详细脚本。角色扮演者在弄清所处情景及各自所扮演角色的特点与制约条件后，即进入角色，自发地即兴进行表演，如交往、对话、主动采取行动或被动做出反应，令剧情合情合理地演进，至教师（导演）发出中止信号时为止。表演虽是自发的，但却是按各自对所演角色的说明特点与条件的理解而行的，并不能完全任意发挥。例如，一名"下属"的扮演者在"上级"在场时的举止言谈，便不会如在"同级同事"中那样随便。与结构式练习比，角色扮演的情景更具拟真性，与案例分析比，它要求学生更自发地投入，更认真地参与。同时，它给全体学生提供人们真实言行而不是理论分析人们会怎样或该怎样说和做的观察机会，也为人们提供了新行为方式的试验机会。角色扮演尤其能使人了解和体验别人的处境、难处及考虑方式，学会善于移情即能设身处地，从交往对手角度想问题，并能使人看出自己和别人为人处世的弱点。

③心理测试　这是利用一定的测量工具，通常是某种标准的或专门设计的特殊问卷，让学生各自填写，来测量自己的行为、心理，包括认识、感知、感情、态度等。这种测试与调查可以验证所学过的心理学与行为学的理论，增强学习的兴趣，而且通过自我测试及与别人的测试结果及常模、规范等的对照，深入地了解自己。

8.5.2　企业职工培训组织过程

职工培训既然这样重要，而培训活动的成本无论从费用、时间与精力上来说，又都是不低的，所以必须精心设计与组织。要有效地做好这一工作，应把它视为一项企业的组织工作，即采用一种系统的组织方法，使培训活动能符合企业的目标，让其中的每一环节都能实现职工个人、工作及企业本身三方面的优化。

（1）培训需要的确定

只有先找出企业在人力资源开发方面的确切需要，才能有的放矢，避免劳而无功，单纯地为培训而培训。这方面可通过组织分析、工作分析以及个人分析来得出培训的重点。

总之，培训是为了解决所发现的问题，所以对各企业的培训需要必须作细致的具体分析，照搬其他企业现成的培训计划，看来虽然省事易行，但往往效果不佳，因为别的单位的计划之所以是成功的，正是因为它针对了该单位的需要。

（2）培训目标的设置

设置培训目标将为培训计划提供明确方向和依循的构架。有了目标，才能确定培训对象、内容、时间、教师、方法等具体内容，并可在培训之后，对照此目标进行效果评估。培训目标可分为若干层次，从某一培训活动的总体目标到某项学科的直至每堂课的具体目标，越往下越具体。设置培训目标要注意必须与企业的宗旨相容，要现实可行，要用书面明确陈述，其培训结果应是可以测评的。

培训目标主要可分为三大类：①技能培养。掌握技能当然也离不开思维活动，但在较低层的职工中，总要涉及具体的操作训练；在高层中，则主要是思维性活动，如分析与决策能力，虽然也要涉及具体的技巧训练，如书面与口头沟通能力，人际关系技巧等。②知识的传授，包括概念与理论的理解与纠正、知识的灌输与接受、认识的建立与改变等，都属于智力活动；但理论与概念也必须和实际结合，才能透彻理解，灵活掌握，巩固记忆。③态度的转变。这当然也必须涉及认识的变化，所以有人把它归入上述"传知"一类；但态度的确立或转变还涉及感情因素，这在性质与方法上有异于单纯的知识传授。

（3）培训计划的拟订

这其实就是培训目标的具体化与操作化，即根据既定目标，具体确定培训项目的形式、学制、课程设置方案、课程大纲、教科书与参考教材、任课教师、教学方法、考核方式、辅助培训器材与设施等。制订正确的培训计划必须兼顾许多具体的情景因素，如企业规模、用户要求、技术发展水平与趋势、职工现有水平、国家法规、企业宗旨与政策等，而最关键的因素是企业领导的管理价值观与对培训重要性的认识。

（4）培训活动的实施

培训活动的具体组织者与企业的规模和结构关系很大。大型园林企业往往设置有专门的教育与培训职能机构与人员，从个别或少数负责培训工作的职员或干部，到专门的科、处乃至部，培训部门的人员包括培训领导干部督导下的项目协调临近人员和培训专家等职员或专业干部。他们负责分析调查培训需要、确定培训项目的目标、编写考核标准及开发、执行和评估各个培训项目。其中的培训专家还要亲自授课或组织训练活动。许多企业常请高层管理者或部门经理授课，还要常请有经验的老师傅现身说法。这当然不失为一种有效且成本较低的方法，但培训部门必须意识到，懂得某种知识或掌握某种技能并不一定保证能很好地传授它们，会操纵一台机器与教会别人也能操纵毕竟是两种不同的能力，后者还需了解教学方法论的基本原理，因此不能忽视对兼职教师本身在教学法方面的训练。现在越来越多的企业，通过企校挂钩进行培训合作，与技工学校、专科学校、职业培训专门单位或高等学校达成培训承包协议，在学校或由学校派教师来企业进行各类职工培训，其内容可以是通用的，也可以是针对合作企业具体的特殊需要而专门设计的。对特殊需要的人才，选派职工脱产送往高等学府作定向的正规学制深造，也并不罕见。

（5）总结评估

与管理中的控制功能相似，在企业培训的某一项目或某门课程结束后，一般要对培训的效果进行一次总结性的评估或检查，找出受训者究竟有哪些收获与提高。这一步骤不但是培训的收尾环节，还可找出培训的不足，归纳出经验与教训，发现新的培训需要，所以又是下一轮培训的重要依据，使企业培训活动不断循环。

小　结

纵观世界上知名成功企业的发展历史，其普遍的成功经验里都有一条，就是重视企业的人才建设即人力资源管理。园林行业作为中国未来发展的一个重点行业，同样也要注重自身人力资源的管理和建设。作为企业的管理者，必须认识到未来企业发展竞争成功的关键之处在于人才，必须重视和发现企业内部和外部存在的人力资源。成熟的园林企业管理者必须制订企业未来详尽的人力资源发展规划，并且从人力资源的招聘、考核和培训等各个方面加大投入，这样才能适应未来企业发展战略的需要。

推荐阅读书目

1. 园林企业经营管理. 朱明德. 重庆大学出版社，2006.
2. 人力资源管理导论. 郑晓明. 3 版. 机械工业出版社，2011.

案 例

××园林有限公司最近几年在物色中层管理干部上遇到了一些两难的困境。该公司是北京市一家大型园林工程公司，目前重组成 2 个设计部门以及 4 个施工管理部门。高层管理层过去一直严格地从内部提升中层干部。但后来发现这些提拔到中层管理职位的从基层来的职工缺乏相应的适应他们新职责的知识和技能。这样，公司决定从外部招募，尤其是那些园林工程设计专业的优等生。通过一个职业招募机构，公司得到了许多有良好园林管理和设计专业训练的毕业生作为候选人。从中录用了一些，先放在基层管理职位，以备经过一定阶段锻炼后提升为中层管理人员做好准备，但在两年之中，这些人都离开了该公司。公司又只好回到以前的政策，从内部提拔，但又碰到了过去的老问题。不久将有几个重要职位的中层管理人员将退休，急待有称职的后继者来填补这些空缺。面对这一问题，公司想请些咨询专家提供意见。

思考题

1. 认为造成此公司招募中层管理者困难的原因是什么？
2. 从公司内部提升基层干部至中层和从外部招聘专业对口的大学应届毕业生，各有何利弊？
3. 作为园林企业人力资源管理者，在招聘人才时应注意哪些吸引人才的因素？

分析和提示

充分了解企业内部招聘和外部招聘的优缺点；了解企业人力资源管理培训的必要性；了解企业吸引并留住外部人才的因素。

第9章 园林行业的财务管理

园林行业的财务管理主要包括园林企业的财务管理和园林行政事业单位的财务管理两部分。园林企业财务管理就是对企业财务的管理活动，是企业组织财务活动、处理财务关系的一项经济管理工作，其目的是提高资金或资本的运筹效率和效果。园林行政事业单位财务管理是公共事业组织管理的一个重要组成部分，它是根据财务制度及财经法规，按照财务管理的原则，对行政事业组织有关资金的筹集、分配及使用所引起的财务活动进行的计划、组织、协调和控制，目的是依法筹集并合理有效地使用资金，并对各项财务活动实施有效的综合管理。

9.1 园林企业财务管理

财务管理是企业经营管理的重要组成内容之一。园林企业财务管理的对象是资金以及资金的运动。企业财务管理活动的内容主要包括企业资金的筹集、企业资金的运作、成本和费用的核算以及财务分析等。

9.1.1 园林企业资金的筹集

资金是企业经营活动的一种基本要素，是企业创建和发展必须具备的条件。企业从创建之时就离不开筹集资金，随着经营活动的进一步开展，购置设备、引进技术、开发新产品、扩大经营规模等都需要筹集资金。

9.1.1.1 资金筹集

企业进行筹资是自身生存和发展的需要，企业为扩大生产规模、为偿还负债、为解决临时性的资金短缺等，采取适当的方式，筹措所需资金的一种财务活动行为。

一般企业资金主要来源于两个方面：一是由投资人提供的，称为所有者权益，这部分资金称为权益资金；二是由债权人提供的，称为负债，这部分资金称为负债资金。

9.1.1.2 资金筹集的渠道

国家财政资金 国家以财政拨款的形式投入企业的资金。

银行信贷资金 银行对企业发放的各种贷款。

非银行金融机构资金 如信托投资公司、保险公司、租赁公司、证券公司、企业集团等非银行金融机构，采用各种方式向企业提供的资金。

其他企业和单位的资金 如各种基金会、社会团体等非营利组织和其他企业，将闲置的资金用于投资。

　　职工和民间资金　企业职工和居民个人的结余资金投资于企业。

　　外商资金　境外投资人投入企业的资金。

9.1.1.3　企业筹集资金的方式

　　发行股票　企业通过发行股票筹措资金，这部分资金主要用于设立新的股份公司、扩大经营规模等目的。

　　留存收益　企业缴纳所得税后，投资人将部分未分配的税后利润留存在企业，形成企业的追加资金。

　　企业债券　企业依照法定程序发行的有价证券。

　　长期借款　企业向银行或其他非银行金融机构借入的使用期限超过一年的借款。

　　短期负债　企业通过商业信用和不超过一年的短期借款，形成短期负债。

　　经营租赁和融资租赁　前者是出租人向承租人提供资产使用权，并收取一定租金的服务性业务。后者是有专门经营租赁业务的企业，将专门购入的固定资产出租给承租企业使用，承租企业按合同规定支付租金的信用业务。

　　商业信用融资　企业在商品交易中，利用赊购商品、预收货款、商业汇票等方式，延期付款或延期交货所形成的借贷关系，体现了企业间的一种信用。

9.1.2　园林企业资金的运作

　　企业生产经营的过程就是资金运作的过程，资金只有运作起来才能为企业带来收益。

9.1.2.1　企业资金的构成要素

　　企业的资金运动是十分复杂的，为了较好地把握企业资金及其运动的基本规律，需要对企业资金运动进行适当分类。会计要素就是根据企业资金运动基本规律并结合会计目标对企业资金及其运动所作的一种基本分类。会计要素包括资产、负债、所有者权益、收入、费用和利润。

　　（1）资产

　　资产是指企业所拥有的，经过确认和货币计量的财产物质。如现金、银行存款、原材料、固定资产等。资产是一种经济资源，这种资源有给企业带来经济利益的能力。

　　依据企业资产被耗用或变现的时间，资产可以分为流动资产和非流动资产。

　　①流动资产　是指可以在一年或者超过一年的一个经营周期内变现或者耗用的资产，主要包括现金、银行存款、短期投资、应收账款、应收票据、其他应收款、存货等。

　　现金　企业持有的现款，也称库存现金。

　　银行存款　企业存放在银行的货币资金。

　　短期投资　能够随时变现并且持有时间不超过一年的有价证券以及不超过一年的

其他投资，如股票、债券、基金等。

应收账款　企业因销售商品、提供劳务等业务，应向购货单位或接受劳务单位收取的款项。

应收票据　在采用商业汇票支付方式下，企业因销售商品、提供劳务等而收到的尚未兑现的商业汇票。

其他应收款　除应收账款、应收票据以外的其他各种应收及暂付款项，如应当收取的各种赔款和罚款、为职工垫付的各种款项、租入包装物押金等。

存货　企业在生产经营过程中为销售或耗用而储备的物质，包括各类材料、低值易耗品、在产品、半成品、产成品及商品等。企业的存货主要包括两类：一类是库存商品（或产成品），其主要用于销售以获得收入；一类是材料，其主要用于投入生产过程。

②非流动资产　流动资产之外的资产就是非流动资产，也称长期资产。非流动资产主要包括长期投资、固定资产和无形资产等。

长期投资　持有时间超过一年、不能变现或不准备随时变现的股票和债券投资以及其他投资。长期投资可以分为长期股权投资和长期债权投资。

固定资产　使用年限在一年以上，并在使用过程中保持原来物质形态的资产，如作为生产条件、劳动工具的房屋、建筑物、机器、机械、运输工具以及其他与生产经营有关的设备、器具、工具等。一般而言，固定资产的使用期限较长，且其单项价值较高。

无形资产　可供企业生产经营长期使用而没有实物形态的资产，如企业持有的专利权、非专利技术、商标权、著作权、土地使用权以及企业的商誉等。无形资产是企业的一种经济资源，它能够在未来期间给企业带来经济利益，但具有较大的不确定性。无形资产是没有实物形态的非货币性长期资产，其效能发挥必须以企业有形资产为基础，即不能与特定企业或企业的实物资产相分离。

（2）负债

负债是指企业过去的交易或事项形成的，会计个体承诺要在将来以现金或同等的资产予以清偿的现有债务。负债是一种企业承担的现时义务。负债的清偿会导致经济利益流出企业。相反，企业取得负债则导致企业资产增加。按其偿还期长短可分为流动负债和非流动负债。

①流动负债　也称短期负债，是指将要在1年或超过1年的一个营业周期内偿还的债务，主要包括短期借款、应付账款、应付票据、应付工资、应付福利费、应交税金、应付股利、其他应付款等。

短期借款　企业从银行或其他金融机构借入的期限在1年以下的各种借款，如企业从银行取得的用来补充流动资金不足的临时性借款。

应付账款　企业因购买材料、商品或接受劳务等而发生的债务。

应付票据　企业因购买材料、商品或接受劳务等而开出的商业汇票，包括银行承兑汇票和商业承兑汇票。

应付工资　企业支付给职工的劳动报酬，包括以工资、奖金、津贴等形式支付的各种报酬。应付工资是指企业已经结算但未实际支付给职工的工资。

应付福利费　按我国现行有关法律法规规定，企业应当根据工资总额的一定比例提取职工福利费用。企业预先提取的职工福利费用，实际上是一种职工福利基金，其主要用于支付职工的医疗卫生费用、职工困难补助以及其他福利支出。应付福利费是指企业已经计提但尚未用于职工福利支出的款项。

应交税金　企业发生应税行为（按照税法规定应该缴税的行为），就必须按税法规定缴纳税款。企业应当交纳的税金主要包括增值税、所得税、消费税、营业税等。应交税金是指企业按规定计算的应交而实际未交的各种税款。

应付股利　收益分配是企业重要的财务活动。股利是公司支付给投资者的投资报酬。公司支付给股东的股利主要包括现金股利和股票股利两种形式。一般而言，年度末了企业董事会根据企业的具体情况，确定利润分配方案，并提交股东会议决定。应付股利是指企业已经决定分配给投资者但尚未实际支付的现金股利。

其他应付款　除上述应付款项以外，企业应付或暂收其他单位或个人的款项，如应付经营租入固定资产和包装物租金、存入保证金（如收到的包装物押金等）、暂收职工个人的款项等。

②非流动负债　也称长期负债，是指偿还期在 1 年或超过 1 年的一个营业周期以上的债务，主要包括长期借款、应付债券、长期应付款等。

长期借款　企业从银行或其他金融机构借入的期限在 1 年以上的各项借款，主要是为了长期工程项目。

应付债券　发行债券是企业筹集资金的重要渠道。企业发行的债券按偿还期长短可分为短期债券和长期债券。短期债券是指发行的一年期及一年期以下的债券，一年期以上的债券则为长期债券。应付债券是指企业为筹集长期资金而实际发行的长期债券。

长期应付款　是指除长期借款和应付债券以外的其他各种长期应付款项，如采用补偿贸易方式下引进外国设备价款、应付融资租入固定资产租赁费等。

（3）所有者权益

所有者权益是指企业资产总额扣除全部负债后，由所有者享有的剩余权益。其构成一是投资者投入的资本（含追加投入资本），二是企业经济活动中产生的资本增值（即企业的利润或净收益）。投资者投入资本包括实际投入的注册资本和归属于投资者的资本公积金。资本增值中，一部分已经以股利形式支付给投资者，另一部分以"留存收益"形式（如盈余公积金、未分配利润）存在于企业。投资者对留存收益部分享有现时的要求权。因此，所有者权益包括实收资本、资本公积、盈余公积和未分配利润等。

实收资本　企业实际收到的投资者投入的作为企业注册资本的资金。

资本公积　是资本公积金的简称。它是指企业在筹集资本过程中所形成的资本溢价。在我国，资本公积主要包括股票溢价、外币资本投资产生的汇兑收益以及企业所接受的现金捐赠等。资本公积在本质上属于所有者权益要素的内容，即其产权归属于企业的全体投资者。

盈余公积　是盈余公积金的简称。它是指从企业净利润中按规定提取的公积金。

盈余公积是收益留存于企业的一种主要形式。盈余公积按用途可分为法定盈余公积金、法定公益金等。

未分配利润　企业实现的净利润中尚未指定其明确去向的那部分利润。企业实现的净利润，实际上分为两部分：一部分为已经确定将要支付给投资者的利润，这一部分利润会退出企业生产经营过程；另一部分为仍然留在企业继续参与生产经营过程的"留存收益"，这部分利润以"盈余公积"和"未分配利润"两种形式存在。企业本年度未分配利润，可以留待以后年度分配。

（4）收入

我国企业会计制度将收入界定为"企业在销售商品、提供劳务及让渡资产使用权等日常活动中所形成的经济利益的总流入"，并认为收入包括主营业务收入和其他业务收入。

主营业务收入　企业在销售商品、提供劳务以及让渡资产使用权等日常活动中所产生的收入，包括商品销售收入、对外提供劳务的收入、让渡资产使用权发生的利息收入和使用费收入、确认的长期工程的合同收入等。主营业务收入是企业在其基本的或主要的经营活动中获得的收入。

其他业务收入　除主营业务收入以外的其他业务收入，如材料销售收入、代购代销商品的手续费收入、包装物出租收入等。其他业务收入是企业在其相对于主营业务活动的次要经营活动中获得的收入。

（5）费用

费用是企业在生产经营过程中发生的各项耗费。企业发生费用表明企业资产的减少或负债的增加。费用是企业实现利润的必要过程，费用发生的目的是为获利。

从本质来看，费用包括企业在经营活动中基于获利目的而发生的全部资产的消耗。企业资产的这种消耗，会导致两种结果：一种是为获得收入而使含有经济利益的资产流出企业，另一种是为了在未来期间获得收入而形成另一种资产。第一种消耗可称为"损益性费用"，其与当期收入具有一定的关联性，应按配比性原则要求计入当期损益；第二种消耗则称为"成本性费用"，其构成相关资产的成本，不直接计入当期损益。因此，费用要素在内容上可以分为两类，即损益性费用和成本性费用。

①损益性费用　包括应当从当期收入中扣除的营业成本、营业税金（销售税金）、销售费用、管理费用、财务费用等。

营业成本　已销售商品（或提供劳务）的生产成本，根据当期销售商品（或提供劳务）的数量与其单位生产成本计算确定。产品生产企业的已售产品生产成本、商品流通企业的已售商品的实际成本，属于主要经营活动中形成的"营业成本"，被称为"主营业务成本"；而对外销售材料所耗用的材料实际成本，则属于次要经营活动中形成的"营业成本"，被归类为"其他业务支出"。

营业税金（销售税金）　企业日常活动应当负担并根据销售数额确定的各种税金，包括营业税、消费税、资源税等税金。

销售费用　在销售商品过程中发生的各种费用，如企业在销售商品过程中发生的运输费、装卸费、包装费、保险费、展览费和广告费等。

管理费用　为组织和管理整个企业的生产经营活动所发生的费用，如企业董事会和行政管理部门发生的工资、修理费、办公费和差旅费等公司经费，以及聘请中介机构费、业务招待费等费用。管理费用的受益对象是整个企业或整个企业的经营活动，而不是企业的某一部门。

财务费用　企业为筹集生产经营所需资金而发生的费用，如短期借款的利息支出、支付给银行的手续费用、汇兑损失等。

销售费用、管理费用、财务费用合称为"期间费用"。期间费用应当直接计入当期损益，从当期收入中补偿。

②成本性费用　其发生导致了现金、存货或固定资产等被耗用，但其目的并非是为了即刻取得收入，而是为了形成新的资产（包括存货、固定资产等）。成本性费用包括材料（或商品）的采购成本、产品生产成本、长期工程成本等。

材料采购成本　企业从外部购入原材料等所实际发生的全部支出，包括购入材料支付的买价和采购费用（如材料购入过程中的运输费、装卸费、保险费，运输途中的合理损耗，入库前的挑选整理费用等）。

产品生产成本　在产品生产过程直至产品完工所发生的各种费用，包括生产产品直接耗用的材料、直接从事产品生产的职工工资及福利和产品应当负担的制造费用。产品的制造费用是指企业的产品制造部门为组织和管理产品的生产活动所发生的各种费用，如制造部门职工工资及福利、折旧费、修理费、办公费、水电费等。制造费用不同于管理费用，其受益对象是企业某一生产部门而不是整个企业。

长期工程成本　企业建造一项固定资产所实际发生的全部支出，包括该项工程耗用的各种物资、工程施工人员的工资以及工程管理费用等。

（6）利润

利润是指企业在一定会计期间的经营成果。利润包括收入减去费用后的净额和直接计入当期利润的利得和损失等。企业的利润总额由企业的经营收益、投资收益和其他收益构成。

①经营收益　企业从事产品生产和销售活动所获得的收益，也称营业利润。经营收益的数量通常根据产品（商品）销售收入扣减销售成本和税金及期间费用后确定。经营收益是企业基本的利润来源，它显示着企业未来的发展能力。

②投资收益　企业从事股票、债券及其他投资活动所获得的收益，如股利收入、债券利息收入、有价证券转让价差收入等。投资收益特别是股票投资收益，受股票市场影响至深，因而具有较大的风险和不稳定性。

③其他收益　企业获得的除经营收益和投资收益以外的各种收益，主要指利得和损失。利得是指由企业非日常活动所形成的、会导致所有者权益增加的、与所有者投入资本无关的经济利益的流入（我国目前的会计制度称为"营业外收入"），如企业处置固定资产的收益、没收出租物品押金收入等。损失是指由企业非日常活动所形成的、会导致所有者权益减少的、与向所有者分配利润无关的经济利益的流出（我国目前的会计制度称为"营业外支出"），如处置固定资产的损失、罚款支出、非正常损失等。

9.1.2.2 资金的运动

（1）资金的循环

资金的循环是指资金从货币形态出发，最后又回到货币形态的循环过程。

（2）资金的周转

资金的周转是指连续不断的资金循环。

企业的资金运动过程如图 9-1 所示。

图 9-1 企业资金运动过程

9.1.2.3 会计恒等式

在某一特定时日，资产、负债和所有者权益等静态会计要素具有下列基本关系：

$$资产 = 负债 + 所有者权益$$

这个会计等式被称为"静态等式"，它的基本含义是：

①在某一时点，企业的资产总额等于其当日的负债总额与所有者权益总额之和；

②作为企业资金占用形式的资产与作为企业资金来源渠道的负债和所有者权益，是同一资金整体两个不同的方面，二者相互依存；

③资产、负债、所有者权益要素之间的变动具有内在联系，企业经济活动最终体现在会计要素的变动上。如企业收到投资者投入资金时，其资产和所有者权益要素会同时发生变动；企业取得银行贷款时，其资产和负债要素也会同时发生变动。

在某一特定会计期间，收入、费用和利润等动态会计要素具有下列基本关系：

$$收入 - 费用（损益性费用） = 利润$$

收入、费用、利润等会计要素之间的这种基本关系，实际上是利润计量（收益决定）的基本模式。这个会计等式称为"动态等式"，它的含义是：

①收入的取得、费用的发生，直接影响企业会计期间利润的确定；

②来自于特定会计期间的收入与其相关的费用进行配比，可以进而确定该期间企业的利润数额；

③利润是收入与相关费用比较的差额。

　　从企业经济活动的整体上看，企业经济交易的产生不仅会导致静态会计要素发生变动，而且也会使得静态会计要素与动态会计要素同时发生变动。如企业销售产品取得收入的交易使得收入要素与资产要素同时发生增加变动，企业支付办公费用的交易使得费用要素发生增加变动并同时使得资产要素发生减少变动等。因此，基于企业资金运动状态的各个会计要素之间具有下列基本关系：

$$资产 + 费用 = 负债 + 所有者权益 + 收入$$

　　这个等式称为"综合会计等式"。

　　经济交易与事项的产生，必然影响会计要素发生变化。因此，通过会计要素的变化现象，可以认识经济交易与事项发生的基本规律，进而把握企业经济活动及其资金运动的本质。

　　第一种类型　资产增加、负债或所有者权益同时增加的经济交易与事项；

　　第二种类型　资产减少、负债或所有者权益同时减少的经济交易与事项；

　　第三种类型　资产要素内部有增有减变动的经济交易与事项；

　　第四种类型　负债或所有者权益有增有减变动的经济交易与事项；

　　第五种类型　收入增加、资产同时增加的经济交易与事项；

　　第六种类型　费用增加、资产同时减少的经济交易与事项。

　　就企业的基本经济交易而言，第一种类型和第二种类型的经济交易与事项发生后，影响到"资产 = 负债 + 所有者权益"会计等式两边（左边和右边）的会计要素同时发生变化，这些经济交易会导致企业的资金（资产）总额发生变动。第三种类型和第四种类型的经济交易与事项发生后，只影响到会计等式某一边（左边或右边）的会计要素发生变化，这些经济交易与事项不会导致企业的资金（资产）总额发生变动。

　　总之，经济交易与事项的发生，必然会导致相关会计要素发生变动，但不会影响会计等式的平衡关系。

9.1.3　成本和费用核算

　　成本和费用是综合反映企业经营状况的指标，节约各项费用支出、降低成本，可以增加利润。加强企业成本和费用的管理和控制，可以提高企业的经营管理水平，增强企业的竞争能力，提高企业经济效益。

9.1.3.1　成本和费用的概念

　　成本是企业在一定的时期内为生产产品而耗用的原材料、人工等资源价值的总和。产品成本是反映企业生产经营情况的一个重要指标，产品成本越低说明企业生产经营水平越高。降低产品成本就意味着节约生产中消耗的活劳动和物化劳动，有利于稳定和降低价格。

　　企业在生产经营过程中发生的各项劳动耗费的货币表现是企业的生产经营费用。主要包括生产费用、管理费用、财务费用、销售费用等。

9.1.3.2 成本和费用的管理要求

①正确区分各种费用的界限,严格成本和费用的开支范围 企业各项费用和成本是正确计算损益的依据,必须划分清成本和费用的界限,不属于成本和费用范畴的一定不能计入。

②在降低成本和费用的同时注重产品的质量和效益 既要降低成本、费用,又要保证产品的质量,两者是相辅相成的,产品质量的提高可以减少废品率,从而使单位产品的生产成本降低。

③要建立成本和费用管理责任制,实行全员管理 成本和费用涉及企业生产和经营的所有部门和职工,因此要对企业的各个生产经营环节、对企业全部职工实施成本和费用管理。

9.1.3.3 成本和费用的分类

按照与生产过程的直接关系分为产品成本、期间费用。

①产品成本是指企业生产过程中实际消耗的直接材料、直接人工、其他直接支出和制造费用。

直接材料 包括企业生产经营过程中实际消耗的原材料、辅助材料、配件、外购半成品、燃料、动力、包装物以及其他直接材料。

直接工资 包括企业直接从事产品生产人员的工资、奖金、津贴和补贴。

其他直接支出 包括直接从事产品生产人员的职工福利费等。

制造费用 企业为组织和管理生产所发生的各项费用,如管理人员的工资、职工福利费、固定资产的折旧费、修理费、水电费、办公费、设计制图费、劳动保护费等。

②期间费用是企业在一定的生产时期发生的耗费。不计入产品成本而由当期损益来负担。主要包括管理费用、财务费用、销售费用。

管理费用 是企业行政管理部门为管理和组织经营活动而发生的各项费用。如公司经费、工会经费、职工教育经费、劳动保险费、待业保险费、排污费、绿化费、税金、技术开发费、业务招待费等。

财务费用 是企业为筹集资金而发生的各项费用,如利息支出、汇兑损失、金融机构手续费等。

销售费用 是企业在销售产品和提供劳务过程中发生的各项费用,如运输费、保险费、装卸费、广告费、销售部门人员的工资和福利等。

9.1.3.4 成本计划

成本计划是企业预先规定计划期内生产耗费水平和成本降低幅度。编制切合实际的成本计划是组织全体职工挖掘降低成本潜力的有效手段,可以促使企业职工自觉地节约人财物的消耗。成本计划是建立企业内部成本管理责任制的基础,企业按照成本计划进行分级管理,确定和控制各项耗费,检查和监督成本计划的完成情况。成本的多少决定着企业利润水平的高低，因此成本计划直接影响着企业编制财务计划和资金占用量计划。成本计划的内容主要包括 3 项，即按产品计算的商品产品成本计划、制造费用计划、生产经营费用计划预算。

9.1.3.5　成本和费用的控制

成本和费用的控制是指企业在生产经营过程中，按照成本和费用计划对构成产品成本和期间费用的一切耗费进行严格的计算、调节和监督，以便发现问题，及时解决和纠正。对产品成本和费用的控制，可以及时限制各项成本和费用的发生，使成本和费用保持在计划规定的范围内；对成本和费用进行日常控制，可以促使企业降低成本，增加利润。

控制的过程首先要制订成本和费用的控制标准，然后根据控制标准对实际执行情况进行对比分析，找出存在差异的原因，提出改进的建议和措施，最后进行考核和奖励。

9.1.4　企业财务分析

企业经营的目的是为了取得最大的利润，经营成果的优劣主要是通过企业财务状况反映，企业的财务状况和资金实力反映在企业的财务报表上，所以企业的财务分析就是以企业财务报表和其他相关资料为依据，采用专门的方法和技术，系统分析和评价企业的财务状况、经营成果及其变动情况的活动。财务分析的目的是为了明晰企业自身财务状况和财务实力，分析判断企业经营状况和为各方利益相关者提供信息服务。

9.1.4.1　企业财务分析的内容

企业经营者的目标是要实现资产所有者财富的最大化，就是要为各投资主体从不同的角度提供企业经营理财状况的分析和评价的全部信息，以便为决策提供依据。企业财务分析的内容主要有：

营运能力分析　分析企业各项资产的使用效果、资金周转的快慢以及资金使用的效果。

偿债能力分析　主要是根据企业经营状况，判断企业的贷款的安全性和按时还款的能力。

获利能力分析　通过将资产、负债、所有者权益与经营成果相结合，分析企业的各项报酬率指标，以判断企业的获利能力。

社会贡献能力分析　通过企业社会贡献与平均资产及与国家财政总额的关系等方面，评价企业资金的投资、融资能力。

9.1.4.2　企业营运能力分析

营运能力是指企业通过生产经营资金周转速度的有关指标所反映出来的企业资金利用的效率，它表明企业管理人员经营管理、运用资金的能力。企业生产经营资金周转的速度越快，表明企业资金利用的效果越好，企业管理的经营能力越强。主要的分析指标有：

（1）应收账款周转率

应收账款周转率指企业在一定时期内，生产商品或产品等主营业务收入净额与平均应收账余款的比率。它是反映应收账款周转速度的指标，通常有两种表示方法，一种是应收账款周转次数，另一种是应收账款周转天数。其计算公式为

$$应收账款周转次数 = \frac{主营业务收入净额}{平均应收账款余额}$$

$$主营业务收入净额 = 主营业务收入 - 销售折扣与折让$$

$$平均应收账款余额 = （应收账款年初余额 + 应收账款年末余额）\div 2$$

$$应收账款周转天数 = \frac{360}{周转率（次）} = \frac{平均应收账款}{主营业务收入净额} \times 360$$

一般说来，应收账款周转率越高，说明企业应收账款变现速度越快，短期偿债能力越强，相应的坏账损失也就越小。但应收账款周转率过高可能是企业采用了较高的现金折扣，这会使企业的实际成本增加，或者是企业使用了苛刻的信用条件，这会影响到企业以后销售的扩大。

（2）存货周转率

存货周转率是指在一定时期内，企业主营业务成本与存货平均余额的比率。它是衡量企业生产经营各环节中，存货运营效率的一个综合性指标。存货周转率一般有两个指标，一个是存货周转次数，另一个是存货周转天数。其计算公式为

$$存货周转次数 = \frac{主营业务成本}{存货平均余额}$$

$$存货平均余额 = （期初存货 + 期末存货）\div 2$$

$$存货周转天数 = \frac{360}{存货周转次数} = \frac{平均存货}{主营业务成本} \times 360$$

在一般情况下，存货周转率越低说明企业销售能力低，存货大量积压，占用资金多，管理不力。存货周转率越高说明企业销售工作做得好，存货管理得好，经营占用资金少。但是，如果存货周转率过高可能说明企业缺乏资金，无法保持足够存货，经常缺货，这会影响到企业的正常生产经营；或者是企业采购批量太小，次数过于频繁，这会使企业丧失可能获得的批量折扣，增加了采购成本。

（3）流动资产周转率

流动资产在一定时期的周转额与流动资产平均占用额之比称为流动资产周转率。它是反映企业流动资产周转速度的指标，反映了全部流动资产的利用效率。它有两个表示指标，流动资产周转次数和流动资产周转天数。其计算公式为

$$流动资产周转次数 = \frac{销售收入净额}{流动资产平均占用额}$$

$$流动资产平均占用额 = （期初流动资产余额 + 期末流动资产余额）\div 2$$

流动资产周转率越大，流动资产的利用效率就越高，可以节约流动资金。

（4）固定资产周转率

企业年销售收入净额与固定资产平均净值的比率称为固定资产周转率。它是反映

企业固定资产周转情况，衡量企业固定资产利用效率的指标。其计算公式为

$$固定资产周转率 = \frac{主营业务收入净额}{固定资产平均净值}$$

周转率越高，固定资产利用效果越好。

（5）总资产周转率

总资产周转率是指企业主营业务收入净额与资产平均总额的比率。它是测量企业全部资产利用效率的指标。其计算公式为

$$总资产周转率 = \frac{主营业务收入净额}{平均资产总额（净值）}$$

总资产周转率越大，说明企业总资产的利用效率越高，销售能力也就越强，企业的获利能力就越强。

9.1.4.3 偿债能力分析

偿债能力是指企业偿还到期债务的能力，主要分为短期偿债能力和长期偿债能力分析。

（1）短期偿债能力分析

短期偿债能力是指企业在一定期间内（一年或一个营业周期），以流动资产支付流动负债的能力。它是衡量企业当前的财务能力，特别是流动资产变现能力的重要标志。分析指标主要有流动比率、速动比率和现金比率。

①流动比率 是指流动资产与流动负债的比率。流动比率越大，反映企业短期偿债能力越强，债权人的权益越有保障。其计算公式为

$$流动比率 = \frac{流动资产}{流动负债}$$

该比率反映企业用流动资产偿还流动负债的能力。一般来说，流动比率越高，企业偿还流动负债的能力越强，流动负债的偿还就越有保障。但是，流动比率太高也不好，太高说明企业的资金没有充分有效地利用，占有太多本来可以获得更多收益的资金；或者是存货、应收账款太多，说明企业产品可能销路不好，大量积压，收账工作也没有做好。通常情况下，流动比率维持在 2 左右是比较合理的。因为流动资产中变现能力最差的存货金额约占流动资产总额的 1/2，剩下的流动性较大的流动资产至少要与流动负债相等，流动负债的偿还才会有保证。但是，这并不是绝对的标准，流动比率的分析还要结合企业所处的行业，行业不同流动比率的标准也不同。

②速动比率 是指企业速动资产与流动负债的比率。速动资产是指流动资产减去变现能力差而且不稳定的存货、待摊费用、待处理流动资产后的余额。其计算公式为

$$速动比率 = \frac{速动资产}{流动负债} = \frac{流动资产 - 存货}{流动负债}$$

一般来说，速动比率维持在 1 左右是比较理想的，速动比率太高可能是现金没有充分利用或者是应收账款太多，收账工作没做好。速动比率太低，企业的短期债务风险就较大，短期偿债能力得不到保障。

③现金流动负债比率 是指现金（各种货币资金）和短期有价证券与流动负债

的比率。其计算公式为

$$现金比率 = \frac{现金 + 短期有价证券}{流动负债}$$

该指标值越大表明企业经营活动产生的现金净流量较多，能够保障企业按时偿还到期债务，但太大则表明企业流动资金利用不充分。一般情况下，速动比率越高，企业的直接偿债能力就越强。但是，速动比率太高，可能是企业保留有过多的现金资产，现金没有得到有效利用，企业将失去一些获利机会。一般认为，现金比率在0.25左右比较理想。

(2) 长期偿债能力分析

长期偿债能力是指企业偿还长期债务的能力。长期偿债能力不同于短期偿债能力，企业的长期负债一般金额较大，利息负担较重，对其分析不仅要利用资产负债表来考察对债务本金的保障程度，而且还要利用损益表，借助于利息保障倍数来判断债务利息的偿还能力。反映企业长期偿债能力的财务指标主要有：资产负债率、产权比率、所有者权益和利息保障倍率等。

①资产负债率　是指企业负债总额与全部资产总额的比率。它反映企业的资产总额中，债权人资金所占比重，以及企业资产对债权人权益的保障程度。其计算公式为

$$资产负债率 = \frac{负债总额}{全部资产总额}$$

该比率越小，表明企业长期偿债能力越强，但是太低说明经营者过于保守。资产负债率是从资本结构的角度考察企业偿还长期债务的能力。对于企业的债权人来说，他们最关心的是借给企业的钱能否按时还本付息，资产负债率越高，说明企业的资金大部分是通过借款筹集来的，所有者提供的资金只占较小的比例，债权人承担的风险也就越大。所以债权人一般希望企业的资产负债率低一点，这样他们的债权保障程度就高一些。对于企业的所有者来说，他们关心的是投资收益率的大小。由于企业借来的钱和所有者投入的钱发挥着相同的作用，只要借款的利息率低于投资报酬率，负债越大所有者获得的收益就越大，此外，由于负债的杠杆作用，企业所有者可以通过举债经营，以较少的资金控制企业，从而提高其收益。对企业的经营者来讲，资产负债率过高，企业所承担的财务风险就越大；负债比率过低，说明企业太保守，不能充分地利用财务杠杆的作用。在国外通常认为资产负债率在0.5左右比较合理，国内通常认为资产负债率在0.5~0.7之间较理想。

②产权比率　是指负债总额与所有者权益总额的比率，用以衡量主权资金对负债资金的保障程度。该项比率越大债权人所得到的保障就越小，该项比率越小说明企业长期财务产权比率状况越好，债权人贷款的安全性越有保障。其计算公式为

$$产权比率 = \frac{负债总额}{所有者权益}$$

该比率反映了债权人投入的资本受所有者权益的保障程度。该比率越小，说明负债受所有者权益保障的程度越高。产权比率也反映出企业基本财务结构是否稳定。高的产权比率是高风险、高报酬的财务结构；低的产权比率是低风险、低报酬的财务

结构。

③所有者权益比率　又称股东权益比率，是指所有者权益总额对资产总额的比率，反映了在企业资产总额中，企业所有者提供了多少资本。比率越高，说明所有者投入的资金在全部资金中所占的比率越大，则企业偿债能力越强，财务风险越小。其计算公式为

$$所有者权益比率 = \frac{所有者权益总额}{资产总额}$$

④利息保障倍数　利息保障倍数是指公司息税前利润与债务利息的比率。它反映公司获利能力对负债利息偿付的保证程度。其计算公式为

$$利息保障倍数 = \frac{息税前利润}{利息费用}$$

息税前利润　是指扣除债务利息与所得税前的正常业务经营利润（包括对外投资收益），不包括非正常项目、中断营业和特别项目及会计原则变更的累计前期影响而产生的收支净额。债务利息包括财务费用中的利息和计入固定资产成本中的资本化利息。

已获利息保障倍数　不仅反映了企业获利能力的大小，而且反映获利能力对企业到期债务偿还的保障程度，它既是企业举债经营的依据，也是衡量企业长期偿债能力大小的重要标志。欲使企业具有正常的债务偿付能力，从长期看，已获利息倍数至少应当大于 1，且比值越高，企业长期偿债能力就越强。如果企业已获利息倍数过小，企业将会面临经营亏损，偿债的安全性和稳定性下降。

利息保障倍数　反映的是企业支付债务利息的能力。利息保障倍数越大，企业支付债务利息的能力就越强。它是企业举债经营的前提依据，也是衡量企业长期偿债能力大小的重要标志。一般说来，利息保障倍数大于 3 是比较理想的，最低不能低于 1。

9.1.4.4　盈利能力分析

盈利能力是企业资产增值的能力、是企业赚取利润的能力、是企业生存与发展的动力。无论是投资者还是债权人都十分重视企业的盈利能力。盈利的多少是评价企业管理成效的最主要标准。评价企业盈利能力的指标主要有销售毛利率、销售净利率、资产报酬率、所有者权益报酬率、资本保值增值率、每股收益、市盈率等。

(1) 销售毛利率

销售毛利率是销售毛利与销售收入的比率。其计算公式为

$$销售毛利率 = \frac{销售毛利}{销售收入} = \frac{主营业务收入 - 主营业务成本}{销售收入}$$

销售毛利率越高说明企业销售成本在销售收入净额中所占的比重越小，在期间费用和其他业务利润一定的情况下，营业利润就越高。

(2) 销售净利率

销售净利率是净利润与销售收入净额的比率。其计算公式为

$$销售净利率 = \frac{净利润}{销售收入}$$

销售净利率反映企业每销售一元钱所获得的净利润。销售净利率越高，说明企业通过销售获取利润的能力越强。有些时候通过销售净利率和销售毛利率的比较还可看出企业生产部门和销售管理部门的工作情况。如果企业销售毛利率很高，而销售净利率很低，则说明企业生产部门工作做得较好，销售和管理部门工作做得不好。

（3）资产报酬率

资产报酬率也叫资产净利率或投资报酬率，它是净利润与平均资产总额的比率，可以衡量企业资产综合利用效果，反映企业利用债权人即所有者提供资本的盈利能力和增值能力。其计算公式为

$$资产报酬率 = \frac{息税前利润}{资产平均额}$$

（4）所有者权益报酬率

所有者权益报酬率也叫净资产收益率，是净利润与平均所有者权益的比率。其计算公式为

$$所有者权益报酬率 = \frac{净利润}{平均所有者权益}$$

$$平均所有者权益 = （期初所有者权益 + 期末所有者权益） \div 2$$

所有者权益报酬率是一个综合性指标，它反映了所有者每投资一元钱可以获得的利润。该指标越大，说明所有者投入资本的获利能力越强。

（5）资本保值增值率

资本保值增值率是期末所有者权益与期初所有者权益的比率。其计算公式为

$$资本保值增值率 = \frac{期末所有者权益}{期初所有者权益}$$

资本保值增值率反映了所有者投入企业资本的保值增值情况。一般说来，如果该比率大于1，则说明所有者权益增加，企业的增值能力较强。

（6）每股收益

每股收益也叫每股盈余或每股利润，它是净利润扣除优先股股利后的余额除以发行在外的普通股平均股数。其计算公式为

$$每股收益 = \frac{净利润 - 优先股股利}{发行在外的普通股平均股数}$$

每股收益是评价上市公司盈利能力的最重要的财务指标之一，它反映了股份公司的获利能力，每股收益越高，股份公司的获利能力就越强，它也在很大程度上影响着股票的价格和股利支付能力。

（7）市盈率

市盈率是普通股每股市价与每股收益的比值。其计算公式为

$$市盈率 = \frac{每股市价}{每股收益}$$

市盈率是投资者投资决策的重要参考依据，它反映了投资者对每元净利润所愿意

支付的价格。市盈率高说明投资者对该公司的前景看好，公司的成长性较好，投资者愿意出较高的价格购买该公司股票。但是，如果市盈率过高，则说明投资风险较大，投资回收期较长。一般说来，对于一些成长性好的高科技公司其股票市盈率应高一些，对于传统公司其股票市盈率应低一些，总之，市盈率的过高和过低都是不好的，正常的市盈率应在 5～20 之间。

9.1.4.5　社会贡献能力分析

(1) 社会贡献率

社会贡献率是企业社会贡献总额与平均资产总额的比率。它反映企业占用社会经济资源所产生的社会经济效益，是社会进行资源有效配置的基本依据。其计算公式为

$$社会贡献率 = \frac{企业社会贡献总额}{平均资产总额}$$

社会贡献总额包括工资性收入、劳保退休统筹、社会福利支出、利息支出、应缴的各项税款、附加费及福利等。

(2) 社会积累率

企业上交的各项财政收入与企业社会贡献总额的比率。其计算公式为

$$社会积累率 = \frac{上缴国家财政总额}{企业社会贡献总额}$$

上缴的财政收入总额是指企业依法向财政缴纳的各项税款的总额。

9.1.4.6　企业发展能力分析

发展能力是企业扩大生产规模、增强企业实力的能力。主要指标有销售增长率、资本积累率、总资产增长率。

(1) 销售增长率

销售增长率是指企业本年销售收入增长额与上年销售收入总额的比率，是衡量企业经营状况和市场占有能力、预测企业经营业务拓展能力的标志。该比率越大，说明企业增长速度越快，企业市场前景越好。其计算公式为

$$销售增长率 = \frac{本年销售收入增长额}{上年销售收入总额} \times 100\%$$

(2) 资本积累率

资本积累率是指企业本年所有者权益增长额与年初所有者权益的比率，表示企业当年资本的积累能力，反映了企业的发展潜力。该比率越高，说明企业的资金积累越多，企业持续发展能力越强。其计算公式为

$$资本积累率 = \frac{本年所有者权益增长额}{年初所有者权益额} \times 100\%$$

(3) 总资产增长率

总资产增长率企业本年总资产增长额与年初资产总额的比率，反映企业本期资产规模增长的情况，表明企业规模增长对企业发展后劲的影响。该比率越高，企业规模扩张越快。其计算公式为

$$总资产增长率 = \frac{本年总资产增长额}{年初资产总额} \times 100\%$$

9.1.4.7 综合分析法

要对企业的财务状况、经营成果等方面的情况进行全面的分析评价，单独运用任何一类指标都是不够的，必须将偿债能力、营运能力、盈利能力综合起来，进行全面、系统的分析，才能对企业的整体财务状况做出客观合理的评价。综合分析的方法主要有指数分析法和杜邦体系分析法。

（1）指数分析法

企业财务综合评价是指利用某一种方式对企业的财务状况与经营成果的优劣做出的分析，可据以对企业进行横向比较的判断与评价。这一方法是美国的沃尔和邓宁两位教授在 20 世纪 20 年代首先提出的。即用线性关系把若干财务比率联系起来，采用指数法计算一个综合指标，以评价企业综合的财务状况。

其步骤是：①选定若干财务比率，按其重要程度给定一个分值，即重要性权数，其总和为 100；②计算出各指标的实际值，并与所确定的标准值进行比较，计算一个相对比率；③将各项指标的相对比率与其重要性权数相乘，得出各项比率指标的指数；④将各项比率指标的指数相加，最后得出企业的综合指数，即可以判明企业财务状况的优劣。综合评分越高越好，如果综合评分达到 100，说明企业总体财务水平达到标准要求。

采用综合评价法可以综合评价企业的财务状况，但应注意使用这一方法的有效性，它有赖于对重要性权数和标准比率的正确确定。另外，我国财政部门曾经颁布了国有企业绩效评价实施办法，也可以在实际操作中参考。

（2）杜邦体系分析法

杜邦体系分析法是由美国杜邦公司的经理首先创造的，又称为杜邦系统。它利用不同财务比率间的相互关系，将它们结合起来，对企业的财务情况进行综合的分析评价。通过杜邦体系分析可以揭示指标变动的原因和变动的趋势，为采取措施指明方向。

杜邦体系分析法是以所有者权益报酬率为起点，利用财务比率间的相互关系，对指标进行逐层分解，不但可以发现问题的原因，还可以更清楚、更全面地反映企业的财务情况。主要的财务比率关系有：

①所有者权益报酬率 = 资产报酬率 × 权益乘数

即
$$\frac{净利润}{所有者权益} = \frac{净利润}{资产总额} \times \frac{资产总额}{所有者权益}$$

②资产报酬率 = 销售净利率 × 总资产周转率

即
$$\frac{净利润}{资产总额} = \frac{净利润}{销售收入} \times \frac{销售收入}{资产总额}$$

③销售净利润 $= \dfrac{净利润}{销售收入}$

④ 总资产周转率 $= \dfrac{销售收入}{资产平均总额}$

⑤ 权益乘数 $= \dfrac{1}{1 - \dfrac{负债总额}{资产总额}} = \dfrac{1}{1 - 资产负债率}$

上述关系形成杜邦等式，即

所有者权益报酬率 = 销售净利润 × 总资产周转率 × 权益乘数

——销售净利率是净利润与销售收入净额的比率，它的大小取决于销售收入和成本费用，要提高销售净利率就要想办法增加销售和节约成本。

——总资产周转率是销售收入净额与平均资产总额的比率，它反映了企业运用资产产生销售收入的能力。它的大小与企业的销售收入、各种资产的营运能力、资产结构等因素有关，应分别对这些方面进行进一步分析，找出影响总资产周转率变化的主要原因。

——权益乘数是平均资产总额与平均所有者权益的比值，它与企业的资本结构有很大的关系，企业的平均负债比重越大，平均权益乘数就越高。

杜邦体系分析法可以全面地了解影响指标变动的各种因素，便于分析企业存在的问题，从而对症下药。它不仅可以对企业不同时期的财务指标进行分析，找出变化的原因，还可以通过与本行业平均指标或同类企业对比，找出差异原因。

9.2　园林行政事业单位财务管理

园林行政事业单位财务管理是园林行政事业单位管理的一个重要组成部分，它是根据财务制度及财经法规，按照财务管理的原则，对行政事业单位的资金筹集、资金分配及资金使用所引起的财务活动进行计划、组织、协调和控制，并对行政事业单位的各项财务活动实施有效的综合管理。进行财务管理有利于加强行政事业单位预算管理，保证各项事业计划和工作任务的完成；有利于加强收支管理，提高资金使用效率；有利于建立健全财务制度，实现行政事业单位财务管理规范化和法制化；有利于加强财务分析与财务监督，保证行政事业单位各项活动的合理性与合法性。

9.2.1　园林行政事业单位的财务管理体制

由于园林行政事业单位是非营利组织，其资产和经费的来源主要是国家投资和财政补偿，私人组织和个人的投资非常有限。行政事业单位不能以盈利为目的，没有自我补偿的能力，因此，严重影响了事业组织的运行效率和事业的健康发展。建议借鉴国外成功的经验，建立多元化的经费来源渠道，增强事业组织的自我补偿能力，调动全社会参与公众事业的主动性和积极性，促进各项事业的全面发展。

9.2.2　园林行政事业单位财务管理的主要职能

园林行政事业单位属于非营利组织，其财务活动具有公共性，加强财务管理可以保证国家资产的安全，促进国有资产的管理，改善财务管理的质量，促进行政事业单位严格执行国家的财务制度及财经纪律，有效防止财务腐败行为。园林行政事业单位财务管理的任务是依法筹集并合理有效地使用资金，对行政事业单位的各项财务活动实施有效的综合管理。

园林行政事业单位财务管理的主要职能如下。

①进行园林行政事业单位的预算管理，保证各项事业计划和任务的顺利进行。其预算必须按照国家的方针政策和规定的要求编制计划期内的财务收支计划和各项开支预算。

②建立健全行政事业单位的财务制度，实现行政事业单位财务管理的规范化和法制化。财务制度是行政事业单位财务管理的依据和行为规范，各级单位必须建立完善的财务制度和健全财务机构，加强财务核算和控制等各项工作。

③进行行政事业单位日常的资金管理和收支管理，合理安排资金，提高资金的使用效率。这是行政事业单位财务管理最基本的职能，是行政事业单位财务管理的基础。

④进行财务分析、财务监督和财务控制，以保证资金使用的合法性和合理性。

9.2.3 园林行政事业单位财务管理的主要环节

园林行政事业单位财务管理主要包括预算管理、收入管理、支出管理、资产管理、投资管理、财务监督等环节。

（1）预算管理

行政事业单位预算主要是指园林事业单位以及接受国家经常性资助的非国有事业单位、社会团体等单位的预算。主要内容包括收入预算和支出预算。

收入预算 包括财政补助收入、上级补助收入、事业收入、经营收入、附属单位上交收入、其他收入和拨入专款等。

支出预算 包括事业支出、经营支出、基本建设支出、对附属单位补助支出和上缴上级支出等。

（2）收入管理

①经营性收入管理 园林行政事业单位的业务活动是属于公益性事业，不具有盈利的性质，其收入属于事业性收入，而开展专业以外的经营性活动并取得的收入属于经营性收入，其管理要全部纳入预算核算。

②预算外资金的管理 预算外资金是根据国家规定，不纳入公共预算，由各事业单位自收自支的财政性资金。对预算外资金的管理需要按照国家关于预算外资金管理规定执行，要设立专户管理。

行政事业单位财务的管理要求实行：预算内外一本账，支出审批一支笔，银行开设一个支出结算户的管理办法。

（3）支出管理

①事业支出管理 事业支出是园林行政事业单位开展专业业务活动及其辅助活动而发生的开支，其管理要求量入为出、自求平衡的原则，确定开支项目和标准，加强

专项资金支出管理，做到专款专用，并需要定期向上级主管部门报送专项资金使用情况。

②经营支出管理　经营支出是指园林行政事业单位开展业务以外的经营性活动的支出，各项支出要正确核算实际支出费用，并要进行成本核算，经济效益评价。

③对附属单位的补助和上缴的支出　对附属单位补助和上缴上级支出都属于调剂性支出，属于行政事业单位正常的支出，各类支出要分别进行管理。

（4）资产管理

对行政事业单位各项资产的取得、保管、使用、储备、维修、报废要实行定期的清查和盘点，建立资产登记变动明细账，以保证国家资产的安全。

（5）投资管理

对行政事业单位投资的项目，要进行投资的报批、投出资产的评估以及投资收益核算等财务管理。

（6）财务监督

财务监督就是对行政事业单位的财务活动进行审查和评价，目的是加强财务管理，严格财务制度和财务纪律，预防财务违规，提高财务工作的质量。监督的内容主要有：

真实性监督　对会计资料的正确性、真实性、规范性、合法性等进行检查，监督是否存在违规行为，是否严格按照财务制度和法规操作。

守纪守法监督　按照国家的财务法规和法纪的要求对行政事业单位的财务活动进行审查，促使各单位严格依法办事，避免出现财务漏洞。

财务收支监督　检查单位在业务活动和非业务经营过程中，财务收支核算的正确性、经济性和合理性，促使行政事业单位提高资金的使用效率。

小　结

本章主要介绍了园林企业的财务管理和园林行政事业单位的财务管理两部分内容。

园林企业财务管理的对象是资金以及资金的运动，企业财务管理活动的内容主要包括企业资金的筹集、企业资金的运作、成本和费用的核算以及财务分析等。一般企业资金主要来源于两个方面：一是所有者权益，二是负债。资金筹集的渠道有国家财政资金、银行信贷资金、非银行金融机构资金、其他企业和单位的资金、职工和民间资金、外商资金。企业筹集资金的方式有发行股票、留存收益、企业债券、长期借款、短期负债、经营租赁和融资租赁、商业信用融资。

思考题

1. 园林行业财务管理的对象是什么？应如何理解？
2. 园林企业财务管理的内容和目的是什么？
3. 园林行政事业单位财务管理的内容和目的是什么？

推荐阅读书目

1. 财务管理. 段九力. 清华大学出版社, 2007.
2. 公共组织财务管理. 2 版. 侯江红, 等. 高等教育出版社, 2008.
3. 公共事业管理学. 2 版. 娄成武, 等. 高等教育出版社, 2008.
4. 企业经营管理. 胡瑞仲. 东南大学出版社, 2007.

第 10 章 园林行业的物资设备管理

从本书以上章节中已知园林企事业单位分为多种类型，不同性质的单位所拥有的物资设备也不同，大致如下：①园林设计，大型制图输入、输出、测绘、虚拟模型等设备，办公建筑与构筑物等。②园林施工，施工设备与器械、物流调运运输、工程设备车辆、建设维护器械、办公建筑与构筑物等。③园林作品 * 的所有者单位（园林作品代理或管理企事业单位），园林作品实体（可以看作特殊的物资设备），办公建筑与构筑物等。④预决算、监理等第三方责任园林企事业单位，拥有各种测算仪器物资设备、工程设备车辆、办公建筑与构筑物等。鉴于其共性，本书在"物资设备管理"一章的叙述层次设计如下（按大标题顺序）：物资管理综述，范畴和内容等。设备管理，主要讲述各种园林企事业单位中的物资器械设备的管理。基础设施管理，主要讲述各种园林企事业单位的办公建筑与构筑物等作为物资的相关管理。

所谓园林行业的物资设备管理，一方面是指园林企事业单位在其生产运作过程中，对本单位所需物资的采购、使用、储备等行为进行计划、组织和控制；另一方面是指对于已经完成整体施工并交付使用的园林作品所有方，对其所属资产的维护、维修、依法权益的自我保护和利用等行为进行计划、组织和控制。

10.1 物资管理

物资管理是园林企事业单位管理的一个重要环节。因此管理是否科学、合理，直接影响到企事业单位的成本控制、盈利模式、净增值资产量等，关系到其生存与发展。

10.1.1 物资管理的范畴

一般的物资管理的范畴包括物资计划管理环节、物资采购管理环节、物资使用管理环节和物资储备管理环节。另外，园林企事业单位的物资管理还包括对园林物资的合法收益、增值钱或物的管理；对园林作品的设计、装配、生成、成型、调整和交付使用后物资的调配运作管理；对不合法的基础设施建设的处置。

10.1.2 物资管理内容

（1）物资计划管理环节

物资计划管理是园林企事业单位进行订货采购工作和组织企事业单位内部物资供

---

* 通常把具有完备的园林要素的花园叫做园林作品。完备的园林要素是指具备观赏植物、园林建筑和小品等构筑物、置石、人工干预的自然水体或纯粹人工修造的水体、铺装、经塑造的地形。

应工作的依据。关于物资计划的准确性见本章案例分析一。

（2）物资采购管理环节

物资采购是园林企事业单位资金支出的重要关口，是企业成本控制的关键。常采用比价、限价、定价、报价采购制度为核心的物资采购管理的模式。

（3）物资使用管理环节

主要是指物资的配送、内部消耗和园林作品装配（安装和制造）。现代园林企事业单位物资使用管理，重点突出内部配送方式的灵活性、多样性、安全性和物资装配的控制力度。统一进货、集中存放、防止被窃、安全免损、免发意外、定点发放材料的配送方式，在过去被大部分园林企事业单位所认可，现在园林装配物资配送更趋向灵活，"即时配送"、"准时配送"、"变领料为送料"等新方式、新观念逐渐被企事业单位所接受。

生产过程中的物资消耗量是控制企事业单位生产成本的决定因素，目前，企事业单位已经将物资消耗控制作为管理的重点。一般来说，在物资计划中企事业单位都会制订比较科学、合理的物资消耗定额，最大限度地降低物资消耗环节出现浪费现象的概率。

从园林企事业单位的仓库中取用物资的管理，包括核对计划消耗定额、填写领料单据（一式2~4份，料务、财务、用者等各持1份）、相关人员签章、凭单发料、登记入账、退料另填红字单据、鼓励修旧利废及节约使用、检查并控制私设"小仓库"等项。

（4）物资储备管理环节

对于许多园林企事业单位来说，适度的物资储备是保障生产经营正常进行的必要手段。加快物资流动速度，尽可能地降低库存，减少资金占用。

物质储备（仓库）管理包括制订储备定额和保证定额储备两方面，并通过仓库管理来与其他管理环节（如预算、财务、取用）相衔接。

（5）园林作品的产品管理

已经完成并交付使用的园林作品，有时会因为园林植物的自然生理产生果实等附属产品，如果不加以利用，会导致卫生、游人攀爬等附加问题。再比如有些园林植物经过多年的栽植，需要进行疏苗，淘汰下来的苗木因为仍然可以生长，即具备一定的商品价值，可以为园林企事业单位创造利润。园林企事业单位有意种植或经营行为，产生的产品处置请读者参阅本书第3章与第7章。园林企事业单位尽量不要储存产品，以免造成产品变质、降低质量等经济损失。

10.2 设备管理

贯彻执行企事业单位资产管理工作的方针、政策和法令，企事业单位领导组织制订本单位固定资产和低值耐用设备管理工作的规章制度。

针对作为企事业单位固定资产的机械设备，园林企事业单位应该设置专人负责控制设备的计划、申报，做好组织、实施采购和招标工作。同时做好设备合同、园林作品实现的递交投标文件、招投标、签约、验收、调配、管理、执行、施工监督等工作。做好设备与建设物资的订货目录、材料样本及园林设计资料的收集和管理，做好对园林作品用户提供保养和咨询服务。负责办理大型机械设备的购买或租用、设备税务申报等有关手续。办理机械设备建卡、调拨、报废和丢失赔偿手续，及时进行财务处理，完成有关统计报表，做好设备的回收、调剂和处理工作。

园林作品的实现，不但是工人和一般物资的有效契合，有时候更需要大型机械参与建设，有些园林机械体积庞大，拥有相关配套与配合，而且技术密集，安装调试复杂。并且有些园林机械在整个施工过程中均需要发挥其作用，所以设备管理基本包括安装调试、高效可靠性保障、保养维修、折旧报废、更新换代。

针对作为园林作品实现的设备耗材物资，园林企事业单位也应该设置专人负责控制设备耗材物资预算实现、物价核算、采购、验收、调配等工作。各种物资进场后，要有专门人员负责物资安全，保证物资安全，不因自然气象而发生损坏，要求堆放稳定。

10.2.1　设备采购

园林企事业单位采购设备必须在符合一定条件下进行，如在用设备经技术鉴定和审查与核定后认定需要更换；技术改造方案批准的新设备；新项目设计方案所列需要采购的设备。

采购程序一般为：采购申请由生产部门或方案项目组提出，技术副总审查、总经理批准后交给供应部执行。确定招标采购的设备按照企事业单位确定的招标规则由招标小组执行。设备采购必须签订《采购合同》，采购合同由董事会或董事会授权人核准，总经理最后批准。没有经过董事会核准或董事会拒绝的，总经理没有权利批准要件。园林企事业单位中没有设置董事会机构的可以由总经理做最后批准。

采购的物资设备进场或进厂，由生产部门同行政部门、技术部门按照《拟采购物资设备各项要求和指标》《物资设备进场或进厂规则》，使用《物资设备进场或进厂验证记录》执行验证，验证项目按照物资设备不同而有区别。数量、质量、型号、产地等各项指标达到《拟采购物资设备各项要求和指标》，方可接受。不符合接受标准的物资设备，由执行采购的部门和人员负责处理，依据不符合事实，做如下处理：

①退货，要求供货方在限期内重新供货，本次运输由物流单位自行装运，运回费用由供货方提供。

②质量合格，但数量少于预先指定的数量，责令供货方补货，运费由供货方提供。

③由供货方提供维修或不经维修让步接受。但让步接收必须经过生产技术部门同意、生产技术副总报董事会与总经理，董事会核准后，总经理最后批准，并与供货方签署保证人身安全与物资设备安全保证书（需要公证），由供货方提供相应的保险金额到账或投保后生成正式保单后才能生效。让步接受仍然需要供货方提供相应维修。经过供货方相应维修仍然不能达到性能合格标准的，应执行前述①条款，进行退货。

④退货、让步接受应该按照采购合同规定索取相关赔偿。

《物资设备进场或进厂验证记录》一式 4 份，生产部、财务部、行政部和供货方各保留 1 份。行政部收存制造商提供的设备资料、备用零件，部件移交企事业单位库房保存，库房也要相应做出接受与调出记录。

10.2.2 安装调试

安装调试需要做好以下几个工作：

①安装调试费用的预算 包括运输费、安装费、调试费、其他费用等。"其他费用"为各种设备物资初到与工程进行中的看管费、管理费等，这一部分的预算应根据实际情况进行。

②施工人员组织和技术培训 精密、昂贵、初次安装调试的技术工作必须由供应厂商派出的技术人员负责。

③必须严格按照施工技术规范和施工技术设计进行 设备安装之后应再次对其进行外观质量检查。比如各种螺栓、螺母有无松动；焊接件焊缝处有无裂纹、气孔等缺陷等。

④调试 园林设备经常转换施工场地，拆卸、搬运和再安装时，也必须按照上面提到的顺序操作。

⑤填写安装调试技术报告 是园林设备安装调试后进行技术、资产及财务验收和追究责任人的主要依据之一，是必要工作。

⑥技术验收 安装调试以后，要进行技术验收与总结。经过对安装调试的技术报告，设备有关文件、单据、资料的审查及现场的考察，才可以决定能否通过技术验收。经过技术验收后，特别是针对第三方提供的机械设备，才准予办理资产、财务手续，交付使用。没有经过技术验收，不得发生账目关系和严禁投入使用，因为大型设备可能会产生的人与物的损失，责任不清所发生的纠纷会严重影响园林作品的工期带来巨大的经济损失。对于安装、调试过程中出现的失误，要认真总结，填写相关表格。对存在的问题，要分清责任，及时处理。相关索赔事宜，必须在有效期内妥善解决。

10.2.3 高效可靠

高效可靠主要指"实现"园林作品的各种物资高效与可靠，具体为稳定、安全、快速、高效、可靠，要求物资供应时间最短、效率最高、安全有效为重要目标。实现高效可靠的途径表现为：①提高供应链可靠性，选择最短路径、准确的物资信息与配备量，使时间成本和人力因素降低到合适程度而非最低程度。②高效可靠的有效性评价，分析一个高效可靠时间段的原因，评估该段效率的可持续性的可能性，形成高效的运作体系。③施工方案设计中的物资调配途径简单，机动性强，路径短。④安全，物资流转过程中必须保证人员人身安全，同时保证物资本身的安全，以避免损坏造成再次调配。⑤节能环保，物资设备的高效运作要求物资设备本身具备节能环保性质，为企事业单位和业主节省能源和在环境容忍度范围内的环境损耗是园林作品的主旨，成为可持续发展契机。⑥维护与维修简单与方便，园林企事业单位无论在生产中或产品交付以后，都不可避免产品的损耗，维护与维修简单与方便可以降低人力、物力、财力的再次投入。

10.2.4　保养维护与维修

保养维护与维修的前提是每种物资设备的保养维修均有各自的方法、工作流程，必须按照操作规程办事。对相应大型、贵重的机械设备物资，需要做相应的投保工作，以确保在运作过程中发生意外能够获得相应的补偿。

设备在使用过程中，随着运行工时的增加，各部分结构和零件由于受到摩擦、振动、腐蚀、碰撞、磨损、冲击及自发或他发事故等诸多原因的影响，技术性能逐渐变差，所以必须进行物资设备的保养和维修。

保养维修必须有相关的责任人，建立设备器械等物资的管理档案，根据实际情况制订《设备操作规范》，对其实施过程进行管理。对于第三方提供的机械设备物资，也要进行《设备操作规范》的确认，检查第三方企事业单位的生产许可证书、投保证书、维修保养档案、操作许可证书等法定证件证书。

保养作业的内容，按照保养作业的性质可以分为：清洁、检查、润滑、加固、检验与补给作业。检查作业由国家制定的检验部门执行，如果需要进行压力与电气作业，必须由专业人员执行，一般性操作可由本园林企事业单位的专职检验人员负责进行。建立保养制度，园林企事业单位的物资设备保养是以预防为主，到达一定的运行工时便进行保养的原则，分为例行保养、一级保养、二级保养、三级保养和季节性保养 4 个级别。具体可根据物资设备的结构、使用条件、环境条件等确定，各级别保养都可以放在同样的时间段中实现，时间间距越短，容纳的保养级别类型应越少，以 3 个月为一个时间段作为临界点，大于 3 个月的时间段必须包含各种级别的保养；同理，小于 3 个月可以适度减少保养级别层次。

一级保养是各级技术保养的基础，其他各级保养必定十分重视一级保养工作的质量。可由第三方企事业单位或物资设备供货商提供执行服务，主要工作内容以清洁、润滑、加固为主，检查操纵、指示用仪器、仪表、安全部位、各种阀门、润滑油添加等。二级保养可由外聘或本企事业单位专业维修人员负责执行，主要项目为清洁、检查、调整、校验为主要内容。三级保养以解体清洗、检查、换配、调整为中心内容，清除污垢、置换陈旧机油，去除结焦，测试关键受力部位的金属疲劳，清除隐患，排除缺陷，除锈，补漆。季节性保养，如果园林企事业单位在季节分明与昼夜温差大的地区，由于工期可能较长，物资设备的工作条件也发生明显变化。所以在进入夏冬两季之前，应结合二级保养进行季节性保养作业，为避免因气温变化造成设备性能不良和机件损坏。

收工后的一般保养工作项目包括：①清洁设备外部，除去各个管道和容器内的生产用料，避免器械非工作荷载，清洁各种零部件。②根据天气气候情况，增加设备的遮风挡雨设施。③排除系统内剩水、检查剩余油料质量、若需时及时补给。④观察肉眼可视的故障。

10.2.5 折旧报废

为确保人与物的安全，园林企事业单位的物资设备必须发生本过程，禁止园林企事业单位把自己折旧的物资设备售卖给兄弟企事业单位，即将到达器械耐久度极限的园林物资设备只能报废，以废旧金属方式出售，折旧报废物资设备必须在相关部门（公安、工商部门等）登记备案，相关部门派出人员与园林企事业单位共同肢解、焊损该物资设备，监督和确认报废。

园林企事业单位的物资设备属于该单位的固定资产，此种固定资产报废时已提完折旧的，禁止再计提折旧，只能肢解或焊损以废旧金属方式出售折现。

物资设备资产清理折旧计算公式为：

$$\beta = A / (\partial + 1)$$

式中　A——物资设备原值（固定资产原值或买入价格）；

　　　∂——使用期限（或按总体使用多少月或年计算）；

　　　β——物资设备资产清理（预计净残值）。

如果涉及物资设备资产减值准备的还要借记"物资设备（固定资产）减值准备"，如果未提完折旧，物资设备资产清理公式为：

$$\beta' = A\partial' / (\partial + 1)$$

式中　β'——涉及物资设备资产减值准备时的物资设备资产清理（预计净残值）；

　　　∂'——涉及物资设备资产减值准备时的实际使用期限（或按总体使用多少月或年计算）。

当需要感知企事业单位折旧报废的速度，通常还使用一个名词残值率，计算公式为：

$$\Theta = 1 - (\alpha\partial / 12) / A$$

式中　Θ——残值率；

　　　α——每月折旧额。

我国国内园林企事业单位一般采用随后月份惯例，提完折旧应保留小数点后2位，并且必须入账，以备工商管理部门、纪检部门等相关单位审查。

10.2.6 更新换代（生产设施）

园林企事业单位设备的更新换代，其核心问题在于效率优先、减少损耗、提高资源能源利用效率，减少环境污染，促进节能减排，避免人员及财务损失和循环经济发展。

园林企事业单位所有的物资设备有时候必须更新换代，触发条件有：①原物资设备效率远低于同类新型的。②原物资设备面临必需的折旧报废。③该物资设备的原生产单位大跨度更新换代，停止原型号设备的生产。④容易造成人员伤害的，或高能耗高污染的。⑤完成必须实现的采购份额。⑥相关产业链其他生产环节更新换代，有关园林企事业单位必须配合协作的。⑦园林企事业单位现有的物资设备跟不上更高要求的园林作品设计施工要求的。

更新换代势必会消耗园林企事业单位大量的资金，所以必须防范没必要的更新换代行为。

10.3 基础设施管理

基础设施管理在园林企事业单位中常常指园林作品的保有企事业单位所应该执行的规范行为，目的是确保园林作品持续满足园林作品使用者对园林作品产品质量安全与较好的感官感受等，园林企事业单位对基础设施的各种管理要求。需要进行管理的范围是：园林中办公及功能用房、园路、其他构筑物与建筑物、生产设施与设备、通信通勤设施、运输工具（载客或载物）、园林植物、名木古树、文物古迹等。一个园林作品的正常运营需要在基础设施管理行为中权责分明、分工管理。对于设计、施工等类型的园林企事业单位，同样有基础设施管理行为，租用或购买办公场所，自有房屋建筑、构筑物维护，维权，防灾，技术保密，通信设施管理和运输工具等。

10.3.1 管理策划

做好管理策划是基础设施管理的基础。具体为：

①生产部分实施生产设施管理的策划，包括建立基础设施的基本信息 *。根据原设计单位与施工单位的设计与施工的各种设施所要求的工艺、承重、暴露程度等要求，按照国家相关法律法规建立本园林企事业单位的《设施完好标准》，制订《园林作品设备设施检修制度》、《事故管理规则》、《植物配置与植物保养技术规定》、《园林作品操作规则》、《生产设备设施处置规则》等常规管理制度。

②行政部分实施办公、通信与生活后勤设施管理的策划，制订本园林作品中发生危机的事故干预、制止、收容、抓获等行为实施的预案，比如《自然灾害时接纳市民群众避难预案》、《跌伤、溺水等游客事故正发与事后的及时干预与救助预案》等。

相关法律法规有要求或特殊要求的设备设施安装、构建物构建和验收，应该按照法定程序进行并确保符合其要求。包括消防设施、城市防灾减灾、水利设施、工业设备的安全装置、环保设施、压力设施、易燃易爆设施、名木古树、文物保护单位设施等。

10.3.2 建构设施施工验收

园林企事业单位自身的土木建设需要符合《中华人民共和国城乡规划法》和其他的各项条文规定，避免盲目建设和非法建设所带来的经济损失。

园林企事业单位自身拥有构建设施能力而自行建设的按照企事业单位内部管理细则实施管理和验收，对外提供建构施工服务时需要按照甲方管理细则实施施工服务与

---

* 包括园林作品（园区）平面布局图、设备安装布置图、给排水网络精确坐标图、各种检查井的精确位置及坐标图、各种地下管线精确位置及坐标图、市政公用各种管线过境（地下或地上）精确位置坐标图、设备设施登记表、设备履历表。

接受验收。

构建设施竣工后，竣工验收资料由生产部整理、立案移交行政部归档保存，园林企事业单位的行政部应当在竣工验收后 6 个月内向城乡规划主管部门报送有关竣工验收资料。

10.3.3 建构设施保修

对外提供施工服务的园林企事业单位按照所提供服务的被施工方的合理合法保修管理条款（施工合同中已经做出相应规定）提供保修期内和付费延长的保修期内的构筑设施实行保修服务，提供保修服务时，按照合同事先约定的付费方与权责范围，支付人工、材料、工程机械、危机救助等费用，超过保修期，就需要园林作品的所有方，提供所需要的相应的维修费用。

10.3.4 施工场地管理

物资设备进入施工现场，所有设备和物资都应该保持铭牌清晰，料堆结构科学、牢固、安全可靠。并且保证施工路线通畅，分布得当可以保证用完前不移动，必须移动则只需部分移动的原则。

施工场地的物资设备还要求：①管道应根据其用途使用适宜的颜色涂漆，使用标准标注方式标志，以方便区分。②易于发生误操作的操作点，应标志易于识别的文字和图形。③潜在安全威胁的场所、部位应施加醒目的安全警示标志。④备用、待修、停用、报废的设备与物资应该挂牌标志。⑤施工人员着装符合国家强制性安全要求，不允许任何闲杂人等进入施工现场。⑥每天停工后物资设备应该登记剩余量，安排守卫巡查人员，避免物资设备丢失和进入场地操作。施工现场物资周转材料管理见本章案例二。

10.3.5 基础设施卫生制度

办公室场所内卫生由各部门自行处理；公共区域的清洁卫生由企事业单位卫生管理部门派人或雇人打扫。职工应该养成良好的个人卫生习惯，个人卫生问题不是个人问题。

各办公场所需要定时开窗通风，保持空气流通和足够的光线，为节省企事业单位开支，每年可以组织职工大扫除 3~5 次。

园林施工现场要保持卫生，无用或废弃的物料，集中堆放或及时处理。

企事业单位内路面清洁无杂物，卫生间配备清洁剂和消毒剂，镜面上没有污物，便池内外墙面上必须保持干净整洁，不得有任何污点。清扫、拖地时注意清洁卫生死角。定期清除排水沟污垢，保持清洁畅通。电梯内、楼层公共平台、防火通道每天必须清扫，务必保持清洁明亮。各个区域打扫出来的垃圾一律放置在指定的地点，便于整体收集。

基础设施必须保持卫生。有必要制订《单位卫生实施条例》，和人事与奖金系统挂钩。

10.3.6　园林作品交付使用后的基础设施管理

园林作品由园林施工企事业单位或建筑施工企事业单位施工完毕交付使用后，其所有单位也作为园林企事业单位中的一个类型，负有保持、简单维修、维护、培育、清洁、约束游客游园行为、防止外单位侵占己方土地、依法诉讼等权利和义务。

因为园林作品是人工营造的景观，所以需要进行后期的保养和维护。具体为：

（1）保持清洁卫生

合理安排清洁人员值班制，及时净化园林地面。引入更先进设备，提高工作技术质量和效率。

在春夏秋三季定期投放药物消灭水体、植物林丛中的各类害虫、鼠类、蚊子和苍蝇。响应城市病虫害预报，配合上一级宏观的统一调度和卫生制度。

另有一些卫生制度可以参见"10.3.5节基础设施卫生制度"内容。

（2）制止随意刻涂

建立严厉制度，并设立警示牌，适时适地宣传和警告，对游人这一类型的不文明行为使用严格执法进行约束。在关键点、关键部位设立监视器、探头等可拍摄设备，建立图像证据。对保护物安装必要的围栏。如果抓住典型违法者从严从重处罚，并将整个过程透明于公众，引起大众对此行为的警醒。

对贴、印、写小广告的行为，管理者依法要求相关部门配合，根据其联系方式上溯其源，结合上段所述的处罚条例，从重处罚。

（3）避免设施的超使用

超使用是指超过设施的受力承受范围、弹性系数、容忍使用频率的使用，设施材料本身来不及自行回复而产生的技术状态劣化然后发生故障。也包括园林作品在设计之初没有考虑使用者成分区分，导致产生的超使用现象。

（4）维修设施

可结合10.2.4节进行学习，园林中园林建筑与构筑物、功能设施和市政设施都要及时维修，减少无效的消耗量。具有文物价值的古旧设施，需要专业的施工人员本着修旧如旧的原则进行维修。如果必须同时对游人开放，必须对施工中的材料运输、物资堆放和操作现场所划定的区域进行精确管理，限制游人进入的小范围区域，护栏及指示标志健全，如有必要在不干扰周围住民的情况下（光、声干扰），施工和运输安排在夜间，施工准备及调度事先仔细运筹，一旦开工，即按计划进行，不允许拖延。

10.3.7　防范违章建筑

违章建筑是指在城市规划区内，未取得许可证书而开工建设的，或采取欺骗手段骗取批准而占地新建、扩建和改建的建筑物。违章建筑不同于"临时建筑"，临时建筑是在一定时段内合法，期满必须拆除的建筑。

园林企事业单位自身首先不能建造违章建筑，必要建设需依法按照法定程序进行。违章建筑是不受法律保护的，园林作品中建造违章会造成巨大的人力物力浪费。

如果已经进行了建设，应该及时进行拆除。即使已经受到处罚，并被责令限期拆除，建设违章建筑的园林企事业单位仍然有以下有限的合法的权利：①有权处分建筑材料，对构筑材料仍然享有处分权。②有权暂时占有建筑物。占有是一种事实而非一种权利。③有权暂时使用建筑物。④有要求开展申诉和听证法律程序的权利。

对拥有园林作品的园林企事业单位，还要防范来自其他方面的用地侵犯和非法建设，比如挤占园林绿地，非法变更绿地用途等。如果发现应及时制止，如果制止无效可以到相关部门报案，报案前注意合法取证（拍照、录音、录像等）、并保留相关证据，并能够依法取得相应法律赔付。

小　结

园林企事业单位的物资设备管理，包括物资计划制订、物资采购、物资使用、物资储备、设备管理、基础设施管理等几个重要环节，这些环节环环相扣、相互影响，任何一个环节出现问题，都将对企事业单位的物资供应链造成不良影响。因此，在买方市场异常活跃的今天，园林企事业单位的物资设备管理已不能简单地用"计划"、"配额"、"定量"等几个简单概念进行诠释，它必须用更宏大的视界，要求企事业单位拥有更强的统筹调配能力，它已经成为现代企事业单位管理的重要组成部分，成为园林企事业单位成本控制和收益的利器，成为其生产经营正常运作的重要保证，成为发展与壮大的重要基础。

思考题

1. 浙江杭州某园林企业，为了提高经济收益使新茶提早半个月上市，便锄掉老茶树，换上'龙井 43 号'和'龙井 108 号'新品种。但品质上老茶树味道更为醇香。在整个龙井种植区，新、老龙井分庭抗礼。据统计，新品种已经占到 1/3 强。而原来的老龙井树龄一般都在 40 年以上，这几年正面临换种高峰期。众多企事业单位面临着两难"新龙井上市早，老龙井香味醇"。试分析，该企业物管部门应如何处理这个问题，如何面对企业物资效益与市场需求的矛盾。请调查本题相关资料，提出个人见解，形成课程论文。

2. 某开放性公园北面临城市支路，道路另一侧因为新的居住区开发与交付，带来居住区人流，所以自发形成副食、服饰、生活用品交易市场，该公园依照法定程序，合法沿道路在自有土地上建造了几处临时建筑物用于出租和自营，其他企事业单位和居民仿效，抢národ占据此公园沿街土地进行临时建筑的搭建和经营收益，因为裙带关系，城市公园并未提出收回被侵占土地。等到领导换届，新的领导发现这个问题，同时发现己方建造的几处临时建筑已经超期。请分析，应该如何合法的处理所面临的这些问题。

3. 园林企事业单位的物资管理内容有哪些？并举例说明。

4. 园林企事业单位基础设施管理需要注意的问题有哪些？

推荐阅读书目

1. 物资管理理论与实务. 曹俊超，戴克商. 清华大学出版社，北京交通大学出版社，2006.
2. 开放的物资管理信息系统. 赵林度，钱英. 中国石化出版社，2000.

案　例

一、物资计划的准确性

案例综述：

某园林施工企业的大型施工项目，材料组于 2009 年 10 月 8 日电话报 277T 钢筋进场计划（包括 20tΦ8 盘圆钢筋），次日电话通知取消 Φ8 盘圆钢筋的计划，招标认价后，确定由某公司运送此批材料，20tΦ8 盘圆钢筋中标价为 3940 元/t。2009 年 10 月 15 日，项目再次电话报计划 20tΦ8 盘圆钢筋，且现场急需，物资部随即询价确定由另外一家钢材商供应，单价为 3960 元/t，比 10 月 8 日招标价上调 20 元/t。后经查实，导致该项目的计划提报不准确的主要原因是业主频繁变更设计。

请分析和提出改进措施。

下附答案

分析：

该项目物资计划编制不准确的主因是业主设计变更，给物资部采购招标工作带来一定的难度。最后尽管材料能够及时进场，没有影响现场正常施工，可由于期间钢材价格的上涨以及单独以 20t 来招标，导致该园林企业物资成本增加。

改进措施：

1. 加强项目相关岗位人员的责任心，严格计划管理，保证物资计划编制能够及时、准确、有预见性，使材料能够在正常进场的同时最大程度的降低采购成本。

2. 项目部要及时与业主进行沟通协调，尽量减少设计变更给项目带来的负面影响及成本流失，同时做好相应材料的签证索赔工作。

3. 物资部作为职能部门要更好地发挥监督指导作用，及时履行物资计划管理的审查监督职能，做好与项目的沟通工作，采取有效措施尽量减少由计划编制不准确、不及时造成采购工作被动。

二、施工现场物资周转材料管理

案例综述：

2009 年 9 月中旬，负责某园林项目主体施工的分包队伍由于各种原因提出退场，要求其进场余料调拨给该项目部，项目部在企业物资部、办公室等相关部门没有参与监督的情况下，擅自与分包队伍进行数量交接并办理了书面的交接手续。但事后发现由于项目材料人员玩忽职守、责任心不强，没按企业物资管理制度做到多方参与，在现场交接时对施工队伍的弄虚作假行为未及时发现、材料组内人员没有相互沟通，导致数量重复计算，给项目造成了较大的经济损失，导致此园林企业在对该队伍退场谈判时陷入僵局。

经物资部查询证实，该项目暂收材料与劳务队调拨的材料量差为：

材料名称	队伍进场量	队伍反调拨量	量　差	备　注
木 方	277.4m³	361m³	83.6m³	
模 板	8930m²	9567m²	637m²	
钢 管	92 690.3m	95 287.3m	2597m	

（续）

材料名称	队伍进场量	队伍反调拨量	量　差	备　注
扣　件	71 680 套	71 680 套	/	不正常
顶　托	3962 套	3962 套	/	不正常
钢　材	288.816t	297.693t	8.877t	

说明：1. 钢材队伍反调拨量含施工队伍已经结算量217.38t及调拨量80.313t；

2. 料具、钢材由公司提供。

该事件发生之后，公司物资部及相关领导经过多次协调解决，尽管由于事后控制得力，对项目材料成本未造成进一步损失，但整个事件使公司信誉度受损、负面影响较大。

请分析和提出改进措施。

下附答案

分析：

1. 此次事件发生并非偶然，项目在处理该队伍材料反调拨事件的过程中方法过于简单，作为园林企业单位直管的项目，对企业的相关管理制度和工作流程不清晰。

2. 项目事先没有将队伍材料反调拨之事通知企业物资部、纪监室（办公室），职责不分、权限不明，在材料调拨过程中未将责任层层落实到人。

3. 项目对材料组、材料组对材料员未将具体的验收方式交代清楚，材料员对于自己的岗位职责和权限不清晰，没有及时向材料组长汇报，工作脱节。

4. 材料组长在事件发生之前、之后未及时向公司业务部门进行汇报，未及时和物资部主办人员进行沟通，对事件整个过程严重失控，对组内人员指导不力，安排不当，分工不细，未及时向项目领导汇报事态发展进程状态，负有不可推卸的责任。

改进措施：

1. 加强系统职工的培训工作，将培训工作层层落实，材料组长要真正起到"传、帮、带"的作用，使系统职工能按照公司的文件制度有效地开展工作。

2. 加强物资管理制度交底工作，在项目开工前期，公司物资部要结合项目实际情况，有针对性地对项目进行物资管理制度交底工作，使项目部各工作岗位人员能明确各自职责、权限。

3. 加强业务部门对项目的监管职能。

4. 加强项目物资验收关，使物资验收过程处于受控状态。

第11章 园林企业质量管理

11.1 园林企业质量管理概述

11.1.1 企业质量管理

美国著名质量管理专家朱兰（J. M. Juran）博士有句名言："生活处于质量堤坝后面"（Life behind the quality dikes）。质量正像黄河大堤一样，可以给人们带来利益和幸福，而一旦质量的大堤出现问题，同样也会给社会带来危害甚至灾难。所以，园林企业有责任把好质量关，共同维护质量大堤的安全。

11.1.1.1 质量

质量（quality）的内容十分丰富，随着社会经济和科学技术的发展，也在不断充实、完善和深化，同样，人们对质量概念的认识也经历了一个不断发展和深化的过程。

（1）物理学中的质量

物体含有物质的多少叫质量。质量不随物体形状、状态、空间位置的改变而改变，是物质的基本属性，通常用 m 表示。在国际单位制中质量的单位是千克，即 kg。

（2）工程术语中的质量

质量是产品或服务的总体特征和特性，基于此能力来满足明确或隐含的需要。国际标准化组织所制定的 ISO8402—1994《质量术语》标准认为："质量是反映实体满足明确或隐含需要能力的特征和特征的总和。"这里所说的"实体"是指可单独描述和研究的事物，它可以是活动、过程、产品、组织、体系、人以及它们的组合。

从定义可以看出，质量就其本质来说是一种客观事物具有某种能力的属性，由于客观事物具备了某种能力，才可能满足人们的需要。人们的需要由两个层次构成：第一层次是产品或服务必须满足规定或潜在的需要，这种"需要"可以是技术规范中规定的要求，也可能是在技术规范中未注明，但用户在使用过程中实际存在的需要。其实质上就是产品或服务的"适用性"，企业只有生产出用户使用的产品，才能占领市场。它是动态的、变化的、发展的和相对的，随时间、地点、使用对象和社会环境的变化而变化。第二层次是在第一层次的前提下质量是产品特征和特性的总和。这些特征和特性通畅是可以衡量的，全部符合特征和特性要求的产品，就是满足用户需要的产品。即"质量"定义的第二个层次实质上就是产品的符合性。

11.1.1.2　质量管理

关于"质量管理（quality management，QM）"这一术语的含义有不同表述：

ISO9000 质量管理和质量保证标准规定："质量管理是指全部管理职能的一个方面。该管理职能负责质量方针的制订与实施。"

ISO8402 质量管理和质量保证术语标准中，将质量管理的含义进行了扩展，规定："质量管理是指确定质量方针、目标和职责，并通过质量体系中的质量策划、质量控制、质量保证和质量改进来使其实现的所有管理职能的全部活动。"并说明质量管理是各级管理者的职责，但必须由最高领导者来推动，实施中涉及单位的全体成员。

由此，可以理解为：质量管理是指为了实现质量目标而进行的所有管理性质的活动。

11.1.1.3　质量管理的三个阶段

（1）质量检验阶段

20 世纪之前，产品质量主要依靠操作者本人的技艺水平和经验来保证，属于"操作者的质量管理"。20 世纪初，以 F. W. 泰勒为代表的科学管理理论的产生，促使产品的质量检验从加工制造中分离出来，质量管理的职能由操作者转移给工长，是"工长的质量管理"。随着企业生产规模的扩大和产品复杂程度的提高，产品有了技术标准，公差制度也日趋完善，各种检验工具和检验技术也随之发展，大多数企业开始设置检验部门，有的直属于厂长领导，此时称之为："检验员的质量管理"。上述几种做法都属于事后检验的质量管理方式。

（2）统计质量控制阶段

1924 年，美国数理统计学家 W. A. 休哈特提出控制和预防缺陷的概念。他运用数理统计的原理提出在生产过程中控制产品质量的"6σ"法，绘制出第一张控制图并建立了一套统计卡片。与此同时，美国贝尔研究所提出关于抽样检验的概念及其实施方案，成为运用数理统计理论解决质量问题的先驱，但当时并未被普遍接受。以数理统计理论为基础的统计质量控制的推广应用始自第二次世界大战。由于事后检验无法控制武器弹药的质量，美国国防部决定把数理统计法用于质量管理，并由标准协会制定有关数理统计方法应用于质量管理方面的规划，成立了专门委员会，并于 1941、1942 年先后公布一批美国战时的质量管理标准。

（3）全面质量管理阶段

20 世纪 50 年代以来，随着生产力的迅速发展和科学技术的日新月异，人们对产品的质量从注重产品的一般性能发展为注重产品的耐用性、可靠性、安全性、维修性和经济性等。在生产技术和企业管理中要求运用系统的观点来研究质量问题。在管理理论上也有新的发展，突出重视人的因素，强调依靠企业全体人员的努力来保证质量。此外，"保护消费者利益"运动的兴起，致使企业之间市场竞争越来越激烈。在这种情况下，美国 A. V. 费根鲍姆于 20 世纪 60 年代初提出全面质量管理的概念。

中国自 1978 年开始推行全面质量管理，并取得了一定成效。

11.1.2　园林企业质量管理的内容

11.1.2.1　园林企业质量管理的分类

质量是指产品适合一定用途，满足社会和人们一定需要所具备的特性总和，它是生产目的物的核心，是数量的基础和速度的保证。质量可以从狭义和广义两方面理解：狭义的质量就是产品（工程或服务）的质量；广义的质量，则除了产品本身质量之外，还包括工序、工作质量等。

园林行业的造园工程、绿地建设、植物材料生产、公园、景点管理等所说的质量基本上都是指园林产品、园林工程或者园林服务质量；当然有时也研究工序质量；如考察园林植物嫁接与扦插质量，检查草种播种质量、锄草质量等，一般只作阶段性考察。

园林系统由于企业类型不同，生产建设的目的物及经营目的有着显著差异。根据园林企业性质，可将园林企业质量管理大体分为四种类型：

①行道树绿化工程质量　基本类同于林业的植树造林质量，但它还附有全高、枝下高、整齐成线的等额外质量指标。

②造园工程质量　这是城市建设系统特有的质量类型，由土建质量、造林质量、园林艺术质量 3 部分综合而成。

③植物材料生产质量　基本类同于林业苗木生产，一般以大苗为主，无性繁殖比重较大。

④公园、景点管理服务质量　这类质量完全类同于城市餐饮、商业、文化、娱乐等行业的服务质量。

11.1.2.2　园林企业植物生产质量管理内容

园林植物质量主要表现在产品的使用价值上，不同产品又具有不同的质量特性。这些特性往往变成人们评价质量好、坏、优、劣的重要标志。分析符合社会和人们对园林产品需要的特性，可以将园林产品质量总结为：成活、快长、健泼、长寿、美观、艺术、经济 14 个字：

①成活　无论是造园工程、行道树栽植工程、草坪工程，还是花、草、木生产，园林植物材料必须保证较高的成活率，这是城市园林产品质量的首要目标。

②快长　园林植物无论栽植在哪里，都讲究形体。快长，意味着其形体尽快定型。

③健泼　指的是园林植物材料健康，没有病虫害感染；活泼是指富有生气，健壮而有活力。

④长寿　绿色植物生命周期的延续，以及景观观赏周期的延续时间较长。

⑤美观　园林产品在绿的基调上给人以美的享受。

⑥艺术　园林产品、园林工程区别于其他产品的重要特性是富有艺术情调。

⑦经济　园林产品在生产和使用的整个周期内总成本比较低廉。

11.1.3　园林企业的全面质量管理

11.1.3.1　全面质量管理产生与发展

全面质量管理（Total Quality Management，TQM）是企业管理现代化、科学化的一项重要内容。

全面质量管理概念最早是 20 世纪 60 年代初，由美国的著名管理专家 A. V. 费根鲍姆提出，他认为"全面质量管理是为了能够在最经济的水平上，并考虑到充分满足客户要求的条件下进行生产和提供服务，把企业各部门在研制质量、维持质量和提高质量的活动中构成为一体的一种有效体系"。随后美国一些企业根据行为管理科学的理论，在企业的质量管理中开展了依靠职工"自我控制"的"无缺陷运动"（Zero Defects）；日本在工业企业中开展质量管理小组（Quality Control Circle）活动使全面质量管理活动迅速发展起来。它应用数理统计方法进行质量控制，使质量管理实现定量化，将单一的产品质量事后检验改变为事前预防、事中控制与事后检验的全面管理。

11.1.3.2　全面质量管理概念

全面质量管理是一种由顾客的需要和期望驱动的管理哲学，它以质量为中心，建立在全员参与基础上的一种管理方法，其目的在于长期获得顾客满意、组织成员和社会的利益。ISO8402 对全面质量管理的定义是："一个组织以质量为中心，以全员参与为基础，目的在于通过让顾客满意和本组织所有成员及社会受益而达到长期成功的管理途径。"

具体地说，全面质量管理是指在全面社会的推动下，企业中所有部门，所有组织，所有人员都以产品质量为核心，把专业技术、管理技术、数理统计技术集合在一起，建立起一套科学严密高效的质量保证体系，控制生产过程中影响质量的因素，以最优质的工作最经济的方法提供满足用户需要的产品的全部活动。可以从如下方面理解全面质量管理：

①强烈地关注顾客　从现在和未来的角度来看，顾客已成为企业的衣食父母。"以顾客为中心"的管理模式正逐渐受到企业的高度重视。全面质量管理注重顾客价值，其主导思想就是"顾客的满意和认同是长期赢得市场，创造价值的关键"。为此，全面质量管理要求必须把以顾客为中心的思想贯穿到企业业务流程的管理中，即从市场调查、产品设计、试制、生产、检验、仓储、销售，到售后服务的各个环节都应该牢固树立"顾客第一"的思想，不但要生产物美价廉的产品，而且要为顾客做好服务工作，最终让顾客放心满意。

②坚持不断地改进　全面质量管理是一种永远不能满足的承诺，"非常好"还是不够，质量总能得到改进，"没有最好，只有更好"。在这种观念的指导下，企业持续不断地改进产品或服务的质量和可靠性，确保企业获取对手难以模仿的竞争优势。

③改进企业中每项工作的质量　全面质量管理中的"质量"，是一个广义概念，它不仅与企业最终产品与服务有关，并且还与企业生产作业质量、产品售后服务等都

有关系。

④精确地度量　全面质量管理采用统计度量企业作业中人的每一个关键变量，然后与标准和基准进行比较以发现问题，追踪问题的根源，从而达到消除问题、提高品质的目的。

⑤向职工授权　全面质量管理要求参与产品形成全过程的各个环节和各个部门加入质量管理过程，广泛地采用团队形式作为授权的载体，依靠团队发现和解决问题。

11.1.3.3　园林设计全面质量管理

园林的设计开发过程是一个创新的过程，这一过程的质量职能体现在两个方面：一是保证园林产品质量满足市场需求；二是要满足园林后续生产施工要求。园林产品设计过程中的质量包括两个方面，一是产品质量，二是产品设计过程中的工作质量。其中产品质量是核心，工作质量是设计质量的保障。设计过程的质量控制就是要通过提高这两方面的质量达到最终提高设计质量的综合目的。除了要考虑客户方面的"适用性"要求，还要充分考虑生产制造方面的可行性，如产品结构的工艺、标准化水平、生产效率等因素。

设计质量控制要控制的对象主要是人、机、料、法 4 个方面，将其总结如下：

①为设计人员分配设计任务、督促设计人员的任务完成情况，促进设计人员综合素质的提高。

②设计流程的控制和设计过程的管理，要控制好设计过程以保证产品质量。

③设计信息是指设计过程中产生的各种文件信息，分为两大类，文本文档和数据文件。文本文档包括设计任务书、合同文本、技术协议、开发计划、质量计划、评审记录等；数据文件包括：效果图、图片、三维数据等。

④选择适合企业需求的有效设计方法。

园林设计的质量管理一般包括 3 个程序环节：提出要求、选择设计方、对设计方案进行综合比选。园林工程设计在园林工程项目中起着非常重要的作用，设计不仅关系到园林工程的造价、质量，而且会影响到整个工程项目的全局，因此，在设计时必须进行多方案选择，通过对比优选设计方案，并充分考虑当地的自然特征、周边地理环境以及植被的适应性等。

11.1.3.4　园林施工全面质量管理

园林工程项目质量控制按其实施者的不同，包括 3 个方面：

①工程建设监理的质量控制　指监理单位受业主委托，为保证工程合同规定的质量标准对工程项目的质量控制，其特点是外部的、横向的控制。

②政府部门的质量控制　指建设行政主管部门根据有关建设工程质量的法律、法规和强制性标准对工程质量的监督检查，其特点是外部的、纵向的控制。

③承包商的质量控制，其特点是内部的、自身的控制。

本节所研究的对象主要集中在园林工程承包商，即施工企业的质量管理。

(1) 园林施工编制质量控制计划的依据

①国家住建部、交通部、水利部、国家林业局颁布的工程建设监理法规、规范及专业技术标准；

②业主与监理单位及承包商的正式合同、协议、文件及补充合同和协议；

③经批准承包商使用的设计图纸、技术规范、检测评定标准，试验规范等；

④施工合同工程量清单及说明；

⑤业主签发的与本工程项目有关的指令及文件；

⑥经监理工程师核查签认并报业主批准的工程变更、工程延期、费用索赔、工程分包等指令及文件。

(2) 园林施工质量管理的主要因素

园林施工全面质量管理就是依照合同、设计文件、施工图纸、技术规范等规定的园林工程预期质量目标，对园林项目的施工全过程情况进行计划、监督、检查和测量，判断其是否符合质量标准，找出存在的偏差，分析偏差形成的原因并进行纠正的一系列活动，使预期质量目标得以实现，从而达到预期的绿化效果。在这一过程中，必须从人（men）、材料（machinery）、机械（material）、方法（means）和环境（environment）5个方面进行全面控制，才能使质量控制落到实处，即采用"4M1E"管理模式。

施工人员因素的控制　除了要加强对施工人员的政治思想教育、劳动纪律教育和职业道德教育外，还要定期对职工进行技术规程、规范、工序工艺、标准、计量、检验等基础知识的培训，开展质量意识、质量管理教育，提高施工成员的管理水平、技术水平和操作者的操作水平；要建立健全岗位责任制，改善劳动条件、公平合理的激励制度与竞争制度，全面控制，防止违纪、违章行为产生，避免因人为的失误造成质量问题。

材料因素的控制　材料质量取决于供应商的质量保证能力及产品的质量标准，要对供应商进行考察、评审，择优选择材料供应商；加强对材料质量的检查验收，严把材料质量关。园林工程中有许多其他材料，如景石、大型苗木等都有着特殊的要求，景石的种类、颜色、纹理都需要特别选择，大树苗木除满足干径、高度等基本要求外，它的冠幅、树形、土球大小、根系大小、是否有病虫害等都是苗木质量验收的重要标准，还要避免使用中对材料的损伤。

机械因素的控制　必须综合考虑施工现场条件、建筑结构形式、机械设备性能、施工工艺和方法、机械设备的使用、操作要求、施工组织与管理、建筑技术经济等各种因素，选用合适的机械设备，正确使用和保养好机械设备，健全人机固定制度、操作证制度、岗位责任制度、交接班制度、技术保养制度、安全使用制度、机械设备检查制度等，确保机械设备处于最佳使用状态。

方法因素的控制　主要是对在园林工程项目整个建设周期内所采取的施工方案、施工工艺、施工组织设计、施工技术措施、检测手段等的控制。特别是施工组织设计更为重要，它指导施工准备和组织施工的全面性技术文件，在选定施工方案后，制订施工进度时，必须考虑施工顺序，施工流向，主要分部、分项工程的施工方法，特殊项目的施工方法和技术措施能否保证工程质量；在制订施工方案时，必须进行技术经济比较，使园林工程符合设计要求及保证质量，确保施工工期短、成本低、安全生产、效益好。

环境因素的控制　包括工程技术环境（地质、水文、气象等）；工程管理环境（质量保证体系、安全保障体系、质量管理制度等）；劳动环境（劳动组合、劳动工具、工作面等）。要根据园林工程特点和具体条件，对影响环境的质量因素，采取有效的措施严加控制。

（3）园林施工质量的阶段控制

园林施工质量管理是一个由投入物质量管理到施工过程质量管理再到产出物质量管理的全过程，可以划分为 3 个阶段：施工准备阶段的质量管理、施工阶段的质量管理和工程竣工验收阶段的质量管理。

①施工准备阶段的质量控制　一是了解掌握园林工程的有关资料。熟悉设计的指导思想、设计意图、图纸和质量的要求，并由设计人员向施工单位进行设计交底；二是进行现场勘查，熟悉现场周围环境、施工条件、电源、水源、土源、道路交通、堆料场地、生活设施的位置，了解市政、电讯应配合的部门和定点放线的依据；三是编制施工方案与进行施工组织设计；四是物质准备和劳动力准备；五是组建质量管理小组，建立施工现场质量保证体系，监控施工质量。

②施工阶段的质量控制　园林工程项目质量由于受多种主客观因素的影响，质量难免出现波动，为保证质量，工程施工人员需要按照施工组织设计总进度计划，编制具体的月进度、分项工程施工作业计划和相应的质量计划。对材料、机具、设备、施工工艺、操作人员、生产环境等影响质量的因素进行控制，以保持园林建设产品总体质量处于稳定状态。具体需要对以下 3 个方面进行控制：

施工工艺的质量控制　在施工过程中，要预先编制《施工工艺技术标准》，规定各项作业活动和各道工序的操作规程、作业规范要点、工作顺序、质量要求。同时要求作业者在操作中认真按照技术标准贯彻执行。对关键环节的质量、工序、材料和环境应进行验证，使施工工艺的质量控制符合标准化、规范化、制度化的要求。

施工工序的质量控制　施工过程是由一系列相互联系与制约的工序所构成，工序是人、材、机械设备、施工方法和环境等因素对工程质量综合起作用的过程。工序质量包含两方面的内容：工序活动条件的质量和工序活动效果的质量。二者是相互联系的，一方面要控制工序活动条件的质量，即每道工序的投入质量是否符合要求，另一方面又要控制工序活动效果的质量，即每道工序完成的工序产品是否达到有关标准和要求。工序质量的控制，就是对工序活动条件的质量控制和对工序活动效果的控制，据此来达到对园林工程整个施工过程的质量控制。

设计变更与技术复核的控制　加强对施工过程中提出的设计变更的控制，尽量把设计变更控制在允许的范围内。重大问题变更须建设单位、设计单位、施工单位三方同意，由设计单位负责修改，并向施工单位签发设计变更通知书。对建设规模、投资方案等有较大影响的变更，须经原批准初步设计单位同意，方可进行修改。所有设计变更资料，均需有文字记录，并按要求归档。对重要的或影响全局的技术工作，必须加强复核，避免发生重大差错，影响工程质量和使用。

③竣工验收阶段的质量控制　竣工验收是施工阶段的最后环节，也是提高园林工程质量水平、保证完成合同的最后一道关口。通过竣工验收，全面综合考察工程质量，保证竣工项目符合设计标准、规范等规定的质量标准要求。竣工验收还必须有完整的工程技术资料和经签署的工程保修书。通过园林工程竣工验收资料档案整理，既能总结园林绿化工程建设过程、施工过程和养护过程，又能为建设单位提供完整的变更、竣工资料，提供后期使用、维修的根据。

竣工是指单位单项工程而言，一个建设项目如果是由几个单项工程组成，按单项工程组织竣工，一个工程项目如果已经全部完成，但由于外部原因，如缺少或暂时缺少电气、煤气、燃料等，不能投产或不能全部投产使用，也应视为竣工。工程竣工后，施工单位应进行竣工预检。预检是承包单位内部的自我检验，目的是为正式验收做好准备。竣工预检可根据工程重要程度和性质，按竣工验收标准，分层次进行。通常先由项目组织自查，对缺漏或不符合要求的部位和项目，确定整改措施，指定专人负责整改。在项目部整改复查完毕后，报请承包企业或上级单位进行复验，通过复验，解决全部遗漏问题，经确认全部符合竣工验收标准，具备交付使用条件后，于正式验收之日的前 10d，向建设单位和监理单位发送《竣工验收通知书》。

除此之外，还应做好竣工工程成品保护，以提高工程的一次成优及减少竣工后返工修整。所谓成品保护是指在园林施工过程中，有些分项工程已经完成，而其他一些分项工程尚在施工，或者是在其部分工程施工过程中，某些部位已经完成，而其他部位正在施工，这时，施工单位必须负责对已完成的部分采取妥善措施予以保护，以免成品缺乏保护或保护不善而造成损坏或污染，从而影响园林工程整体质量。

④施工养护阶段质量管理　养护的质量管理是园林建设不同于一般建设项目的特殊方面。由于园林中包含相当数量的植被，加强园林绿化工程后期养护管理是园林绿化工程质量管理与控制的保证。园林绿化工程后期养护管理是园林景观形成的关键，如果后期养护管理不到位会严重影响园林工程的质量，如除草不及时会导致绿地杂草丛生，浇水不及时会导致树木成活率低，打药治虫不及时会导致病虫害严重等。

11.1.3.5　园林苗圃生产全面质量管理

园林苗圃生产全面质量管理的首要任务是确定苗圃生产的质量方针、目标和职责，核心是建立有效的苗圃生产质量体系，通过质量策划、质量控制、质量保证，确保质量方针、目标的实施和实现。重点包括质量策划、质量控制、质量保证和质量改进四方面。

（1）苗圃苗木生产的质量策划

确定质量目标　根据苗圃苗木生产的特点，遵循不同苗木品种、不同生长发育习性及对环境的不同要求原则，充分考虑苗圃现有条件，包括苗木生产机械设备、苗圃技术管理人员以及苗圃的气候土壤条件等，确定苗木生产应达到的质量目标。

确定实现质量目标的程序　选择有效的程序和过程实现苗木生产的质量目标，包括确定各种可以量化的指标、目标的分解、工序（如播种、水肥管理、病虫害防治等）的质量管理点（控制点）。

实现质量目标所需资源的有效配置 实现质量目标所需的资源，如人、材料、机械设备及机具、技术（方法）和信息、资金等。

质量计划的编制 通过上述系列活动编制苗圃生产的质量计划，完成对苗木生产的质量策划。

（2）苗圃苗木生产的质量控制

①系统控制 园林苗圃的生产由若干生产部门组成，每一个生产部门的任务又由育苗、锄草、防病虫、施肥、浇水和苗木的越冬防寒等若干个工序完成，苗圃生产管理最基本的元素就是苗木生产工序，生产过程质量是形成整个苗圃苗木质量的基础。同时，合理运用苗圃生产过程质量度量方法监视苗木的生产过程，可有效检验是否达到生产程序改进的目的。

②各种影响苗木生产质量的因素控制 影响苗圃苗木生产的质量主要有五大因素，即人、材料、园林机械、苗木的生产方法和环境因素。

人的控制 主要对苗圃苗木生产管理人员、技术人员及工人的技术水平、责任心等方面加以控制。把苗木质量目标分解到每一个人并与其经济利益挂钩。

材料的控制 园林苗圃所需要的材料包括苗木种或品种资源与农药、肥料、农膜、农业机械设备等农业生产资料，这些是苗木生产的物质条件，是提高苗木质量的重要保证。材料的质量控制应从以下几个方面入手：第一，合理选择苗木品种，保证将来苗木的市场供应，掌握农资材料信息，优选供货厂家。第二，合理组织材料的供应，确保苗木生产的正常进行。第三，合理组织各种生产资料的使用，减少使用中的浪费。第四，严格检查验收，把好苗木生产质量关。第五，重视农业生产资料的性能、质量标准、适用范围，以防错用或使用不合格材料。

苗圃机械设备的控制 有以下要点：第一，机械设备的选择。要根据苗圃苗木生产的特点选择机械设备，若主要以生产种苗为主，应选择与种苗生产繁殖有关的机械设备，如苗木种子精量播种机、装盆机、自动喷灌机等机械设备；以大田苗木生产为主的苗圃企业应选择合适的整地机械、苗木栽植机、起苗机械等机械设备。第二，要有专门人员操作。第三，在机械设备的使用过程中，要注意机械设备的维修与养护，保证机械设备的正常运行。

技术与方法的控制 包括苗木生产周期内所采取的育苗技术、栽培技术、病虫害防治及水肥管理等方面的控制，保证所培育苗木的规格一致、生长健壮，提高苗木的质量，这也是苗圃苗木质量管理和成本管理的关键。

环境的控制 环境因素主要有气候、土壤、水分、地形等自然环境因素和病虫草等生物因素。在苗木栽培管理过程中，要根据苗木种类和苗木的生长发育状况适时调整苗木生长的环境条件，及时防病虫、除草，合理进行水肥管理，合理选择苗木的栽培方式，为苗木生长创造最佳的环境及栽培管理条件。

（3）园林苗木生长的过程控制

在苗木生长的各个阶段，从播种、扦插等苗木繁殖到苗木出圃都要认真管理，以保证苗木各生长阶段的质量。苗圃生产部门主管策划并确定生产资源，组织、协调、指导生产部门人员照章生产；协调部门内部以及与其他部门的关系，确保苗木生产计划能保质保量完成。技术部门要制订苗木生产标准及相应的生产技术，协助苗木的生产流程安排，编制生产质量标准和技术指导文件，进行必要的现场操作指导和过程质量控制。按规定对苗木生长进行观测、评价，对验证和确认的苗木质量负责；同时负责检验、测量和试验设备的校验、维修和控制，保证苗木生产的顺利进行。

①苗木质量的全员控制　苗木的质量决定苗圃的生存与发展，从苗圃的管理人员到场地职工都要重视苗木的质量。要建立严格的岗位责任制，培养职工的责任心和主人翁意识，关心苗木的质量，关心企业的发展。

②苗圃苗木生产的质量保证　可分为对外的质量保证和对内的质量保证。对外的质量保证是指对顾客的质量保证和对认证机构的保证，对顾客的质量保证是指提供符合顾客要求的园林苗木；对认证机构的保证是指通过国家质量技术监督局下属的认证机构对园林苗圃苗木的生产组织的质量管理体系的认证来实现其质量保证。对内的质量保证是苗圃的部门管理人员向苗圃经营者的保证。其内容是苗木质量管理的目标符合苗圃企业的生产经营总目标。

（4）苗圃苗木生产的质量改进

园林苗圃的质量改进是苗圃企业为满足不断发展变化的市场需求和期望而进行的各项生产管理活动。苗木生产质量改进包括两类：

①苗木生产过程的改进，主要包括苗木种植（种）品种的确定，每种苗木的繁殖数量及生产各种苗木的规格；苗木繁殖栽培技术的改进和提高；苗木生产机械设备及新技术的改良与引进等。这种改进是一种苗木生产技术改进，可以提高苗圃企业的苗木质量、降低苗木生产成本，甚至可促进园林苗木新品种的引种与具有自主知识产权新品种的培育。

②苗圃企业经营层面的改进，包括企业经营目标和生产目标的调整、发展战略的更改、苗圃内部机构的变动、资源的重新分配、奖励制度的改变以及苗木生产过程的调整等。这种改进对苗圃企业来说是永无止境的，随时都应进行，从最高管理者到基层管理者都应针对自己的管理对象来进行。这种改进可以降低苗圃企业的苗木生产成本，改善人际关系，使苗圃企业的资源发挥更大的效益。

苗圃的质量改进需由最高管理者授权，由苗圃质量管理部门负责，如果是大型苗圃企业，也可成立专门的质量改进管理机构。苗圃质量改进的管理主要包括：①要确定质量改进的目的和目标，提出质量改进的方针、策略、方案和总的指导思想，进行质量改进策划，必要时制订质量改进计划。②支持和广泛协调苗圃内各部门的质量改进活动，并向其传达质量改进的目的和目标。③尊重职工的创新精神，采用必要的手段使苗圃中的每个人都能并有权改进自己的工作过程质量。④对质量改进进行鼓励，对改进的成果进行分析、评定，对于推出可行性强、质量改进明显、对苗圃生产起到一定推动作用的人员要给予适当的奖励。⑤不断追求新的、更高的目标。

园林苗圃质量管理和其他各项管理工作一样，要做到有计划、有措施、有执行、有检查、有总结，才能使整个管理工作循序渐进，保证工程质量不断提高。

首先，对苗圃的生产进行现状分析，根据苗圃的生产技术和管理水平以及不同苗木生长发育特性、质量规格，制定相应的生产管理目标，找出影响苗木质量的因素，安排苗圃的生产计划。

其次，按照制订的措施计划实施，执行中若发现新的问题或情况发生变化（如人员变动、苗木品种或规格变化、生产技术的提高），应及时修改措施计划。

再者，在苗木生产计划的执行过程中进行动态检查、验证实际执行的结果，看是否达到预期的效果，进行适当的控制和调整。①检查效果要针对各项生产技术及管理措施的计划中规定的目标进行。②检查效果必须实事求是，不得夸大，也不得缩小，未完全达到目标也没有关系。③根据检查的结果进行总结，把成功的经验和失败的教训都纳入已有标准、规程与制度体系，巩固已经取得的成绩。

最后，对检查的结果进行总结处理。如果出现异常，要调查原因，消除苗木生产中的异常和尚未解决的问题。分析因质量改进造成的新问题，把它们转到下一次循环的第一步去。通过循环，再次检查、处理，使苗圃的苗木质量得到改善。

11.2　园林企业质量管理的统计方法

11.2.1　PDCA 循环

PDCA 代表英文的"计划"、"执行"、"检查"、"处理"几个词的第一个字母。PDCA 循环意思是说做一切工作，干任何事都必须经过 4 个阶段。

（1）P 阶段——计划阶段

这个阶段的工作主要是找出存在的问题，通过分析，制订改进的目标，确定达到这些目标的措施和方法。其内容又可包括 4 个步骤：

①分析现状，找出存在的问题　一般可通过对顾客的访问、顾客的来信来访、反馈的质量信息等渠道来了解质量问题，通过对原始记录的分析、现场收集数据、应用统计计算与分析了解质量问题，也可用与标准对照、与国内外先进产品对比来寻找自己的差距等方法。在寻找存在质量问题时，常用排列图、直方图和控制图来进行统计分析。

分析现状切忌"没有问题"、"质量很好"等自满情绪。要针对产品、过程和管理中的问题，尽可能用数据加以说明，要确定需要解决的主要问题。

②分析产生质量问题的原因　对产生质量问题的原因要加以分析，常用因果分析图。要逐个问题、逐个因素加以分析，尽可能将产生问题的各种影响因素都罗列出来。分析时切忌主观、笼统。

③找出影响质量问题的主要原因　影响质量问题原因的分析常用排列图、散布图进行。影响质量的因素往往是多方面的。从大的方面看，有操作者（人）、机器设备（机）、原材料（料）、加工方法（法）、环境条件（环）以及检测工具和检测方法（检）等。每项大的影响因素中又包含许多小的影响因素。从操作者来说，既有不同操作者的区别，又有同一操作者因心理状况、身体状况变化引起的不同原因，还有诸如质量意识、工作能力等多方面的因素。在这些因素中，要全力寻找出主要的直接影

响质量的因素，以便从主要原因入手解决存在的问题。

④针对找出的影响质量的主要原因，制订措施计划　所制订的措施计划要具体，切实可行并预计其效果。计划和措施的拟定过程必须明确以下几个问题：

——why（为什么），说明为什么要制订各项计划或措施；

——where（哪里干），说明由哪个部门负责在什么地点进行；

——what（干到什么程度），说明要达到的目标；

——who（谁来干），说明措施的主要负责人；

——when（何时完成），说明完成措施的进度；

——how（怎样干），说明如何完成此项任务，即措施的内容。

以上这六点，分别取第一个字母，简称5W1H。

（2）D阶段——实施阶段

这个阶段只有一个步骤：实施计划。即按照制订的计划和措施，严格地去执行。实施中如发现新的问题或情况发生变化（如人员变动），应及时修改措施计划。

（3）C阶段——检查阶段

这个阶段也只有一个步骤：检查效果。根据所制订的措施计划，检查进度和实际执行的效果，是否达到预期的目的。可用排列图、直方图与控制图等方法和工具进行分析和验证。

（4）A阶段——处理阶段

这个阶段包括两个步骤：

①总结经验，巩固成绩　根据检查的结果进行总结，把成功的经验和失败的教训纳入有关的标准、规定和制度，防止再发生。这一步非常重要，需要下决心，否则质量改进就失去了意义。在涉及更改标准、程序、制度、文件时应慎重，必要时还应进行多次PDCA循环加以验证，而且要按ISO9000族标准规定进行控制。

②遗留问题，转入下一个循环　根据检查未解决的问题，找出原因，转入下一个PDCA循环，作为下一个循环计划制订的资料和依据。

对遗留问题应进行分析。一方面要充分看到成绩，不要因为遗留问题打击了质量改进的积极性，影响了士气；另一方面又不能盲目乐观，对遗留问题视而不见。不能设想一次改进就能解决所有的质量问题。质量改进之所以是持续的、不间断的，就在于任何质量改进都可能有遗留问题。而且质量改进成功后，在新的情况下又可能产生新的问题（已经上升了一个层次）。因此，进一步改进的可能性总是存在的。这也是持续改进的原因或理论基础之一。

（5）PDCA循环图（图11-1）

质量改进也可能失败，不仅没有解决原来的质量问题，而且可能产生新的质量问题，要不断总结经验，坚持改进，就会获得成功。PDCA循环的4个阶段是不能跨越的，而8个步骤则可增可减，视具体情况而定。

在8个步骤中，又要把重点放在处理阶段（A阶段），特别是巩固成绩上，如果成绩不能巩固，质量改进也就是失败的。组织在质量改进中对此往往重视不够，未能将其经验纳入标准中，结果没多久就"复旧"了，质量问题继续摆在那里，还会打击

图 11-1　园林企业 PDCA 循环图

职工进行质量改进的积极性。

PDCA 循环管理的特点：①PDCA 循环工作程序的 4 个阶段，顺序进行，组成一个大圈；②每个部门、小组都有自己的 PDCA 循环，并都成为企业大循环中的小循环；③阶梯式上升，循环前进。

11.2.2　排列图法

11.2.2.1　排列图法原理

排列图法，又称主次因素分析法、帕累托（Pareto）图法，它是找出影响产品质量主要因素的一种简单而有效的图表方法。

最早是由意大利经济学家帕累托用来分析社会财富的分布状况。他发现少数人占有着绝大多数财富，而绝大多数人却占有少量财富处于贫困的状态。这种少数人占有着绝大多数财富左右社会经济发展的现象，即所谓"关键的少数、次要的多数"的关系。后来，美国质量管理专家朱兰，把这个"关键的少数、次要的多数"的原理应用于质量管理中，并广泛应用于其他的专业管理。目前在物资管理中常用的 ABC 分析法来自排列图原理。

排列图是将影响产品质量的众多影响因素按其对质量影响程度的大小，用直方图形顺序排列，从而找出主要因素（图 11-2）。其结构是由两个纵坐标和一个横坐标，若干个直方形和一条折线构成。左侧纵坐标表示不合格品出现的频数（出现次数或金额等），右侧纵坐标

图 11-2　排列图

表示不合格品出现的累计频率（如百分比表示），横坐标表示影响质量的各种因素，按影响大小顺序排列，直方形高度表示相应的因素的影响程度（即出现频率为多少），折线表示累计频率（也称帕累托曲线）。

通常累计百分比将影响因素分为 3 类：占 0% ~ 80% 为 A 类因素，也就是主要因素；10% ~ 20% 为 B 类因素，是次要因素；0% ~ 10% 为 C 类因素，即一般因素。由于 A 类因素占存在问题的 80%，此类因素解决了，质量问题大部分就可以得到解决。

11.2.2.2 排列图法基本步骤

运用排列图法的基本步骤包括：①收集一定时期内质量数据，对数据进行分析；②把分类好的数据进行汇总，由多到少进行排序；③绘制横轴与纵轴刻度，并计算累计百分比绘制出排列图；④绘制累计曲线，确定影响质量的主要因素；⑤对主要因素进行认真细致的分析，找出原因，并绘制出因果图；⑥根据因果图采取具体措施，提高产品质量。

11.2.2.3 排列图法注意事项

在运用排列图法对园林产品质量进行分析时，要注意：①排列图要留存，把改善前与改善后的排列图排在一起，可以评估出改善后果；②分析排列图只要抓住前面的 2 ~ 3 项就可以；③排列图的分类项目不要太少，5 ~ 9 项较合适；④做成的排列图如果发现各项目分配的比例差不多时，排列图失去意义，与排列图法则不符；⑤排列图是管理手段而非目的，如果数据项目已经很清楚，则无需再浪费时间制作排列图；⑥其他项目如果大于前面几项，则必须分析加以甄别，检讨其中是否有原因；⑦排列图分析的主要目的是从获得情报显示问题重点而采取对策，但如果第①项依靠现有条件很难解决，或即使解决花费很大，得不偿失，可以避开第①项，从第②项入手。

11.2.3 因果分析图法

11.2.3.1 因果分析图理论

影响产品质量的因素多种多样，这些因素往往又错综复杂地交织在一起，园林企业只有准确地找出问题产生的根源才能从根本上解决问题，进而保证质量得到持续改进。因果分析图就是寻找质量问题产生原因的一种有效方法，它能清晰、有效地整理和分析出产品质量和诸因素之间的关系。

因果分析图又叫特性要素图、树枝图和鱼刺图等，是质量管理常用工具之一（图11-3）。它于1953 年最早在日本川缔制铁公司毒合工厂应用，并取得了很好的效果，从而得到推广。

图 11-3　因果分析图

一般说来，影响产品质量的原因尽管很多，关系复杂，但归纳起来，不外两种互为依存的关系，即平行关系和因果关系。在进行质量分析时，如果通过直观方法能够找出属于同一层的有关因素的主次关系（平行关系），就可以利用排列图对它们进行统计分析。但是由于因素在层间还存在着纵向的因果关系，这就要求要有一种方法能同时整理出这两种关系，因果分析图就是根据这种需要而构思的。在具体分析时，可以从质量问题出发，首先分析哪些因素是影响产品质量的大原因，进而从大原因出发寻找中原因、小原因和更小原因，并查出和确定主要原因。

11.2.3.2　因果分析图的绘制步骤

①明确要解决问题的准确含义，用确切的语言把质量问题表达出来，并用方框画在图的最右边；

②从这个质量问题出发先分析大原因，再以大原因作为结果寻找中原因，然后以中原因为结果寻找小原因，甚至更小的原因；

③画出主干线，主干线的箭头指向质量问题，再在主干线的两边依次用不同粗细的箭头线表示出大、中、小原因之间的因果关系，在相应箭头线旁边注出原因内容；

④找出主要原因，用显著记号或图把主要内容圈起来，以示突出；

⑤记录因果图的绘制日期、参加讨论的人员及其他备查的事项。

11.2.3.3　绘制因果分析目的注意事项

分析的问题只能是一个，主干线箭头就指向这个结果（要解决的问题）。

质量问题中的大原因一般有人、机器、材料、方法、环境 5 个方面，以这些方面作为切入点，分析中原因、小原因时要追根究底，直至分析出可以采取具体措施的原因为止。5 个方面因果图中的原因是可以归类的，类与类之间的原因不发生联系，要避免归类不当的错误，同时要避免因果倒置的错误。

要想方设法找出主要原因，注意大原因不一定都是主要原因，为了找出主要原因，可做进一步调查或做试验验证。

11.3　园林企业质量管理标准化

11.3.1　质量管理标准化

11.3.1.1　质量标准

所谓标准，指的是衡量某一事物或某项工作应该达到的水平、尺度和必须遵守的规定。而规定产品质量特性应达到的技术要求，称为"产品质量标准"。

产品质量标准是产品生产、检验和评定质量的技术依据。产品质量特性一般以定量表示，如强度、硬度、化学成分等；对于难以直接定量表示的，如舒适、灵敏、操作方便等，则通过产品和零部件的试验研究，确定若干技术参数，以间接定量反映产品质量特性。

对园林企业来说，为了使生产经营能够有条不紊地进行，则从原材料入企业，一直到产品销售等各个环节，都必须有相应标准作保证。它不但包括各种技术标准，而且还包括各项管理标准，以确保各项活动的协调进行。

11.3.1.2　质量标准类型

完整的产品质量标准包括技术标准和管理标准两个方面：

（1）技术标准

技术标准是对技术活动中需要统一协调的事物制订的技术准则。根据其内容不同，技术标准又可分解为：基础标准、产品标准和方法标准三方面。

①基础标准　是标准化工作的基础，是制订产品标准和其他标准的依据。常用的基础标准主要有：通用科学技术语言标准；精度与互换性标准；结构要素标准；实现产品系列化和保证配套关系的标准；材料方面的标准等。

②产品标准　是指对产品质量和规格等方面所做的统一规定，它是衡量产品质量的依据。产品标准的内容一般包括：产品的类型、品种和结构形式；产品的主要技术性能指标；产品的包装、储运、保管规则；产品的操作说明等。

③方法标准　是指以提高工作效率和保证工作质量为目的，对生产经营活动中的主要工作程序、操作规则和方法所做的统一规定。它主要包括检查和评定产品质量的方法标准、统一的作业程序标准和各种业务工作程序标准或要求等。

（2）管理标准

所谓管理标准是指为了达到质量的目标，而对企业中重复出现的管理工作所规定的行动准则。它是企业组织和管理生产经营活动的依据和手段。管理标准一般包括以下内容：

①生产经营工作标准　它是对生产经营活动的具体工作的工作程序、办事守则、职责范围、控制方法等的具体规定。

②管理业务标准　它是对企业各管理部门的各种管理业务工作要求的具体规定。

③技术管理标准　它是为有效地进行技术管理活动，推动企业技术进步而制订的必须遵守的准则。

④经济管理标准　它是指对企业的各种经济管理活动进行协调处理所制订的各种工作准则或要求。

我国现行的产品质量标准，从标准的适用范围和领域来看，主要包括：国际标准、国家标准、行业标准（或部颁标准）和企业标准等。

①国际标准　是指国际标准化组织（ISO）、国际电工委员会（IEC），以及其他国际组织所制订的标准。

其中 ISO 是目前世界上最大的国际标准化组织，它成立于1947年，到2002年它已有117个成员，包括117个国家和地区。10300现已制订 ISO 多个标准，主要涉及各个行业各种产品的技术规范。IEC 也是比较大的国际标准化组织，它主要负责电工、电子领域的标准化活动。

②国家标准　是对需要在全国范围内统一的技术要求，由国务院标准化行政主管

部门制订的标准。1988 年，我国将国际标准化组织（ISO）在 1987 年发布的《质量管理和质量保证标准》等国际标准仿效采用为我国国家标准，编号为 GB/T10300 系列，它在编写格式、技术内容上与国际标准有较大的差别。

从 1993 年 1 月 1 日起，我国实施等同采用 ISO9000 系列标准，编号为：GB/T19000—ISO9000 系列，其技术内容和编写方法与 ISO9000 系列相同，使产品质量标准与国际同轨，以利于适应入世需要。目前，我国的国家标准是采用等同于现行的 ISO9000：2000 标准，编号为 GB/T19000—2000 系列。

③行业标准　又称为部颁标准，由国务院有关行政主管部门制定并报国务院标准行政主管部门备案，在公布国家标准之后，该项行业标准即行废止。当某些产品没有国家标准而又需要在全国某个行业范围内统一的技术要求，则可以制定行业标准。

④企业标准　主要是针对企业生产的产品没有国家标准和行业标准时，制订企业标准作为组织生产的依据而产生的。企业的产品标准须报当地政府标准化行政主管部门和有关行政主管部门备案。已有国家标准或者行业标准的，国家鼓励企业制订严于国家标准或者行业标准的企业标准。企业标准只能在企业内部适用。

规定产品质量特性应达到的技术要求，称为产品质量标准。产品质量标准是产品生产、检验和评定质量的技术依据。

11.3.2　园林企业质量标准化体系建设

11.3.2.1　园林企业质量管理标准化概念

园林标准化是指将在园林绿化行业经济、技术、科学及管理等社会实践中可行的、重复使用的技术和概念，通过制定、发布和实施标准的形式，达到统一，在生产中巩固下来，加以全面推广，起到组织生产、指导生产、提高生产率的作用。

2009 年 10 月 15 日，国家标准化管理委员会批准设立全国城镇风景园林标准化技术委员会，主要负责城镇风景园林设施的分类、评定、保护、检测和管理领域（不含旅游服务）国家标准的制修订工作，并通过了《全国城镇风景园林国家标准体系框架》（草案）。

11.3.2.2　园林企业质量管理标准化的意义

随着全社会对城市可持续发展的认识，人们对生活环境质量提出了更高的要求，传统园林向城市绿化即将整个城市作为园林建设的对象而发展。园林城市的创建、城市园林绿地系统的规划、宜居环境的建设、人居环境的优化、自然和文化遗产的保护和管理、风景名胜区的建立、重大建设项目景观环境规划论证等都成为园林发展的重要领域。

园林作为改善城乡生态环境、美化环境的市政公用设施，被列为对国民经济发展具有全局性、先导性影响的基础性行业之一。但是，我国园林标准工作起步较晚，起初由于种种原因，没有受到足够的重视。20 世纪 80 年代初，我国开始制定园林技术标准，但因各种原因，使园林行业的国家标准制定缓慢，数量和覆盖面很不够，远远不能满足目前蓬勃发展的园林行业的需要。建立适合当今园林建设发展的标准体系，建制和完善标准，是规范和提高我国园林行业发展水平的重要举措。

园林标准化是联系科研、设计、生产、监督和评价的纽带，是实行园林绿化行业全面质量管理的基础，是提高园林绿化质量的保证。只有制订各种园林标准并严格执行，才能实现整个行业系统的高度协调统一，使管理实现规范化、程序化、科学化。

11.3.2.3 园林行业质量标准化体系建设发展现状

我国早期的园林行业标准主要有《育苗技术规程》、《动物园动物管理技术规程》、《城市园林苗圃育苗技术规程》、《城市容貌标准》等，其中后两个标准已经做了修订。现行标准体系是由建设部标准定额研究所编制的《工程建设标准体系》（城乡规划、城镇建设、房屋建设部分，2003年1月），其中城镇建设部分包含有风景园林专业的标准体系。该标准体系含有技术标准26项，分为城镇园林、风景名胜区、风景园林综合3个部分，但将城市绿地系统规划标准归入城市规划标准体系，风景园林信息化建设标准归入信息技术应用专业。

截至2006年8月，我国共颁布涉及环境、园林植物、规划施工、园林机械、游艺设备等风景园林相关标准198项，其中国家标准106项，行业标准92项。

11.3.2.4 园林行业质量标准体系的特点

(1) 园林标准体系完整

不论是涉及门类还是标准类型，所制订的园林标准体系较为完善，覆盖了园林所涉及的主要专业领域，整体配套性强。标准体系包括了园林规划、勘测、设计、建设、管理和维护的全周期过程，涵盖了园林植物材料、建筑工程材料、生产材料、园林产品以及机械设备等全部环节，从而规范行业的系统性控制管理。

(2) 园林标准体系适用性强

园林标准具有很强的权威性和适用性，被很多区域组织和国家所采用。如ISO11091—1994《建筑制图园林设计制图实用规程》不仅被欧盟采用为欧盟标准，同时也被英国、法国、德国等国采用作为本国的国家标准。我国《风景园林图例图示标准》（CJJ67—1995）中很多条款也是等同采用的ISO11091中的相应部分。

(3) 园林标准以方法标准为主

在园林标准中，方法标准占的比重非常大。ISO方法标准中对技术、要素等内容进行定期修订，对以前的标准所缺少的技术要素内容及时进行充实和完善。在标准中规定了检验指标和检验方法，每个测定方法标准都经过精密度试验，在多个实验室进行了重复性和再现性的检验，以保证其科学性、先进性和实用性。

11.3.2.5 国际组织和国外发达国家的园林标准体系

国外发达国家的标准化管理体制虽各不相同，但都已经完成了由政府主导型向学术团体主导型的过渡，建立了适应市场经济和国际贸易的标准化管理机制。标准制定遵循市场化原则，基本上形成了政府监管、授权机构负责、专业机构起草、全社会征求意见的标准化工作运行机制，从而提高了标准制定的效率，保障了标准制定的公正性和透明度。同时发达国家具有较强的国际化的标准意识，通过争取标准的制定权来实现对国际标准的控制权。

（1） ISO 园林质量标准体系

国际标准化组织（ISO）从两个方面构建风景园林标准体系，一是按 TC（技术委员会）顺序进行排列，二是按 ICS（国际标准分类方法）进行排列。ISO 风景园林标准体系由基础标准（术语）、制图标准、环境标准、农业林业标准、机械设备标准、活动设施标准等组成，覆盖了风景园林行业的各个领域。

从 TC 角度看，ISO 中与风景园林有关的 TC 主要有：TC10（技术制图、产品定义及文件记录）、TC23（农林拖拉机和机具）、TC59（房屋建筑）、TC205（建筑物、环境设计）等，其中包含标准 566 项。

从 ICS 角度看，ISO 中与风景园林有关的 ICS 主要有：ICS01（综合、术语、标准化、文献）、ICS03（社会学、服务、公司组织和管理、行政、运输）、ICS07（数学、自然科学）、ICS13（环境和保健、安全）、ICS65（农业）、ICS91（建筑材料和建筑物）、ICS97（服务性工作、文娱、体育）等，包含标准 619 项。

（2） 美国的园林质量标准体系

美国园林方面的质量标准，是由美国农业署（USDA）、环境保护署（EPA）、美国房屋与城市发展署（HUD）、美国内政部国家公园管理局（NPS）等政府机构委托民间组织制定的。由协会（学会）组织以及利益相关的生产者、消费者、用户以及政府和学术界的代表，通过协商程序制定园林标准。这些协会包括美国风景园林师协会（ASLA，American Society of Landscape Architects）、美国保育和风景协会（ANLA，American Nursery & Landscape As association）、美国公园协会（NGA，National Garden Association）等；美国的协会标准具有很强的权威性，不仅在国内享有良好声誉，而且在国际上也被广为采用。其中仅美国水工作协会（AWWA，American Water Works Association）就发布了关于风景园林中水利用的 75 项标准。

（3） 日本的园林质量标准体系

日本采用的是以国家标准为中心建立标准体系。在农林水产省、国土交通省（地域整备局）、环境省（自然保护局）等部门监管下，日本造园专业团体、行业协会从事标准化工作，它们接受日本工业标准调查会（JISC）和农林产品标准调查会（JASC）的委托，承担园林相关标准的研究、起草工作。在日本农林水产省制定的日本花卉标准中，对月季、百合、菊花、郁金香、唐菖蒲、紫罗兰、非洲菊、洋桔梗、满天星、星辰花、小苍兰、水仙百合等鲜切花的品质、等级、包装等都做了详尽的规定。

11.3.3 园林行业质量管理认证体系

11.3.3.1 质量管理认证体系的概念

质量管理体系认证，也叫质量管理体系注册，是指由权威的、公正的、具有独立第三方法人资格的认证机构（由国家管理机构认可并授权的）派出合格审核员组成的检查组，对申请方质量体系的质量保证能力依据 3 种质量保证模式标准进行检查和评价，对符合标准要求者授予合格证书并予以注册的全部活动。"认证"一词的英文原意是一种出具证明文件的行动。ISO/IEC 指南 2：1986 中对"认证"的定义是："由可以充分信任的第三方证实某一经鉴定的产品或服务符合特定标准或规范性文件的活动。"

举例来说，对第一方（供方或卖方）提供的产品或服务，第二方（需方或买方）无法判定其品质是否合格，而由第三方来判定。第三方既要对第一方负责，又要对第二方负责，不偏不倚，出具的证明要能获得双方的信任，这样的活动就叫做"认证"。

这就是说，第三方的认证活动必须公开、公正、公平，才能有效。这就要求第三方必须有绝对的权力和威信，必须独立于第一方和第二方之外，必须与第一方和第二方没有经济上的利益关系，或者有同等的利害关系，或者有维护双方权益的义务和责任，才能获得双方的充分信任。

11.3.3.2　质量管理认证体系在我国的发展

自从 1987 年 ISO9000 系列标准问世以来，为了加强品质管理，适应品质竞争的需要，企业家们纷纷采用 ISO9000 系列标准在企业内部建立品质管理体系，申请品质体系认证，很快形成了一个世界性的潮流。目前，全世界已有 100 多个国家和地区正在积极推行 ISO9000 国际标准。

我国的质量认证工作是在 20 世纪 70 年代末 80 年代初才逐步发展起来的。1981 年成立的中国电子元器件质量认证委员会和 1984 年成立的中国电工产品认证委员会是经我国政府有关部门授权最早成立的两家认证机构。1991 年 5 月 7 日，国务院发布《中华人民共和国产品认证管理条例》，标志着我国质量认证工作进入了法制化、规范化发展的新阶段。

11.3.3.3　质量管理认证体系的阶段

质量体系认证大体分为两个阶段：一是认证的申请和评定阶段，其主要任务是受理并对接受申请的供方质量体系进行检查评价，决定能否批准认证和予以注册，并颁发合格证书。二是对获准认证的供方质量体系进行日常监督管理阶段，目的是使获准认证的供方质量体系在认证有效期内持续符合各项质量体系标准的要求。

11.3.3.4　质量管理认证体系的特点

独立的第三方质量体系认证诞生于 20 世纪 70 年代后期，它是从产品质量认证中演变出来的。质量体系认证具有以下特点：

（1）认证的对象是供方的质量体系

质量体系认证的对象不是该企业的某一产品或服务，而是质量体系本身。当然，质量体系认证必然会涉及该体系覆盖的产品或服务，有的企业申请包括企业各类产品或服务在内的总的质量体系的认证，有的申请只包括某个或部分产品（或服务）的质量体系认证。尽管涉及产品的范围有大有少，而认证的对象都是供方的质量体系。

（2）认证的依据是质量保证标准

进行质量体系认证，往往是供方为了对外提供质量保证的需要，故认证依据是有关质量保证模式标准。为了使质量体系认证能与国际做法达到互认接轨，供方最好选用 ISO9001，ISO9002，ISO9003 标准中的一项。

（3）认证的机构是第三方质量体系评价机构

要使供方质量体系认证能有公正性和可信性，认证必须由与被认证单位（供方）在经济上没有利害关系，行政上没有隶属关系的第三方机构来承担。而这个机构除必须拥有经验丰富、训练有素的人员、符合要求的资源和程序外，还必须以其优良的认证实践来赢得政府的支持和社会的信任，具有权威性和公正性。

（4）认证获准的标志是注册和发给证书

按规定程序申请认证的质量体系，当评定结果判为合格后，由认证机构对认证企业给予注册和发给证书，列入质量体系认证企业名录，并公开发布。获准认证的企业，可在宣传品、展销会和其他促销活动中使用注册标志，但不得将该标志直接用于产品或其包装上，以免与产品认证相混淆。注册标志受法律保护，不得冒用与伪造。

（5）认证是企业自主行为

产品质量认证，可分为安全认证和质量合格认证两大类，其中安全认证往往是属于强制性的认证。质量体系认证，主要是为了提高企业的质量信誉和扩大销售量，一般是企业自愿，主动地提出申请，是属于企业自主行为。但是不申请认证的企业，往往会受到市场自然形成的不信任压力或贸易壁垒的压力，而迫使企业不得不争取进入认证企业的行列，但这不是认证制度或政府法令的强制作用。

11.3.3.5　园林行业质量管理认证体系建设

要实现园林式、花园式城市的建设目标，就必须不断地提高城市园林绿化建设与管理的质量和水平。从园林绿化的设计、施工到管理，均应该形成一套系统的作业、监督与管理机制。ISO9000 国家质量标准不但可以帮助企业建立这样一套完整的质量管理系统，而且可以提高企业的市场竞争实力，为企业走向国际市场、与国际管理接轨准备较为充足的条件。质量管理已经成为园林企业竞争、生存与发展的必要条件。

ISO9000 质量标准要求建立文件化的质量体系，通过对影响产品、服务质量因素的有效控制，达到减少、消除特别是预防问题，确保园林企业可以持续地向顾客提供满意的产品和服务，同时文件化的质量体系也可以进一步降低人为因素的影响，使管理从人治逐步过渡到法治。

1999 年 11 月，作为一家主要从事城市园林绿化设计、施工与管理的深圳市南山区园林绿化公司，其质量体系获得英国标准协会（BSI）颁发的 ISO9000 质量认证体系（BSI）证书，成为 BSI 在中国大陆和港澳台地区首家通过认证的园林绿化单位。

11.3.3.6　园林行业质量管理体系认证的实施步骤

（1）认证申请与受理

拟申请认证的园林企业向质量管理体系认证机构提出认证申请，在申请书上至少应明确自身的规模、组织结构、提供的服务与产品及拟申请认证的标准。在拟申请认证时，园林企业应向感兴趣的认证机构索取其公开文件（各认证机构将免费提供），以便对有关认证的知识及认证机构的基本情况有所了解（如收费情况、业务范围、人员状况、业绩等），选择更适合自身特点的认证机构。认证机构在收到申请书后将对申请书上的内容进行评审以确定是否能够受理，在评审的基础上与申请方签订认证合同。认证合同的签订表明认证机构已决定受理园林企业的申请。此时园林企业还应提交企业的质量手册（必要时还应提交其他有关质量管理体系文件）。

（2）审核

这是园林企业通过质量管理认证体系最主要的环节，典型的审核活动主要包括审核的启动、文件评审、现场审核的准备、现场审核的实施、审核报告的编制、批准和分发、审核的完成6个环节。

①审核的启动　负责管理审核方案的人员首先为特定的受审核园林企业项目指定一个审核组长，制订审核方案，明确审核目的、范围与准则，选择合适人员组成审核组，并与受审核企业建立初步联系。

②文件评审　对受审核单位与质量管理体系认证相关的文件、记录和报告进行文件评审，全面了解受审核方质量管理体系是否符合质量管理体系标准以及其他审核准则的要求，为现场审核做好准备。

③现场审核的准备　为便于审核活动的日程安排和协调，审核组长应编制一份审核计划，并与审核组积极协商，将具体的过程、职能、场所、区域或者活动的审核职责分配给审核组成员，由审核组成员准备记录信息的表格等各种必要的工作文件，用于审核过程的参考和记录。

④现场审核的实施　首先，审核方与受审核园林企业管理层一起召开首次会议，确认审核计划、简要介绍审核活动如何实施、确认沟通渠道，并向受审核方提供询问的机会；其次，在审核过程中，对可能存在的审核组内部、审核组与受审核方之间的沟通做出合理安排；第三，收集与审核目的、范围和准则有关的信息，并通过适当的抽样调查进行验证；第四，举行末次会议，由审核组长主持，包括受审核方、审核方等在内的人员参加，以受审核方能够理解和认同的方式提出审核发现和结论，双方并对受审核方提出的纠正和预防措施计划的时间表达成一致。

⑤审核报告的编制、批准和分发　审核报告应当提供完整、准确、简明和清晰的审核记录，并包括审核目的、审核范围、审核委托方、审核组长和成员、现场审核活动实施的日期和地点、审核准则、审核发现、审核结论等内容，审核组长对审核报告的编制和内容负责；审核报告根据审核方案的规定注明日期，经过批准，分发给审核委托方制订的接受者；该报告属于审核委托方所有，审核组成员和审核报告的所有接受者都应该予以保密。

⑥审核的完成　当审核计划中的所有活动已经完成，并分发了经过批准的审核报告时，审核即结束，审核的相关文件应该根据参与各方的要求，并按照审核方案的程序、适用的法律法规和合同要求予以保存和销毁。

（3）纠正措施的验证

所谓纠正措施的跟踪验证，是指对受审方纠正措施的实施计划及其完成情况和效果进行跟踪、核实和查证的活动。

审核组在现场审核的末次会议上，应对审核中发现的不符合项提出纠正措施的要求。纠正措施由受审核方确定并在商定的期限内实施。

跟踪验证的方式依据审核中发现的不符合的严重程度可采取不同的方式，主要有办公室书面验证、现场实地验证和监督审核时验证。

审核组在现场审核的末次会议上，还应就审核结论提出意见，一般有以下 3 种情况（仅就认证活动而言）：①推荐认证/注册，所有不符合项均已采取纠正措施并得到有效实施；②推迟推荐认证/注册，一部分过程需重新审核；③不推荐认证/注册，全部过程需要重新审核。

（4）认证后的监督

认证机构在确认受审核方纠正措施已完成或得到有效实施后，须向受审核方发质量管理体系认证证书。证书的内容主要涉及受审核方的名称、地址、认证的标准、覆盖产品与服务的范围及证书的有效期限。

认证后的监督是指认证机构对获证的受审核方在证书有效期内（一般为 3 年）所进行的监督审核或复评。

监督审核的目的：①验证受审核方质量管理体系持续满足认证标准的要求；②促进受审核方质量管理体系的持续改进；③确认认证资格的保持。

监督审核的要求：①证书 3 年有效期内，监督审核时间间隔不超过 1 年；②监督审核和复评的工作要求和程序与初次审核基本一致，但审核的人/日数要少；③监督审核时可以对涉及的过程进行取样抽查，但 3 年中必须覆盖全部过程；④与自我完善机制有关的过程，直接影响产品与服务质量的关键过程、质量信息反馈及证书的使用方式是每次必查项目。

证书持有期间发现问题的处置方式：①证书暂停；②证书撤销；③证书注销。

获证的受审核方的认证证书有效期满时，可重新提出认证申请，认证受理后重新组织的认证审核活动称为复评。

小　结

企业产品质量管理是现代企业增强竞争力的重要突破口。本章从企业质量管理角度出发，介绍了企业质量管理的发展历程，全面质量管理的实施方法与过程，并根据园林企业类型的不同，重点介绍了园林设计企业、园林施工企业、园林苗圃生产企业全面质量管理的内容与方法；在总结国内外园林行业质量标准化建设基础上，重点介绍了园林行业质量管理认证体系建设的必要性、特点与实施过程，以引导和促进园林行业质量管理的发展。

思考题

1. 解释园林质量管理的概念。
2. 简述园林全面质量管理在园林苗圃生产中的应用意义。
3. PDCA 循环法的内容是什么？
4. 简述园林企业通过质量管理认证体系的步骤。

推荐阅读书目

1. 园林经济管理. 李梅. 中国建筑工业出版社，2007.
2. 园林经济管理. 黄凯. 气象出版社，2004.
3. 新编质量管理学. 张公绪，孙静. 高等教育出版社，2010.
4. 纽约市公园及娱乐局实施"全面质量管理"技术. Steven Cohen and William Eimicke, Tools for Innovators. San Francisco：Jossey-Bass Publishers，1998，115-143.
5. 园林绿化 ISO9001 质量体系与操作实务. 骆爱金. 中国林业出版社，2002.
6. 我国风景园林标准体系现状研究. 张凯旋，王云. 中国园林.

案例 1   纽约市公园及娱乐局实施"全面质量管理"技术

　　纽约市公园及娱乐部的主要任务是负责城市公共活动场所（包括公园、沙滩、操场、娱乐设施、广场等）的清洁和安全工作，并增进居民在健康和休闲方面的兴趣。

　　市民将娱乐资源看做是重要的基础设施，因此公众对该部门重要性是认同的。但是在采用何种方式实现其使命，及该城市应投入多少资源去实施其计划方面却很难达成共识。该部门面临着管理巨大的系统和减少的资源。和美国的其他城市相比，纽约市的计划是庞大的。该部门将绝大部分资源投入现有设施维护和运作，尽管为设施维护和运作投入的预算从 1994 年到 1995 年削减了 4.8%。

　　为了对付预算削减，并能维持庞大复杂的公园系统，该部门的策略包括：与预算和管理办公室展开强硬的幕后斗争，以恢复一些已削减的预算；发展公司伙伴关系以取得更多的资源等。除了这些策略，该组织采纳了全面质量管理技术，以求"花更少的钱干更多的事"。

　　在任何环境下产生真正的组织变化是困难的，工人们会对一系列的管理产生怀疑。因此，该部门的策略是将全面质量管理逐步介绍到组织中，即顾问团训练高层管理者让他们接受全面质量管理的核心理念，将全面质量管理观念逐步灌输给组织成员。这种训练提供了全面质量管理的概念，选择质量改进项目和目标团队的方法，管理质量团队和建立全面质量管理组织的策略。

　　有关分析显示了该部门实施全面质量管理所获得的财政和运作收益。启动费用是22.3 万美元，平均每个项目 2.3 万美元。总共节省了 71.15 万美元，平均每个项目一年节约 7.1 万美元。这个数字不包括间接和长期收益，只是每个项目每年直接节约的费用。

该部门是政府任命的。以前的官员落选了，新一任官员就任后，TQM 执行计划被搁浅了。

对案例的剖析：

纽约市公园与娱乐管理局（The New York Department of Parks and Recreation）的主要任务是负责城市公共活动场所（包括公园、沙滩、操场、娱乐设施、广场等）的清洁和安全工作，并增进居民在健康和娱乐方面的兴趣。该部门面临着如何以较少的资源提高服务绩效的问题。

首先，公园与娱乐管理局的目标是在面临预算削减的情况下，继续维持庞大复杂的服务系统。该局面临的问题是减少的预算和增加的顾客需求。市民将娱乐资源看做是重要的基础设施，因此，公众对该部门重要性是认同的。但是在采用何种方式实现其使命，及该城市应投入多少资源去实施其计划却很难达成共识，为设施维护和运作投入的预算从 1994 年到 1995 年削减了 4.8%。因此该局的目标是以最小的成本达成目标。

其次，公园与娱乐管理局在前期采用的最重要的一项政策工具是"全面质量管理"。"全面质量管理"有以下 3 个核心理念：

①工作过程中的配备必须为特定目标设计；

②分析职员的工作程序，以进行路线化的组织运作并减少过程变动；

③加强与顾客的联系，从而了解顾客的需求并且明确他们对服务质量的界定。

实践证明，"全面质量管理"是一种有效的工具。

第三，公园与娱乐管理局在运用"全面质量管理"技术时考虑到组织路线的影响。在任何环境下产生真正的组织变化是困难的，工人们会对一系列的管理时尚产生怀疑。因此该局的策略是将全面质量管理逐步介绍到组织中，即顾问团训练高层管理者让他们接受全面质量管理的核心理念，将全面质量管理观念逐步灌输给组织成员。这种训练提供了全面质量管理的理念，和建立全面质量管理组织的策略。虽然存在一些问题，但这些举措使全面质量管理的实施获得了相当的成功。

案例 2　沈阳市植物园通过质量管理认证体系

沈阳市植物园（沈阳世界园艺博览园）是 2006 中国沈阳世界园艺博览会的会址，占地 2.46km²，是一个森林中的世博园。沈阳市植物园位于沈阳东郊，距市区 10km，交通便利。园内荟萃了东北、西北、华北地区植物资源，集中展示了世界五大洲及国内重点城市的园林和建筑艺术特色，是融丰富文化娱乐活动、生态和环保理念于一体的综合旅游景区。

园内建有百合塔、凤凰广场、玫瑰园等主题建筑。自然生态、人工、滨水湿地三大景观浑然天成，代表国际、国内各地区及不同风格植物的百余个风情展园如繁星般点缀其间。园内栽植露地木本植物、露地草本植物和温室植物 2000 余种，是东北地区收集植物种类最多的植物展园。

园内每年还定期举办大型花展，其中"五一"的郁金香花展，"六一"的牡丹芍药花展，"七一"的百合花展，"八一"的大丽花展，"十一"的菊花展等都精彩纷呈，是北方少有的景观。

在园内湖泊水面上建有造型各异的铁索桥，是游人热衷的项目。独具特色的儿童乐园，惊险刺激的攀岩，更令青少年流连忘返。

沈阳市植物园荣获国家首批最高 AAAAA 级旅游景区称号，并于 2005 年通过 ISO9001 质量管理、ISO14001 环境管理体系和 OHS18001 职业安全健康体系整合认证。

企业建立一个高效、有序的组织机构体系是其健康、快速运行的基础。沈阳市植物园组织机构见下图所示：

在实行 ISO9001 认证体系时，沈阳市植物园建立了明确的质量方针和质量目标，并将具体的质量管理职能进行了分工（见沈阳市植物园质量管理智能分工表）。其质量方针是以游客为中心，持续改进服务质量，为游客提供幽雅、舒心、安全的旅游环境和满意的服务是我们永恒的主题。

质量目标为一是游客满意率 95% 以上，力争达到 100%；二是游客有效投诉率不超过 0.02%、旅客抱怨处理及时率 100%；三是消防、防盗、救护等设备齐全、完好、有效。

沈阳市植物园质量管理职能分配表

质量管理过程机器及其子过程		主任	管理者代表	副主任A	副主任B	副主任C	副主任D	工会主席	体系办	园务科	技术科	行政科	办公室	保卫科	财务科	计划工程	设计中心
4.1	总要求		▲						○	○	○	○	○	○	○	○	○
4.2	文件要求		▲						■	○	○	○	○	○	○	○	○
5.1	管理承诺	▲							■	○	○	○	○	○	○	○	○
5.2	以顾客为关注焦点	▲							○	■	○	○	○	○	○	○	○
5.3	质量方针	▲							■	○	○	○	○	○	○	○	○
5.4	策划	▲	▲						■	○	○	○	○	○	○	○	○
5.5	职责、权限与沟通	▲							■	○	○	○	○	○	○	○	○
5.6	管理评审	▲							■	○	○	○	○	○	○	○	○
6.1	资源提供	▲							○	○	■	■	○	○	○	○	○
6.2	人力资源	▲							○	○	○	■	○	○	○	○	○
6.3	基础设施			▲	▲	▲	▲		○	○	■	■	○	○	○	○	○
6.4	工作环境				▲				■	○	○	○	○	○	○	○	○
7.1	实施过程的策划				▲				■	○	○	○	○	○	○	○	○
7.2	与顾客有关的过程				▲				■	○	○	○	○	○	○	○	○
7.3	设计和开发				▲		▲		■	○	○	○	○	○	○	○	○
7.4	采购			▲	▲		▲		■	■	■	○	○	○	○	○	○
7.5	生产和服务的提供				▲				■	○	○	○	○	○	○	○	○
7.5.1	生产和服务提供的控制				▲				■	○	○	○	○	○	○	○	○
7.5.2	生产和服务提供过程的确认						▲		○	■	○	○	○	○	■	○	○
7.5.3	标志和可追溯性		▲						○	○	○	○	○	■	○	○	○
7.5.4	顾客财产				▲				○	■	○	○	○	○	○	○	○
7.5.5	产品防护				▲		▲	▲	○	○	○	○	○	■	■	○	○
7.6	监视和测量装置控制						▲		○	○	○	○	○	○	○	○	○
8.1	总则		▲						■	○	○	○	○	○	○	○	○
8.2	监视和测量		▲						■	■	○	○	○	○	○	○	○
8.2.1	顾客满意				▲				■	○	○	○	○	○	○	○	○
8.2.2	内部审核		▲						■	○	○	○	○	○	○	○	○
8.2.3	过程的监视和测量		▲						■	○	○	○	○	○	○	○	○
8.2.4	产品的监视和测量				▲				○	■	○	○	○	○	○	○	○
8.3	不合格品控制				▲				■	○	○	○	○	○	○	○	○
8.4	数据分析		▲						■	○	○	○	○	○	○	○	○
8.5	改进		▲						■	○	○	○	○	○	○	○	○

备注：▲主管领导　　■归口管理部门　　○相关部门

第12章 园林企业数量管理

12.1 园林企业数量管理概述

12.1.1 园林企业数量管理概念

数量管理学派又称管理科学学派，是泰勒科学管理理论的继续和发展，该理论的正式形成是在第二次世界大战以后，与行为科学平行发展起来的。1939年，美国曼彻斯顿大学教授布莱克特领导的小组建立运筹学发展了新的数学分支和计算技术，这些成果应用于管理工作就产生了数量管理理论。

该理论认为，数量管理的目的是通过把科学的原理、方法和工具应用于管理的各种活动，制订出用于管理决策的数学和统计模型，并把这些模型通过电子计算机应用于管理，降低不确定性，以便投入的资源发挥最大的效用，得到最大的经济效益。

数量管理学派的理论渊源可以追溯到20世纪初泰勒的"科学管理"。"科学管理"的实质，是反对凭经验、直觉、主观判断进行管理，主张用最好的方法、最少的时间和支出，达到最高的工作效率和最大的效果。但作为科学管理学派的进一步发展，数量管理的研究范围已经远远不是泰勒时代的"操作方法"和"作业研究"，数量管理学派运用了更多的现代自然科学和技术科学的成就，研究的问题也比"科学管理"更为广泛。

数量管理学派的管理思想，注重定量模型的研究和应用，以求得管理的程序化和最优化。他们认为，管理就是利用数学模型和程序系统来表示管理的计划、组织、控制、决策等职能活动的合乎逻辑的过程，对此做出最优的解答，以达到企业的目标。数量管理就是制订用于管理决策的数学或统计模型，并将其通过计算机应用于企业管理理论和方法的体系中，这种方法通常就是运筹学。所以该学派的狭义解释就是作为运筹学的同义语。广义上，古典管理理论、行为科学理论及当代的各种管理理论都可称作数量管理。

这个学派是新理论、新方法与科学管理理论相结合而逐渐形成的一种以定量分析为主要方法的学派，它是泰勒科学管理理论的拓展。随着计算机技术的发展，这个学派的数量特点得到进一步的发挥，被广泛应用于研究城市的交通管理、能源分配和利用、国民经济计划编制以及世界范围经济发展的模型等一些更大更复杂的经济与管理领域。

数量管理的目的是在一定的建设（设计、生产、施工、养护）时期内，以较少的投入获取一定的产出，或在较少的时间内，以一定的投入获取一定的产出。园林企业数量管理,即将数量管理方法应用于园林管理,主要是对园林企业中的调度、定额、进度等进行管理。

12.1.2　园林企业数量管理内容

12.1.2.1　调度

(1)　调度概述

调度管理是指对生产调度的计划、实施、检查、总结(PDCA)循环活动的管理。生产调度管理是企业生产经营管理的中心环节。

调度工作狭义上是指生产调度管理方面的技术性工作,其内容是指生产调度对生产经营动态的了解、掌握、预防、处理以及对关键部位的控制和部门间的协调配合。概括地说,生产调度工作是生产调度管理的具体表现,它的完成是生产调度管理在实际完成上的具体表现。

为了获得有效的生产量,必须使土地、工具(设备)、人员、材料及后勤保障在一定的时间内集中于同一区域,即完成调度计划,这是提高时空符合度的重要内容之一。

调度是为了一定的目的对于可支配的人力、物力(或财力)及相关行为进行空间上的分工、定位,以及对于不同行为及其结果进行时间上的关联和事先安排。对于不存在分工和时间的简单行为,通常用简单指令而不用调度;对于难以明确分工和难以事先安排的过于复杂的人类行为,则难以进行调度,只能随机应变或现场指挥。

(2)　调度管理的职能与作用

调度管理具有组织、指挥、控制、协调的职能,称之为系统性综合性职能。

①组织职能与作用　就是建立合理的调度管理组织体系,把生产经营活动的各个要素和各个环节有机地组织起来,按照确定的生产经营计划组织工作,使生产经营活动有效进行。

②指挥职能与作用　就是在生产经营活动中随时收集信息和掌握进度与情况的基础上,及时有效地处理各种问题,同时,在组织实施生产经营活动中进行有效交流,从而使各级各类人员按照生产经营目标协调配合。

③控制职能与作用　就是按照既定目标和标准对生产经营活动进行的监督和检查,掌握信息,发现偏差,找出原因,采取措施,加以调整纠正,保证预期目标和标准的活动。

④协调职能与作用　协调是调度的四大基本职能之一。生产经营系统化管理过程中,动态平衡是规律,协调就是维护动态平衡,保证生产经营系统内部各个环节的畅通,保证所有生产经营组成部分同步运行。这就是调度所发挥的中心作用。协调分为内部协调和外部协调。

(3)　调度网络图

由于调度工作头绪较多、时间要求比较严格,常有必要采用网格计划技术(运筹学图论的分支),即通过网络图的形式进行统筹规划。

12.1.2.2　定额

（1）定额概述

定额是企业生产经营活动中，在人力、物力、财力的配备、利用和消耗以及获得的成果等方面所应遵守的标准或应达到的水平。

定额按其内容主要有：有关劳动的定额，如工时消耗定额、产量定额、停工率、缺勤率等；有关原材料、燃料、动力、工具等消耗的定额；有关费用的定额；有关固定资产利用的定额，如生产设备利用率、固定资产利用率；有关流动资金占用的定额等。

（2）定额管理

定额管理是指利用定额来合理安排和使用人力、物力、财力的一种管理方法。

定额管理的内容主要有：建立和健全定额体系；在技术革新和管理方法改革的基础上，制订和修订各项技术经济定额；采取有效措施，保证定额的贯彻执行；定期检查分析定额的完成情况，认真总结定额管理经验等等。定额管理是实行计划管理，进行成本核算、成本控制和成本分析的基础。实行定额管理，对于节约使用原材料、合理组织劳动、调动劳动者的积极性、提高设备利用率和劳动生产率、降低成本、提高经济效益都有重要的作用。

12.1.2.3　进度

工程项目的进度控制是指对工程项目各建设阶段的工作内容、工作程序、持续时间和逻辑关系编制计划，将该计划付诸实施，在实施过程中经常检查实际进度是否按计划要求进行，对出现的偏差分析原因，采取补救措施或调整、修改原计划，直至工程竣工，交付使用。进度计划是进度控制的依据，是实现工程项目工期目标的保证。因此进度控制首先要编制一个完备的进度计划。但进度计划实施过程中由于各种条件的不断变化，需要对进度计划进行不断的监控和调整，以确保最终实现工期目标。

12.2　进度管理

12.2.1　横道图法

12.2.1.1　横道图的概念

横道图又称为甘特图（Gantt Chart）或条形图，是在 1917 年由亨利·甘特开发的，它是将一项工程分解成若干项工序（或工作），每项工序（或工作）用一横线表示，并将横线置于时间坐标之上，用以表示整个计划中各项工序（或工作）的起始时间和持续时间的工序流程图。早在 20 世纪初期横道图就开始流行，主要应用于工作计划和工作进度的安排。

12.2.1.2 横道图的优缺点

(1) 优点

①以图形或表格的形式显示活动，表现方式直观。

②是目前一种通用的显示进度的方法，适用范围广，除了生产管理领域，现在还广泛应用于建筑、IT 软件、汽车和船舶制造等多个领域。

③横道图中包括了实际日历天和持续时间，表达方式清晰明了。

(2) 缺点

①不能明确地反映出各项工作之间错综复杂的相互关系，因而在计划执行过程中，当某些工作的进度由于某种原因提前或拖延时，不便于分析其对其他工作及总工期的影响程度，不利于建设工程进度的动态控制。

②不能明确地反映出影响工期的关键工作和关键线路，也就无法反映出整个工程项目的关键所在，因而不便于进度控制人员抓住主要矛盾。

③不能反映出工作所具有的机动时间，看不到计划的潜力所在，无法进行最合理的组织和指挥。

④不能反映工程费用与工期之间的关系，因而不便于缩短工期和降低工程成本。

也就是说，横道图主要关注进程管理（时间），事实上它仅仅部分地反映了项目管理的三重约束（时间、成本和范围），而不能综合地反映项目本身的完成情况。

12.2.1.3 横道图分类

横道图按反映的内容不同，可分为计划进度图表、带分项目、带分项目和项目网络、负荷图等多种形式。

(1) 计划图表

在甘特图中，横轴方向表示时间，纵轴方向表示并列项目中包含的工作内容或者工作环节等，图表内以线条、数字、文字代号等来表示计划（实际）所需时间，计划（实际）产量，计划（实际）开工或完工时间等，如图 12-1 所示。

工作内容	1 月	2 月	3 月	4 月	5 月	6 月	7 月
A							
B							
C							
D							
E							

图 12-1 计划图表横道图示例

（2）带有分项目的横道图（图12-2）

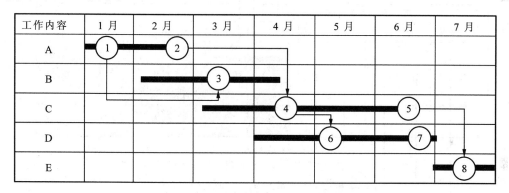

图12-2 带有分项目的横道图示例

（3）带有分项目和分项目网络的横道图

带有分项目和分项目网络的横道图将横道图的直观性和网络图的逻辑性结合起来，如图12-3 所示。

图12-3 带有分项目和分项目网络的横道图示例

（4）负荷横道图（图12-4）

纵轴不是列写工程内容和施工环节，而是列出部门、人员、器械等特定的资源，负荷图使管理者对生产能力进行计划和控制。

图12-4 负荷横道图示例

12.2.1.4　计划进度横道图绘制方法

①建立工作—时间坐标体系，即计划进度横道图表。

②将工程项目划分为若干工作内容或者工序，内容包括项目名称、工程量、开始时间、工期、任务类型（依赖/决定性）和依赖于哪一项任务。

③创建横道图草图。将所有的项目按照开始时间、工期标注到横道图上。

④确定项目活动依赖关系及时序进度。此步骤将保证在未来计划有所调整的情况下，各项活动仍然能够按照正确的时序进行，也就是确保所有依赖性活动能并且只能在决定性活动完成之后按计划展开，同时避免关键性路径过长。

⑤填写横道图，具体填写内容和形式参见图 12-5。

⑥检查复核。

图 12-5　横道图的填写

12.2.1.5　横道图比较法及其应用

将实际进度数据与计划进度数据进行比较，可以确定工程实际执行状况与计划目标之间的差距。为了直观反映实际进度偏差，通常采用表格或图形进行实际进度与计划进度的对比分析，从而得出实际进度比计划进度超前、滞后还是一致的结论。横道图记录比较法，就是把施工实际进度并列标于原计划横道图中，进行直观比较的方法。如图 12-6 所示，例如某工程项目计划进度和截至第 14 周末的实际进度比较，其中双线条表示该工程计划进度，粗实线表示实际进度，从图中实际进度与计划进度的比较可以看出，到第 14 周末进行实际进度检查时，A 和 B 两项工作已经完成，工作 C 和 D 按计划也应该完成，但实际只分别完成 80% 和 50%，任务量拖欠分别为 20% 和 50%，工作 E 虽未全部完成，但正按照计划进行。

需要注意的是为了进行实际进度与计划进度的比较，必须对收集到的实际进度数据进行加工处理，形成与计划进度具有可比性的数据。例如，对检查时段实际完成工作量的进度数据进行整理、统计和分析，确定本期累计完成的工作量、本期已完成的工作量占总工作量的百分比等。完成任务量可以用实物工程量、劳动消耗量和工作量3种物理量表示，为了比较方便，一般用它们实际完成量的累计百分比与计划的应完成量的累计百分比进行比较。

工作内容	持续时间	进度计划（周）															
		1	2	3	4	5	6	7	8	9	10	11	12	13	14	15	16
A	5																
B	4																
C	5																
D	6																
E	7																

检查日期

图 12-6　某工程实际进度与计划进度比较图

图 12-6 中的比较方法仅适用于工程项目中的各项工作都是均匀进展的情况，即每项工作在单位时间内完成的任务量都相等的情况。事实上，工程项目中各项工作的进展不一定是匀速的。因此，根据工程项目中各项工作的进展是否匀速，可分别采用匀速和非匀速进度横道图比较法。

（1）匀速进度横道图比较法

匀速施工是指施工项目中，每项工作的施工进展速度都是匀速的，即在单位时间内完成的任务量都是相等的，累计完成的任务量与时间成直线变化。横道图比较法，是把在项目施工中检查实际进度收集的信息，经整理后直接用横道线并列标于原计划的横道线一起，进行直观比较的方法，如图 12-6 所示。

（2）非匀速进展横道图比较法

当工作在不同的单位时间里的进展速度不同时，可以采用非匀速进展横道图比较法。该方法在表示工作实际进度的涂黑粗线同时，并标出其对应时刻完成任务的累计百分比，将该百分比与其同时刻计划完成任务的累计百分比相比较，判断工作的实际进度与计划进度之间的关系，如图 12-7 所示。

```
  1   2   3   4   5   6   7   8  d
  0  10  20  35  50  65  80  90 100(%)  计划累计完成百分比

  ████████  ██████  ████████

  1   2   3   4   5   6   7   8  d
  0  10  30  35  55  70  80  90 100(%)  实际累计完成百分比
```

图 12-7　非匀速进展横道图

非匀速进展横道图比较法绘制步骤如下：

①编制横道图进度计划；

②在横道线上方标出各主要时间工作的计划完成任务量累计百分比；

③在横道线下方标出相应时间工作的实际完成任务量累计百分比；

④用涂黑粗线标出工作的实际进度，从开始之日标起，同时反映出该工作在实施过程中的连续与间断情况（涂黑部分为工作时间，空白部分为停工时间）；

⑤通过比较同一时刻实际完成任务量累计百分比和计划完成任务量累计百分比，判断工作实际进度与计划进度之间的关系：如果同一时刻横道线上方累计百分比大于横道线下方累计百分比，表明实际进度拖后，拖欠的任务量为二者之差；如果同一时刻横道线上方累计百分比小于横道线下方累计百分比，表示实际进度超前，超前的任务量为二者之差；如果同一时刻横道线上下方两个累计百分比相等，表明实际进度与计划进度一致。

需要注意，在非匀速进展横道图中的横道线，无论是计划进度还是实际进度，只能表示工作的开始时间、完成时间和持续时间，并不表示计划完成的任务量和实际完成的任务量。此外，采用非匀速进展横道图比较法，不仅可以进行某一时刻（如检查日期）实际进度与计划进度的比较，而且还能进行某一时间段实际进度与计划进度的比较。

不过在实际进度与计划进度的对比时，无论是采用匀速进展横道图比较法还是非匀速进展横道图比较法，只能适用于工程的局部进展情况的比较。

12.2.2 网络图法

12.2.2.1 网络图的概念

网络图是一种由一系列箭线和圆圈（节点）所组成的网状图形，用以表示整个计划中各项工序（或工作）的先后次序以及所需要时间的流程图。

通常根据绘图表达方法的不同，网络图分为双代号表示法（以箭线及其两端节点编号表示工作，图 12-8）和单代号表示法（以节点及其编号表示工作，图 12-9）。

图 12-8 双代号网络图

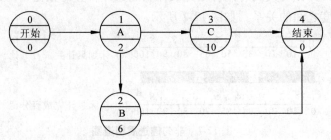

图 12-9 单代号网络图

12.2.2.2 网络图的组成元素

在网络图中，箭线、节点和路线是网络图的 3 个重要元素，在不同的网络图中这 3 个元素的表示方式有所不同，双代号网络图和单代号网络图表示方法见表 12-1。

表 12-1 双代号网络图和单代号网络图组成元素表示方式对照表

组成元素		双代号网络图	单代号网络图
箭线	表示方式	——→　 -----→（虚箭线）	
	表示内容	工作以及工作之间的逻辑关系 消耗时间和资源	仅表示工作之间的逻辑关系 不消耗时间和资源
	虚箭线	正确表达各工作之间的关系，避免逻辑错误，不消耗时间和资源	无虚箭线
节点	表示方式	起始节点　　　终止节点 ⓘ ——工作名称——→ ⓙ 工期估计 i<j	工作代号 工作名称 工作时间
	表示内容	表示前一道工序的结束，同时也表示后一道工序的开始	工作
	规则	由小到大，可连续或间断数字编号 每一个节点都有固定编号，号码不能重复 箭尾的号码小于箭头号码（即 $i < j$，编号从左到右，从上到下进行）	每一个节点都有固定代码，代码不能重复 当几个工作同时开始或同时结束时，就必须引入虚工作（节点），即起始节点和终止节点 （开始 → A → G → 结束；开始 → B → H → 结束；开始 → C → I → 结束）
路线	表示内容	线路是指网络图中从起点节点顺箭头方向顺序通过一系列箭杆及节点最后到达终点节点的一条条通路	
	关键路线	工作持续时间之和最大的路线，或者总时差为零的工序（关键工序）组成的路线；可以用带箭头的粗线、双线或红线表示	

12.2.2.3 逻辑关系

根据网络图中有关工序之间的相互关系，可以划分为：紧前工序、紧后工序、平行工序和交叉工序。

①紧前工序　是指紧接在该工序之前的工序。紧前工序不结束，则该工序不能开始。

②紧后工序　是指紧接在该工序之后的工序。该工序不结束，紧后工序不能开始。

③平行工序　是指能与该工序同时开始的工序。

④交叉工序　是指能与该工序相互交替进行的工序。

网络图中作业之间的逻辑关系是相对的，不是一成不变的。只有指定了某一确定作业，考察与之相关各项作业的逻辑联系，才是有意义的。双代号网络图和单代号网络图常出现的逻辑关系见表 12-2。

表 12-2 网络图中的逻辑关系

序号	逻辑关系	表达方法（双代号网络图）	表达方法（单代号网络图）
⑨	ABC 工序顺次完成，A 工序是 B 工序的紧前工序，C 工序是 B 工序的紧后工序		
⑩	A 完成后同时进行 BC 工序，BC 工序是 A 工序的紧后工序，BC 工序是平行工序		
⑪	AB 工序同时完成后才能进行 C 工序，AB 工序是平行工序，是 C 工序的紧前工序		
⑫	AB 工序同时完成后进行 CD 工序		
⑬	A 工序完成后进行 C 工序，AB 工序都完成后才能进行 D 工序		
⑭	AB 工序都完成后进行 D 工序，ABC 工序都完成后才能进行 E 工序，DE 工序都完成后进行 F 工序		
⑮	AB 工序都完成后进行 D 工序，BC 工序都完成后进行 E 工序		
⑯	A 工序完成后进行 C 工序，B 工序完成后进行 E 工序，AB 工序都完成后进行 D 工序		
⑰	AB 两项工作分为 3 个施工段，分段流水施工：A_1 完成后进行 A_2 和 B_1，A_2 完成后进行 A_3 和 B_2，A_2 和 B_1 完成后进行 B_2，A_3 和 B_2 完成后进行 B_3		

12.2.2.4 网络图绘制的基本原则

绘制网络图必须严格遵循下列原则:

①网络图中不能出现循环路线,否则将使组成回路的工序永远不能结束,工程永远不能完工。

②进入一个节点的箭线可以有多条,但相邻两个节点之间只能有一条箭线。当需表示多活动之间的关系时,需增加节点,或者用虚作业来表示。

③在网络图中,除网络起点、终点外,其他各结点的前后都有箭线连接,即图中不能有缺口,使自网络始点起经由任何箭线都可以达到网络终点。

④箭线的首尾必须有节点,不允许从一条箭线的中间引出另一条箭线,如图12-10所示。

图 12-10　箭线的首尾必须有节点

⑤为表示工程的开始和结束,在网络图中只能有一个始点和一个终点。当工程开始时有几个工序平行作业,或在几个工序结束后完工,用一个网络始点、一个网络终点表示。若这些工序不能用一个始点或一个终点表示时,可用虚线把它们与始点或终点连接起来。

⑥网络图绘制力求简单明了,要尽量减少不必要的节点和箭线。

⑦箭线最好画成水平线或具有一段水平线的折线;箭线尽量避免交叉;尽可能将关键路线布置在中心位置。

⑧节点采用唯一的编号,可以连续,也可以非连续,但要保证箭尾节点编号小于箭头节点编号。

12.2.2.5 网络图绘制步骤

(1) 分工序

根据施工图、施工现场条件以及人员物资准备状况等,把一项工程或一个计划分解成若干个可以独立完成的工序,工序可根据管理范围大小而划分,编成一级、二级、三级网络。

(2) 排顺序

排顺序就是按照各工序作业活动的先后约束条件,这些工序在工作时客观上存在的一种先后顺序关系,即确定它们内在的逻辑关系,包括工艺上的关系和组织上的关系。

工艺关系是指由工艺所决定的各工作之间的先后顺序关系。这种关系是客观存在的,一般地说是不可变的,如做基础后才能砌筑墙体、砌砖后才能粉刷。

组织关系是指由于劳动力或机械等资源的组织与安排需要而形成的各工序之间的

先后顺序关系，它是根据经济效益的需要人为安排的，故组织关系是可以改变的。如劳动、机具、材料等都是可增可减、可先可后的。

确定工序之间的逻辑关系时，通常以工艺关系为基础，考虑项目施工现场的实际情况和条件，包括实际投入的施工资源量和具体采取的施工组织方法，加上相应的组织逻辑关系，即可画出可供实施的施工网络图，这是编制网络图的重点，也是提高资源的使用效率、降低施工成本的关键。

（3）定工时

定工时是指把各项工序或者工作所需要的时间值确定下来。工作时间的确定可以运用工时定额，也可参照经验统计。

$$T = Q/S \cdot R \cdot N \tag{12.1}$$

式中　D——某工作（工序）持续时间；

　　　Q——该工作（工序）的工程量；

　　　S——该工作（工序）的计划产量定额；

　　　R——该工作（工序）的工人数或机械台数；

　　　N——该工作（工序）计划工作班次。

如没有工时定额也没有以往数据可供参考，则可以用"三时估算法"来计算，如公式 12.1。

$$T = (A + 4M + B)/6 \tag{12.2}$$

式中　A——完成某道工序所需最短工作时间，又称最乐观时间；

　　　B——完成某道工序所需最长工作时间，又称最悲观时间；

　　　M——完成某道工序所需最可能工作时间。

（4）填表格

将前面得到的内容进行整理，编写工作明细表，如表 12-3 所示。

表 12-3 　某园林工程施工工作明细表

序号	工程名称	工序代号	紧前工序	紧后工序	持续时间
1	整理绿化地	A	——	C、D	5
2	伐树、挖树根	B	——	D、E	7
3	定点放线	C	A	F	12
4	土方工程	D	AB	F、H	7
5	砌筑种植池	E	B	F、H	7
6	栽植乔木	F	CDE	K	2
7	栽植花卉	H	DE	——	6
8	栽植灌木	K	F	——	4

（5）编网络

根据工作明细表中的关系，逐步编写网络图。先从"工作明细表"中找出所有没有紧前工序的工序，画一节点，从该节点绘制箭线，引出所有开始工序，以保证网络图只有一个起始节点，并在工作明细表中将相关工序抹掉。根据工作明细表中的紧前工序依次绘制其他工作箭线，并依次从分析表中抹掉。最后找出所有工序的紧后工序,从而找到所有结束的工序,画一节点,往这个节点引入所有的结束工序。完成后对照"工作明细表",根据网络图绘制原则进行复核,检查是否有遗落或者重复、多余的工作。

表 12-3 对应的双代号网络图如图 12-11 所示,在这个网络图中使用了三处虚箭线,即 3—4,5—6,6—7。3—4 处设置虚箭线保证了工序 A,B 都完成后才能够进行工序 D,而 5—6,6—7 处的虚箭线是保证工序 C,D,E 都完成后才进行工序 F,以及工序 D,E 完成后才能进行工序 H。由此可见,在绘制双代号网络图时,合理运用虚箭线是非常重要的。

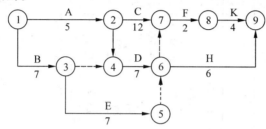

图 12-11 双代号网络图

单代号网络图的绘制较为简单,只要将绘制好的节点根据各工序的逻辑关系用箭线连接起来就可以了,如图 12-12 所示。另外,在具体操作过程中,也可以先绘制单代号网络图,然后用双代号网络图中的工序表示方式代替单代号网络图中的节点(工序),再加以调整,最终完成双代号网络图绘制。

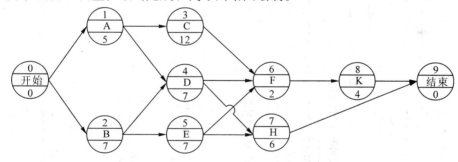

图 12-12 单代号网络图

(6)加时间

根据各个工作(工序)的工时计算出网络计划的时间参数,并将其填写到网络图对应位置上或者单独列写"时间参数表"。

12.2.2.6 时间参数的计算

(1)时间参数的表示和计算

计算网络计划的时间参数,是编制网络计划的重要步骤。通过时间参数的计算,能够确定项目的关键线路,从而确定总工期,并以此为依据对网络计划进行调整和优化(时间优化、资源优化和工期优化等)。时间参数的表示和计算方法参见表 12-4。

表 12-4　网络图中时间参数及其计算表

序号	名称	代码（双）	代码（单）	定义	计算公式（双）	计算公式（单）	备注
⑤	工作时间/持续时间	T_{i-j}	T_i	完成某项工作（工序）所需时间	公式 12.1 和 12.2		
	工期　计算工期		T_c	根据网络计划时间参数计算而得到的工期	$T_c = \max\{EF_{i-n}\}$　（12.3）	$T_c = \max\{EF_n\}$　（12.4）	
⑥	要求工期		T_r	是任务委托人所提出的指令性工期	—		
	计划工期		T_p	指根据要求工期和计算工期所确定的作为实施目标目标的工期	当已规定了要求工期 T_r 时：$T_p \le T_r$　（12.5） 当未规定要求工期时：$T_p = T_c$　（12.6）		
⑦	最早可能开工时间	ES_{i-j}	ES_i	紧前工序全部完成，本工序可能开始的时间	$ES_{i-j} = \max\{ES_{h-i}+T_{h-i}\}$ $= \max\{EF_{h-i}\}$　（12.7） $ES_{i-j} = 0$　$(i=0)$　（12.8）	$ES_i = \max\{ES_i + T_i\}$ $= \max\{EF_h\}$　（12.9） $ES_i = 0$　$(i=0)$　（12.10）	计算由箭尾顺着箭头方向依次顺序进行计算
⑧	最早可能完工时间	EF_{i-j}	EF_i	本工序全部完成最早可能的时间	$EF_{i-j} = ES_{i-j} + T_{i-j}$　（12.11）	$EF_i = ES_i + T_i$　（12.12）	
⑨	最迟必须完工时间	LF_{i-j}	LF_i	在不影响全工程如期完成的条件下，本工序最迟必须完工的时间	$LF_{i-j} = \min\{LF_{j-k}-T_{j-k}\}$ $= \min\{LS_{j-k}\}$　（12.13）（12.14） $LF_{i-n} = T_p$	$LF_i = \min\{LF_j - T_j\}$ $= \min\{LS_j\}$　（12.15）（12.16） $LF_n = T_p$	计算由箭头住箭尾逆向依次顺序进行
⑩	最迟必须开工时间	LS_{i-j}	LS_i	在不影响全工程如期完成的条件下，本工序最迟必须开工的时间	$LS_{i-j} = LF_{i-j} - T_{i-j}$　（12.17）	$LS_i = LF_i - T_i$　（12.18）	

（续）

序号	名称	代码（双）	代码（单）	定义	计算公式（双）	计算公式（单）	备注
⑪	节点最早时间	ET_i	无	在双代号网络计划中，以该节点为开始节点的各项工作的最早开始时间	$ET_i = \max\{ET_h + T_{i-h}\}$ (12.19) $ET_1 = 0\,(i=1)$ (12.20)	—	计算由箭尾顺着箭头方向依次顺序进行计算
⑫	节点最迟时间	LT_i	无	在双代号网络计划中，以该节点为完成节点的各项工作的最迟完成时间	$LT_i = \min\{LT_j - T_{i-j}\}$ (12.21) $LT_n = T_P\,(i=n)$ (12.22)	—	计算由箭头在箭尾逆向依次顺序进行
⑬	时间间隔	无	LAG_{i-j}	指本工作的最早完成时间与其紧后工作最早开始时间之间可能存在的差值	—	$LAG_{i-j} = EF_i - ES_j$ (12.23)	
⑭	总时差	TF_{i-j}	TF_i	在不影响总工期的前提下，一道工序所拥有的机动时间的极限值	$TF_{i-j} = LF_{i-j} - EF_{i-j}$ $= LS_{i-j} - ES_{i-j}$ (12.24) $TF_{i-j} = LT_j - (ET_i + D_{i-j})$ (12.25)	$TF_i = LF_i - EF_i$ $= LS_i - ES_i$ (12.26)	
⑮	自由时差	FF_{i-j}	FF_i	一道工序在不影响紧后工序最早开始时间的前提下，本工序可以灵活机动使用的时间	$FF_{i-j} = ES_{j-k} - EF_{i-j}$ (12.27) $FF_{i-j} = 0\,(TF_{i-j}=0)$ (12.28)	$FF_i = ES_k - EF_i$ (12.29) $FF_i = 0\,(TF_i=0)$ (12.30)	自由时差只可能存在于有多条内向箭杆的节点之前的工序之中
⑯	总工期	Lcp/PT		在网络计划中，关键路线的工作时间之和	$Lcp = \max\{\sum EF_{i-j}\}$ (12.31)	$Lcp = \max\{\sum EF_i\}$ (12.32)	

注：① "双"代表双代号网络计划，"单"代表单代号网络计划；

② 在双代号网络计划中下角标代表：$i-j$表示本工序，$h-i$表示紧前工序，$j-k$表示紧后工序，$i-n$表示终止工序；

③ 在单代号网络计划中下角标分别代表：i表示本工序，h表示紧前工序，j表示紧前工序，k表示紧后工序，n表示终止工序。

（2）双代号网络图时间参数的计算与表示

双代号网络图的时间参数计算有两种方法：按节点计算法和按工作计算法，在熟练掌握表 12-4 中时间参数的表示和计算方法后，可以直接在网络图中标注时间参数，标注方法如图 12-13 和图 12-14 所示。

图 12-13　按工作计算时间参数法　　　　图 12-14　按节点计算时间参数法

（3）单代号网络图时间参数的计算与表示

单代号网络图时间参数计算见表 12-4，具体标注方式如图 12-15 所示。

图 12-15　单代号网络图时间参数表示方法

12.2.2.7　网络图优化

园林工程施工管理过程中，还需要对初始网络图进行优化和调整，使之获得最佳的周期、最低的成本和对资源最有效的利用，并根据工期、资源和成本等方面优化的结果，选择最优方案，做出决策。

网络图的优化包括以下 3 个方面：

①工期优化　缩短网络计划的工期，使其符合规定工期的要求。

②工期—成本优化　缩短工期并使费用增加最少。

③工期—资源优化　就是在一定资源条件下，寻求最短的工期，或在一定工期的条件下，使投入的资源量最少。

（1）工期优化

在网络图中，关键路线决定了总工期，当规定的工期大于关键路线持续时间时，关键路线上各作业的总时差就会出现正值，说明完成该任务的时间比较宽裕，计划安排的时间还有潜力可挖，必要时可适当延长某些工作的持续时间，以便做到减少资源或节省费用。

另一方面，如果任务紧急，规定的工期小于关键路线的持续时间，则需要对网络进行调整。调整时可针对超过工期的各条路线上的某些作业，采用组织和技术上的措施，以缩短它们的工作持续时间，从而使计划符合规定工期的要求。

缩短计划工期，通常可以从组织上和技术上采取如下方法：

①在关键路线上寻找最有利的作业来缩短其作业时间；

②在可能条件下采取平行作业或交叉作业缩短工期；

③采取新技术和新工艺，进行技术革新和技术改造，增加人力和设备等，缩短某些工作的作业时间；

④利用时差，从非关键线路上抽调适当的人力、物力集中于关键线路，以缩短关键线路的持续时间。

需要注意的是，采用上述方法缩短网络工期，在调整工程中都会引起网络计划的改变，每次改变后都要重新计算网络时间参数和确定关键线路，直至求得最短周期。

（2）工期—成本优化

通过工期—成本优化，目的是找到成本最低的最优工期，或者与规定工期对应的最低成本，以此为依据进行施工进度计划的调整。

①工期和成本的关系　工程成本是由直接费用和间接费用所组成的。在正常工期 T_0 和赶工工期 T_s（指工程项目的工期从正常状态逐步缩短到无法再缩短为止的时间）之间，缩短工期将引起直接费用的增加和间接费用的减少；反之，延长工期会使直接费用减少，间接费用增加。将直接费用曲线和间接费用曲线叠加后得到的工期—成本曲线，如图 12-16 所示。工期—成本曲线上的最低点所对应的工期和费用就是满足要求的最佳工期和最佳费用。

图 12-16　工期—成本曲线

图 12-17　工序持续时间——直接费曲线

对于某一项工序而言，在一定范围内（正常持续时间与赶工时间之间），随着持续时间的缩短，直接费用将增加，如图 12-17 持续时间——直接费曲线中，点 A（赶工点）对应工序最小持续时间 d，即赶工时间（某项工序持续时间从正常状态逐步缩短到无法再缩短为止的时间），这一时间所需要的成本为赶工成本 m，此成本最高。曲线可以近似为赶工点与正点（B）的连线，该连线的斜率称为费用率 e_{i-j}，其意义是每缩短（延长）一个单位时间所需增加（减少）的费用。

则
$$e_{i-j} = \frac{m_{i-j} - M_{i-j}}{D_{i-j} - d_{i-j}} \tag{12.33}$$

该工序所需的直接费用计算公式：
$$S\ (t)\ = k - et \tag{12.34}$$

式中
$$k = M + De = \frac{DM - dM}{D - d} + \frac{Dm - DM}{D - d} = \frac{Dm - dM}{D - d} \qquad (12.35)$$

②工期—成本优化方法

第一，缩短工期首先要缩短关键工序的持续时间，在关键工作中，首先应缩短费用率最小的关键工作的持续时间，这称为"最低费用加快方法"。

第二，当关键线路只有一条时，那么首先将这条线路上费用率 e_{i-j} 最小的工作持续时间缩短 $\triangle t$。但应满足两个条件，即
$$\triangle t \leqslant D_{i-j} - d_{i-j} \qquad (12.36)$$

式中　D_{i-j}——该工序的正常持续时间；

　　　d_{i-j}——该工序的赶工时间。

缩短持续时间的工作 $i - j$ 仍为关键工作。

该工序的直接费增加额为：
$$\triangle S = \triangle t \cdot e_{i-j} \qquad (12.37)$$

则该工序的直接费用为：
$$S = \triangle S + S_0 \qquad (12.38)$$

式中　S_0——上一循环该工序的直接费用。

第三，如果关键线路有两条以上时，那么每条关键线路都需要缩短持续时间 $\triangle t$，才能使计划工期也相应缩短 $\triangle t$。为此，必须找出费用率总和 $\sum e_{i-j}$ 为最小的工作组合，我们把这种工作组合称为"最小切割"。即缩短持续时间 $\triangle t$ 应满足
$$\triangle t \leqslant \min \left\{ D_{i-j} - d_{i-j} \right\} \qquad (12.39)$$

并应保证缩短持续时间的工作仍为关键工作。

该工序的直接费增加额为：
$$\triangle S = \triangle t \cdot \sum e_{i-j} \qquad (12.40)$$

则该工序的直接费用仍按公式 12.48 计算。

第四，第二个步骤或第三个步骤进行多次循环，以逐步缩短工期，直至计划工期满足规定的要求，计算出相应的直接费用总和及各工作的时间参数。

图 12-18　工期—成本优化流程图

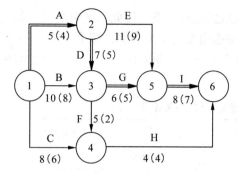

图 12-19　某工程初始网络图

注：（ ）外是各工序正常持续时间，（ ）内是各工序赶工时间

假设任意一循环为第 k 次循环，它以前一循环（第 $k-1$ 次循环）为基础的确定工期—成本优化方案如框图 12-18 所示。

下面结合一个实例说明经济赶工（工期—成本优化）的方法。已知某园林工程施工项目初始网络图（图 12-19），各个工序的持续时间、成本以及费用率列于表 12-5 中，如何以最低成本来缩短工期？

表 12-5　工程项目费用率表

工序	正常		赶工		费用率
	时间（d）	成本（元）	时间（d）	成本（元）	（元/d）
①→②	5 *	220	4	300	80
①→③	10	480	8	660	90
①→④	8	440	6	640	100
②→③	7 *	600	5	720	60
②→⑤	11	560	9	640	40
③→④	5	600	2	1200	200
③→⑤	6 *	150	5	250	100
④→⑥	4	180	4	180	不能赶工
⑤→⑥	8 *	600	7	760	160
	26 **	3830	21	5350	

注：* 为关键路线上的持续时间；** 为关键路线的持续时间总和，即总工期。

分析：从关键路径着手，以天为单位时间逐步缩短工期，即在关键路线上取费用率最小的作业来缩短 1d，总工期由 26d 缩减为 25d，找到施工成本最小的一个方案，然后按照相同的方法，计算确定工期由 25d 缩减为 24d 的施工成本最小方案，以此类推。

解题：表 12-5 中的关键路线为①→②→③→⑤→⑥，费用率最小的是②→③，持续时间缩短 1d，成本增加 60 元，此时总工期变为 25d，工序 D 持续时间缩减为 6d，网络图没有改变。

若将总时间由 25d 缩短到 24d，可再花 60 元缩短②→③即可（②→③的费用率任仍然是最小）。但是，将使关键线路从一条增至 3 条，即 Ⅰ：①→②→③→⑤→⑥；Ⅱ：①→③→⑤→⑥；Ⅲ：①→②→⑤→⑥，如图 12-20 所示。

图 12-20　工序②→③持续时间缩减为 5 的网络图

若再将时间缩短 1d，变为 23d，由于关键线路已有 3 条，因此，必须对每一条关键线路缩短 1d 才能达到要求。从各关键线路中选出费用率最小的，即 Ⅰ 中选②→⑤；Ⅱ 中选①→②（因②→③已不能再减）；Ⅲ 中选①→③。我们把 3 个关键线路各缩短 1d 的各种组合列于表 12-6。

表 12-6　3 个关键路线各缩短 1d 的各种组合

方案	Ⅰ	Ⅱ	Ⅲ	成本合计
A	②→⑤40	①→②80	①→③90	210
B	②→⑤40	③→⑤100	⑤→⑥0	140
C	②→⑤40	⑤→⑥160	⑤→⑥0	200
D	①→②80	①→②0	①→③90	170
E	①→②80	③→⑤100	⑤→⑥0	180
F	①→②80	⑤→⑥160	⑤→⑥0	240
G	⑤→⑥160	⑤→⑥0	⑤→⑥0	100

可以看到 B 方案成本最少，即②→⑤的 40 元，加上③→⑤的 100 元，合计 140 元，同时它也可以满足 3 条关键线路的需求。再加上②→③作业缩短 2d 所花费的费用为 60 元 ×2 = 120 元，共需 140 元 + 120 元 = 260 元。这就是由 26d 缩短为 23d 时所需的赶工费用，即 ΔS。

（3）工期—资源优化

网络计划需要的总工期是以一定的资源条件（人员、材料、机械、设备等）为基础的，而且资源条件常常是影响作业进度的主要原因。因此，网络计划需要考虑资源，进行资源平衡工作，适当调整工期，以保证资源的合理使用。

为合理使用资源，必须对网络进行调整。这里有两种情况：一是所需资源仅限于某一项工序使用；另一种是为同时开展的多项工序所需要。对于第一种情况，只需根据现有资源条件，计算出该项工序的持续时间，并重新进行时间参数的计算，即可得到调整后的工期。对于第二种情况，调整比较复杂，通常是在横道图上进行，其调整应遵循以下条件。

①优先保证关键作业和时差较少的工序对资源的需要。

②充分利用时差，错开各个工序的开工时间，尽量使资源的使用连续均衡。

③在技术条件允许的情况下，可适当延长工序的完工期，以减少所需资源。

④对有限资源的运用，不仅要考虑供应数量的限制，而且要考虑供应或作用的适当平稳。

12.3　定额管理

12.3.1　园林企业定额管理

12.3.1.1　定额管理分类

定额管理是如何利用定额来合理安排和使用人力、物力和财力，以最小的活劳动和物化劳动消耗，取得最大的经济效益。

活劳动是指物质资料的生产过程中劳动者的脑力和体力的直接耗费。物化劳动是指在生产过程中消耗的生产资料。按其不同用途，可以分为：

①施工定额　规定施工班组或施工工人在一定的施工技术组织条件下，为完成某一施工过程的单位产品所必需的人工、材料和机械消耗的数量标准称为施工定额。

若按其物质内容看，施工定额是由劳动消耗定额、材料消耗定额和机械台班使用定额组成。它是施工企业编制施工预算、组织施工生产和实行经济核算的依据，也是编制建筑安装工程预算定额的基础。

②预算定额　它是规定建筑安装企业消耗在单位工程基本构造要素上的人工、材料和机械的数量和价值量的标准。它不仅规定消耗指标，也包括工程内容和工程质量等要求，是编制施工图预算、确定工程造价、申请银行贷款的依据，也是控制工程投资、编制招标标底和投标报价的基础。预算定额是编制概算定额、投资估算定额的基础。

③概算定额　它是规定为完成扩大结构部分或分部分项工程上消耗的人工、机械和材料数量与额度标准。它是设计单位用于编制初步设计概算或技术设计阶段用于编制修正初步设计概算的依据，也是控制工程投资额和编制年度投资计划、申请主要材料的计算基础。概算定额是编制概算指标的基础，经主管部门决定或有关单位同意，也可作为编制施工图预算的依据。

④概算指标　它是对建筑物或构筑物按一定数量体积或面积（如 $1000m^3$ 或 $1000m^2$）为计量单位，规定劳动、机械和材料消耗的定额指标。它是设计单位编制投资估算或设计概算的依据，也是编制估算指标和招标标底的基础。

⑤估算指标　是以概算定额和概算指标为基础，结合现行工程造价资料，规定结构部分或建筑物平方米造价投资费用的标准。它是设计单位在可行性研究阶段编制建设项目设计任务书进行投资估算的依据。

⑥间接费定额　是建筑安装企业为组织和管理施工生产所需的各项经营管理费用的标准。它是建筑安装工程造价的重要组成部分，由地方主管部门按照建筑与安装工程性质，分别规定不同的取费率和计算基数进行计算。由于它不是构成工程实体所需的费用，是施工中必须发生而又不便于具体计算的费用，只能以费率的形式间接摊入单位工程造价内，故这一费用标准被称为间接费定额。

12.3.1.2　园林企业定额管理的作用

为了完成调度计划，组织生产，考核成本，必须进行预算及定额管理。工程预算是施工单位在工程开工之前，根据施工图纸、施工方案计算工程量，并在此基础上累计其全部直接费用，最后计算出单位工程造价和技术经济指标。

用于规划或初步设计的园林绿化工程预算，除按上述方法以外，对费用的估算，采用单位平均造价估费的方法进行。如在北京地区对园林绿化工程规划估算经常采用：单位面积费用估算 × 总面积，得出项目费用估算值的方法，即 50 ~ 200 元/m² × 总平方米数，得出该项目费用的估算值。

用作园林绿化工程招标、投标的概算，严格按上述步骤，并依市场情况及企业实际情况进行编制。

用于内部组织生产管理、核算等的园林绿化工程概预算则应参照上述步骤和要求，根据企业自身的各种经营管理指标，如劳动定额指标、材料定额指标、机械定额指标及各种其他费用摊销等进行编制。

12.3.2　施工人、材、机定额管理

施工定额所规定的人工、材料和机械台班消耗的数量标准，一方面反映国家或企业对施工班组和工人在施工活动中，为完成一定量符合质量要求的产品所必须遵守和达到的活劳动和物化劳动消耗限额；另一方面也是反映施工班组和工人按照完成任务的优劣衡量应该取得多少劳动报酬的主要尺度。

施工定额是由劳动消耗定额、材料消耗定额和机械台班使用定额三部分组成。

12.3.2.1　劳动消耗定额（工时定额）

（1）劳动消耗定额的概念

劳动定额指在一定的工作时间内应该完成一定的有效生产量。劳动消耗定额规定了在一定的施工技术和组织条件下，完成符合质量标准的单位产品所必需的劳动消耗量标准。

比较合理的定额是大多数工人都能达到或者超过，同时又充分发挥工具设备的潜力的定额。例如，美国人泰罗曾根据美国工人的体力，制造了 8 ~ 10 种大小不同的锹，在铲重物料时用小锹，铲轻物料时用大锹，使每锹的质量都接近 21 磅*，依次规定工时定额，使劳动生产率提高了 2 ~ 3 倍。这是通过提高时空符合度以增加有效生产量的典型样例。另一个例子是，美国人福特采用生产标准化和移动式流水线作业以促成在线工人完成定额从而提高劳动生产率。

劳动定额体现着劳动产品数量与劳动消耗量之间的内在联系，有时间定额和产量定额两种基本表现形式。

①时间定额　是指在合理的劳动组织和合理使用材料、施工工具的条件下，劳动

＊　1 磅 = 0.45359kg。

者为完成单位合格产品所必须消耗的工作时间。

时间定额以工日或工时为计算单位，1工日为8h，是指在节约和合理使用材料的条件下，生产单位合格产品所必须消耗的一定品种规格的材料、燃料、半成品、构（配）件的数量标准。

$$单位产品时间定额（工日）=\frac{1}{每工产量} \tag{12.41}$$

$$单位产品时间定额（工日）=\frac{小组成员工日数的总和}{台班产量} \tag{12.42}$$

②产量定额 是指在合理的劳动组织和合理使用材料、施工工具的条件下，劳动者在单位时间所完成合格产品的数量。产量定额以产品的数量为计量单位，如米（m）、平方米（m^2）、吨（t）等。

$$每工产量=\frac{1}{单位产品时间定额（工日）} \tag{12.43}$$

$$台班产量=\frac{小组成员工日数的总和}{单位产品时间定额（工日）} \tag{12.44}$$

时间定额与产量定额二者互为倒数。通常劳动定额以时间定额为准。在定额手册中，劳动定额以单式和复式两种方法表达。

（2）测定劳动消耗定额的一般方法

① 经验估计法 是在没有任何资料可供参考的情况下，由定额技术员和具有较丰富施工经验的工程技术人员、技术工人，共同根据各自的施工实践经验结合现场观察和图纸分析，考虑设备、工具和其他的施工组织条件，直接估算、拟定定额指标的一种方法。

运用这种方法测定定额，一般以施工工序（或单项产品）为测定对象，将工序细分为若干个操作，然后分别估算出每一操作所需定额时间（即基本工作时间、辅助工作时间、准备与结束时间、休息时间和不可避免的中断时间等）。再经过各自的综合整理，在充分讨论、座谈的基础上，将整理结果予以优化处理，拟订该工序（或单项产品）的定额指标。

②统计计算法 是依据过去施工同类工程项目或生产同类产品时的实际消耗统计资料，通过分析、整理、计算来测定出定额指标的方法。

③类推比较法 是以某种同类型或相似类型的产品或工序的施工过程或产品的典型定额水平资料或技术测定数据为依据，经过分析比较，类推出同一组定额中相邻项目定额水平的方法。

（3）劳动消耗定额的编制

编制劳动定额时，除了要遵循施工定额的编制原则、编制依据和编制程序外，在制订定额方案中还应包括：

① 确定施工的正常条件 施工正常条件的确定，通常是在定额编制水平明确之后，结合多数施工企业施工生产和现场管理水平，确定出今后执行劳动定额所应具备的条件。

②确定施工过程的定额种类。

③时间定额与产量定额的计算　时间定额是在工人工作时间消耗分类的基础上确定的，即在确定基本工作时间定额、辅助工作时间定额、不可避免中断时间定额、准备与结束的工作时间定额和休息时间定额的时间标准的基础上编制的。

时间定额的计算步骤如下：

$$全日作业时间 = 工作班时间 - （准备与结束时间）+ 休息时间 + 不可避免中断时间 \tag{12.45}$$

作业时间占工作班时间百分比为：

$$作业\% = \frac{作业时间}{工作班时间} \times 100\% \tag{12.46}$$

准备与结束时间占工作班时间百分比为：

$$准备与结束\% = \frac{准备与结束时间}{工作班时间} \times 100\% \tag{12.47}$$

休息时间占工作班时间百分比为：

$$休息\% = \frac{休息时间}{工作班时间} \times 100\% \tag{12.48}$$

不可避免中断时间占工作班时间百分比为：

$$避免\% = \frac{不可避免中断时间}{工作班时间} \times 100\% \tag{12.49}$$

单位产品的时间定额，其计算公式为：

$$时间定额 = 单位产品作业时间 \times \left(1 + \frac{准备与结束\% + 休息\% + 避免\%}{作业\%}\right) \tag{12.50}$$

12.3.2.2　材料消耗定额

（1）材料消耗定额的概念

材料消耗定额是指在节约和合理使用材料的条件下，生产单位合格产品所必须消耗的一定品种规格的材料、燃料、半成品、构（配）件的数量标准。

对材料消耗实行定额管理，是工程建设中不可忽视的环节。建筑材料是构成工程实体的重要物质基础，材料消耗定额在很大程度上决定着材料的合理供应和使用。在工程建设中材料的供应量与使用量的多少，主要取决于材料消耗定额。先进合理的材料定额对提高企业效益、实现增产节约起着重要作用。

（2）材料消耗量计算公式

$$材料消耗量 = （1 + 材料消耗率）\times 材料净用量 \tag{12.51}$$

（3）测定材料消耗定额的一般方法

测定材料消耗定额时，一般是以施工工序为基础，依据某一工序材料消耗的多少，材料规格、品种等具体情况，除采用经验法、统计法和类推法外，还常采用现场观察法、试验法和理论计算等方法计算出某一工序各种材料的净消耗量和材料的合理损耗量。

①现场观察法　通过对选择的观察（测定）对象进行观察测定，取得材料消耗

的数量和产品数量的资料。

②试验法　主要是通过实验室试验，对材料的有关性能和成分进行研究，分析材料的强度和各种材料消耗量的比例关系。

③理论计算法　根据施工图纸并在研究结构特征的基础上，用理论推导公式来取得材料消耗量的一种方法。采用理论计算法，要求技术资料齐全，计算工作量也较大。理论计算与实际用量会产生一定的误差，需要采用系数的办法进行调整。

（4）材料消耗定额的编制

编制材料消耗定额必须在合理和节约使用材料的前提下，同样要遵循施工定额的编制原则、编制依据和编制程序。为了保证材料消耗定额的编制质量，具体编制方案还应包括：确定施工的正常条件、材料消耗量指标的定额种类、材料消耗定额的组成和施工用周转材料的分摊。

①确定施工正常条件　材料消耗的正常施工条件与劳动定额、机械台班定额规定的正常施工条件基本相同。要考虑存放现场材料的场地、库房和现场材料正常供应的管理机构及人员组成，只有这样才能形成合理和节约使用材料的正常施工条件。

②材料消耗量定额种类的确定　材料消耗量的定额种类，也必须按照工序定额、单项定额和综合定额来确定。材料消耗量的多少，是通过现场技术测定法、试验法、统计法和理论计算等方法，以及周转材料用量（摊销量）取得数据，并应考虑工程质量对材料数量的要求。

③材料消耗定额的组成　其构成原理，同工人工作时间与机械工作时间消耗分类近似，依据材料消耗的性质，可以分为工程上必须消耗的材料和工程上不可避免的损失材料。

材料消耗定额，是由材料消耗净用量和材料损耗量两部分构成。

材料消耗净用量　指在合理使用材料的前提下，为生产单位合格产品所必需消耗的材料量。也就是说，是用在工程实体上所必需的材料。这种材料消耗是构成材料消耗定额的主体，是编制材料消耗净定额的基本数据。

材料损耗量　指在合理使用材料的前提下，为生产单位合格产品产生的不可避免的材料损耗量。不可避免的材料损耗，既包括材料的合理损耗，也包括施工废料。材料损耗量是编制材料损耗定额的基本数据。当然，在材料损耗量内，不应包括可以避免的材料损耗。

12.3.2.3　机械台班使用定额

（1）机械台班使用定额的概念

机械台班使用定额是指在正常的施工条件下，规定利用某种施工机械为生产某一单位合格产品所必须消耗的人—机工作时间，或者规定在单位时间内，人—机必须完成的合格产品数量标准。

机械台班定额按其内涵，有机械时间定额和机械产量定额两种表现形式。

①机械时间定额　是指技术条件正常和人机劳动组织合理的条件下，使用某施工机械为完成质量合格的单位产品，所消耗的人机工作时间。

机械时间定额的计量单位，通常是以一台施工机械的一个工作班为单位，故称为机械台班定额。有时也可以台时（即 1h）为单位。

②机械产量定额 是指在技术条件正常和人机劳动组织合理的条件下，利用某种施工机械在单位时间内（台班或台时）所应完成的质量合格的产品数量。

随着大型机械化的发展，工程建设中各类施工机械不断增加，机械化施工可以减轻工人的劳动强度、提高效率、缩短工期、降低工程成本、提高工程质量。因此测定和编制施工机械台班使用（消耗）定额，加强施工机械台班定额的管理显得十分重要。

（2）机械台班使用定额的测定

测定施工机械台班定额，要先掌握施工过程分类和机械工作时间消耗分类，其次掌握施工机械的种类、性能和特点，计算出每台不同类型施工机械纯工作 1h 的工作时间、工作班内的正常利用率和工作班时间等基础数据，主要采用技术测定法。

常用施工机械有：①混凝土搅拌机；②起重吊装机械；③土方机械：推土机、铲运机、挖掘机、自卸汽车等；④打桩机械。

（3）机械台班消耗定额的编制

编制机械台班定额是在研究和掌握施工机械的种类、性能和特点基础上，确定以下内容：①确定施工的正常条件主要包括工作地点的组织和工人编制；②确定机械台班标准定额；③台班产量定额与时间定额的计算。

在施工定额中工人操纵一台施工机械工作一个工作班，称为一个"台班"。它既包括机械本身的工作量，又包括操纵和配合该机械的工人工作量，编制时通常以确定和计算台班产量定额为准。表现形式也以产量定额为主，实际应用时可以依据倒数关系换算。

例题： 使用 400L 的混凝土搅拌机搅拌混凝土，每一次的搅拌时间为：上料 0.5min，出料 0.5min，搅拌 2min，共计 3min。机械正常时间利用系数为 0.87，每次搅拌产量为 0.25m³。配合机械施工方式和劳动组织为：砂、石和水泥采用双轮车运输，人工上料。后台上料 10 人，前台 1 人，搅拌司机 1 人，共计 12 人。试计算该搅拌机台班产量定额和时间定额。

解： 已知混凝土搅拌机属循环动作机械，工作方式属人—机配合，半机械施工。计算步骤：

①已知：法定工作班时间为 8h

②已知：机械正常利用系数为 0.87

$$K_A = \frac{t}{T} \tag{12.52}$$

式中 K_A——机械的正常利用系数；

t——工作班内机械的纯工作时；

T——工作班延续时间。

③纯工作 1h 的正常生产率为：

$$N_{小时} = n \cdot m = \frac{60}{0.5 + 0.5 + 2} \times 0.25 = 5m^3 / 工时 \tag{12.53}$$

式中　$N_{小时}$——循环机械纯工作1h正常生产率；

　　　n——纯工作1h扣除制约因素后的循环次数；

　　　m——每次循环的产品数量。

④机械台班产量定额为：

$$N_{台班} = N_{小时} \cdot T \cdot K_A = 5m^3 \times 8 \times 0.87 = 34.8m^3 / 台班 \tag{12.54}$$

⑤机械台班时间定额为：

$$时间定额 = \frac{1}{台班产量定额} = \frac{1}{34.8} = 0.029（工日） \tag{12.55}$$

⑥搅拌司机和配合施工工人班组时间定额为：

班组人工时间定额（工日）＝ Σ 班组成员工日数 × 机械时间定额

$$= 12 \times 0.029 = 0.348(工日) \tag{12.56}$$

12.3.3　施工种植定额管理

12.3.3.1　施工种植定额内容

①施工种植定额包括苗木起挖、苗木种植、大树移植、栽植技术措施、人工换土、机械灌溉等内容。

②施工种植定额包括种植前的准备、种植时的用工用料和机器使用费以及栽培后10d以内的养护工作（从种植、浇定根水之日起计，采用人工浇水方式，若动用机械水车另行计算）；包括绿化种植后施工杂物的清理工作。

③施工种植、定额苗木起挖和种植均以一、二类土为计算标准，若遇三类土人工乘以1.34系数；四类土人工乘以1.76系数；冻土人工乘以2.20系数。

④施工种植定额中的大树移植子目（包括古树名木），必须按本省（自治区、直辖市）各地市的有关规定办理相应手续后，方可使用。

⑤栽植技术措施子目的使用，必须根据实际需要的支撑方法和材料，套用相应定额子目。

⑥施工现场50m范围内苗木的水平运输，均已包括在定额内，除定额规定外，均不得调整。

⑦成片种植的灌木，规格在50×φ40cm以内时，执行地被定额。

⑧其他说明：

——苗木预算价格中，应包括苗木场外运输及种植损耗等因素。

——楼层间、阳台、露台、天台及屋顶花园的绿化，套用相应种植项目，人工乘以1.2，垂直运输费另行计算。在大于30°的坡地上种植时，相应种植人工乘以系数1.1；在大于45°的坡地上种植时，相应种植人工乘以系数1.4。

12.3.3.2　工程量计算规则

①树木单位　不论苗木大小均按"株"或"丛"单位。

②花卉、草皮　种植花卉、挖铺草皮以 m² 为单位。

③土球直径　按设计规定计算，设计无规定时可参考下列规定计算：起挖或栽植

带土球乔、灌木的土球参考直径为：

　　——乔木按胸径的7倍计算；如胸径分叉在1.3m以下时，按地径0.8倍计算。

　　——灌木按自然冠幅的0.4~0.5倍计算。

　　——棕榈科：按地径的2~4倍以乔木类计算。

　　④按《工程相应规格对照表》有关规定，丛生植物以基部的直径计算。

　　⑤苗木高度　苗木高度的确定，以苗木露出地表的根茎至顶部之间的距离计算。

　　⑥绿篱种植　绿篱种植不论单排、双排均按延长米计算；2排以上视作片植，以"m²"计算。

　　⑦草皮铺植　起挖、铺种草、播种，按实际面积以"平方米（m²）"计算。

　　⑧汽车运水灌洒、自动喷淋的水量　按种植相应消耗用水量以"吨"计算。

　　⑨绿地整理　按实际施工面积以"m²"计算。

　　⑩换土量　换好土方量按有关规范要求以"m³"计算。

　　⑪草绳绕树干　分胸径不同按所绕树干长度以"m"计算。

12.3.4　定额的使用

预算定额的使用一般有下列3种情况：

（1）预算定额的直接套用

工程项目的设计要求、做法说明、技术特征和施工方法等与定额内容完全相符，且工程量计算单位与定额计量单位相一致，可以直接套用定额。如果部分特征不相符必须进行仔细核对，进一步理解定额，这是正确使用定额的关键。

（2）预算定额的调整换算

预算定额的调整换算可以分为配合比调整、用量调整、系数调整、增减费用调整、材料单价换算等。掌握定额的调整换算方法，是对预算员的基本要求之一。

①配合比调整

换算后的基价 = 定额基价 - 换出半成品的数量 × 相应半成品单价

　　　　　　　　+ 换入半成品的数量 × 相应半成品单价

②用量调整

　　换算后的基价 = 定额基价 ± 人工、材料、机械 × 相应单价

③系数调整

　　换算后的基价 = 定额基价 × 调整系数（或 + 人工费 × 系数）

④增减费用调整

　　　　换算后的基价 = 定额基价 + 某项费用

⑤材料单价换算

换算后的基价 = 定额基价 - 换出材料的数量 × 相应材料单价

　　　　　　+ 换入材料的数量 × 相应材料单价

（3）预算定额的补充

当设计图纸中的项目，在定额中没有的，可以作临时性的补充。补充的方法一般有两种：

①定额代换法　即利用性质相似、材料大致相同，施工方法又很接近的定额项目，将类似项目分解套用或考虑（估算）一定系数调整使用。此种方法一定要在实践中注意观察和测定，合理确定系数，保证定额的精确性，也为以后新编定额项目做准备。

②定额编制法　材料用量按图纸的构造做法及相应的计算公式计算，并加入规定的损耗率。人工及机械台班使用量，可按劳动定额、机械台班使用定额计算，材料用量按实际确定或经有关技术和定额人员讨论确定。然后乘以人工日工资单价、材料预算价格和机械台班单价，即得到补充定额基价。

12.3.5　园林预算编制

园林工程概预算编制，一般包括如下步骤：

①在对设计图、施工图及现场调查结果进行分析的基础上，依据施工方案对拟进行施工的内容进行项目分类，分解出不同的单项工程科目。

②进行各工程量计算。

③参照相关定额规范及国家、地方或行业的相关法律、规章与设计施工要求，进行单项工程预算。

④综合各单项概预算结果，编制出总概预算文件。

小　结

园林行业数量管理，即将数量方法应用于园林管理。本章主要针对园林行业中调度、定额管理及进度管理进行讨论。着重介绍了进度管理的横道图法、网络图法两种方法以及定额管理中劳动消耗定额、材料消耗定额和机械台班定额的测定与编制。

思考题

1. 简述园林数量管理的概念及其管理内容。
2. 简述园林定额的分类及定额管理的作用。
3. 简述劳动消耗定额、材料消耗定额、机械台班定额的概念及计算公式。
4. 结合实例阐述如何运用横道图法和网络图法解决园林工程进度管理问题。

推荐阅读书目

1. 园林管理概论. 徐德权. 中国建筑工业出版社，1988.
2. 园林经济管理. 黄凯. 气象出版社，2004.
3. 园林经济管理. 张祥平. 中国建筑工业出版社，1996.

第 13 章　园林企业信息管理与计算机应用

园林信息管理包括园林法规管理和档案管理等。管理信息系统由人和计算机等组成进行信息收集和使用的系统，辅助各单位工作。管理信息系统需要建立集中统一的数据库，完成信息处理业务。

13.1　园林管理信息系统

13.1.1　园林管理信息系统基本内容

园林信息管理包括园林法规管理和档案管理等。

管理信息系统 MIS（management information system）是由人和计算机等组成进行信息收集和使用的系统，便于企业运行。

管理信息系统需要建立集中统一的数据库，完成信息处理业务。它可以进行规划、分析、设计等。它需要掌握计算机硬件技术、软件技术、网络技术以及数据库技术等。数据库是数据管理的技术，已经成为信息系统和计算机应用系统的核心。

管理信息系统的规划要首先进行初步调查、可行性分析、总体规划、信息共享。建立数据类、定义信息结构、管理信息系统分析的目的就是调查用户需求、确定逻辑模型、编写系统说明书。系统分析报告是系统分析阶段的成果，反映了分析的全部情况，为下一步设计与实施准备条件。

管理信息系统的设计应遵循简单性、系统性、灵活性、可靠性、经济性等。系统设计可进一步分总体设计和详细设计。总体设计是从软、硬件方面描述系统总体结构，硬件包括确定网络拓扑结构、设备和网络的配置等。软件结构包括操作系统、数据库管理系统、应用服务系统、开发工具软件、完成数据库设计和编码设计。详细设计包括：功能模块设计、处理过程设计、人机界面设计等。

系统设计报告是系统设计说明书，系统硬件结构图及设备技术参数、系统软件结构图、系统分类编码方案、系统的数据流程图及数据字典、数据库设计及编码设计结果、每个功能模块的处理流程描述等。

管理信息系统的实施是指将设计的结果在计算机上实现，将原来纸面上的方案转换成可执行的软件，也就是要购置和安装计算机网络系统、建立数据库系统、程序设计与调试、整理基础数据等。

管理信息系统的运行、维护与评价包括系统的硬件维护、数据维护、软件维护和系统维护。又可以按维护的目的分为改正性维护、适应性维护、完善性维护和预防性维护等。系统的评价目的是检查一下系统是否能满足实际需要、总结经验，以指导今后系统的开发。

系统评价是看新系统是否达到了预期的目标、适应性和安全性如何、新系统是否带来了良好的效益。

管理信息系统在园林业中得到了广泛的运用，并且产生了巨大的经济效益。园林管理信息系统可以实现对土地、资源、城市绿化施工建设、园林规划设计、人员、资金的管理等。利用计算机、遥感等可以对整个城市园林生态环境监测，如对森林、湿地、荒漠化、林火的监测。利用信息技术可以改造传统企业，实现园林业大发展，由粗放性经营到集约化、现代化经营。

13.1.2 园林管理信息系统应用

园林管理信息系统的应用包括科学计算、数据处理、过程控制、计算机辅助设计、计算机辅助制造、园林行政管理、招投标和预算等。园林管理信息系统服务于园林绿化，树木、绿地动迁，建设工程质量核验监督，古树名木申报、迁移、注销，园林绿化监察等；利用地理信息系统、大型数据库支持动态数据采集，为园林主管部门的管理与辅助决策提供总体解决方案；进行了公园、景点、名胜古迹的网络展示；在网上发布建设成就、相应法律法规、办事程序等；用电子邮箱回答用户询问的信息。读者可以查看首都园林绿化政务网等全国和各省市的相关网站。

①园林政策和法规　负责调整和规定与园林生产经营活动有关的事情。园林法规包括国家法律、园林行政法规、地方性园林法规、国家园林局规章、省园林局规章等，它是国家执法部门、园林执法系统、园林行政执行监督系统的法治依据，用以保护园林资源，规范园林生产建设，保护园林生产经营者合法权益。园林法规管理包括法规信息维护、园林法规咨询、园林信息发布、行政处罚公告等。

②园林工程施工管理　包括施工方案申请管理、施工方案审批管理、施工方案执行管理、施工工程验收管理以及施工工程查询等方面。

③古树名木管理　是对整个市区园林的古树名木进行管理。建立古树名木数据库以加强管理及保育现有的古树名木。建立数字化的树木数据库可以通过网络将数据库部分内容公开，让市民知道相关的树木资料和古树名木的分布，以提高市民保育树木的水平；储存每棵树的记录，包括种类名称、高度、胸径及环境等，方便进行树木护理；观察记录每年树木生长量，附电子地图及图像。

④园林养护管理　包括养护工作、养护登记、检索、定时提醒、统计。

⑤在线服务　包括苗木供应、花市介绍、在线投诉和咨询等。苗木供应、花市介绍采用超文本链接到一些相关的网址。为了让大家提高护园意识，打击破坏园林的行为，设置在线投诉举报单位或个人触犯法规的情况，相关负责人对投诉做出回复，对投诉的情况做出处罚或解释。在线咨询是在线解答一些法规不明晰或想即时获取的帮助，通过和大家互动，进行法规宣传和执行，增强居民护林意识，增长园林知识。上级主管部门也可以尽快获取信息采取措施，获取建议，便于园林的管理。

⑥统计报表和条件查询子系统　负责统计打印报表和条件查询，它们对数据库数据提取和加工，不写入和修改，进行代码优化，以提高查询和统计速度。

⑦专题图查询和输出子系统　负责查询和输出专题图。

⑧系统管理子系统　负责系统配置、数据维护、用户管理、权限管理。

13.2　业务管理软件简介

业务管理软件采用三层：客户端/中间层服务器/数据库服务器（Client/Server/ Server）的架构，可实现本级数据处理和分级统一核算的数据处理方法，可以本地做账，将财务数据保存在本地，也可以远程做账，数据保存在一个统一的服务器中，各个部门可同时对总服务器进行数据操作，由于账务类型和财务核算单位不同，就要实现不同的账务处理方式，但可以进行汇总统一查账和编制财务报表，客户能对财务进行项目、往来单位、部门职员、合同、项目概算信息做管理，能根据项目、科目、往来单位、部门职员、资金来源核算出财务报表，可管理建设单位采购的固定资产，进行基建财务资料规范存放，根据相关信息对项目、概算、合同、往来单位信息查询，也能查询原始合同和概算等信息的电子附件。

（1）软件的主要功能

软件的基本功能包括：

基础信息　录入初始化信息的数据，包括项目、科目、公司、部门、职员等；

概算管理　录入各明细概算数据，划分标段，确立合同关系，包括基本信息、工程概况、概算预警管理、概算汇总表、概算明细表和概算调整等；

合同档案管理　录入合同信息，可全部采集合同的电子附件，了解合同的履行和变动，掌握工程项目的预付款项，预测建设成本，包括合同基本信息、明细表和预付款等；

资金管理　掌握建设资金来源、支付明细、工程项目资金结余，包括资金明细、年度用款、资金结余、超概算项目预警；

账务处理　监督经济业务，零星数据核算汇总，提供财务对标和数据；包括凭证业务单、账表输出、转项核算、综合统计、个性化账簿、期末处理、年度结账；

工程结算　进行安装费和待摊投资费的正确分摊和计算、便于资金交付，包括合同价、结算价、待摊投资分摊、概算、实际完成投资；

其他　报表、资产交付、账套汇总。

（2）软件特点

①针对性强　系统具有实用和针对性，通过对大量的实践总结行业需求，实现了财务业务竣工决算应用。

②功能标准化与个性化设计　尽量建立一套标准的、符合规范的财务核算体系，某些数据架构作了标准化设计，同时系统的设计灵活能满足用户各自管理需要，进行系统设置。兼顾普通用户进行财务核算和高级用户的特殊需要。

③跨年数据统计查询　园林工程项目往往需要统计从开工建设至当前的数据，而普通的财务软件只提供按会计期间进行统计，所以本系统中提供了按会计期间查询和跨年查询，满足了用户的需求。

④易学易用　流程清晰，主线为关键业务，功能划分比较科学，界面和操作项均操作简便，数据安全，系统运行稳定。

⑤良好的可集成性　系统可以和管理软件中的模块集成，在园林财务信息化应用平台构建基本建设单位信息平台。

13.2.1　行政管理

目前各省、自治区、直辖市在相关网站进行网格化行政管理，无纸办公。网站包括政府信息公开、公共服务、生态建设、互动交流、绿色产业、专题信息的大项内容，各个大项又包括很多的小项内容。网站由于采用 Windows 操作系统，后台采用结构化查询数据库，采用面向对象的模式设计方法，以 ASP 等作为动态网页开发环境，JavaScript 等为脚本语言，把数据库、地理信息系统、应用软件和硬件设备无缝集成在一起，建成了一个科学、高效、网络化的园林管理信息系统，广泛应用于各类城市园林局。各个园林部门目前都是使用 Microsoft Office 进行办公。Microsoft Office 是微软公司开发的一套基于 Windows 操作系统的办公软件套装。常用组件包括处理文字的 word、用于表格和计算的 Excel、数据库 Access、用于讲演的幻灯片 Powerpoint、编制网页的 FrontPage 等。

使用 Microsoft Office Word 可以创建和编辑信件、报告、网页或电子邮件中的文本和图形。

Microsoft Excel 是微软公司的办公软件 Microsoft office 的组件之一，是由 Microsoft 为 Windows 和 Apple Macintosh 操作系统的电脑而编写和运行的一款试算表软件。Excel 是微软办公套装软件的一个重要的组成部分，它可以进行各种数据的处理、统计分析和辅助决策操作，广泛地应用于管理、统计财经、金融等众多领域。确切地说，它是一个电子表格软件，可以用来制作电子表格、完成许多复杂的数据运算，进行数据的分析和预测，并且具有强大的制作图表的功能。Excel 中，工作表是一个由行和列组成的表格，工作簿是工作表的集合。工作簿是计算和存储数据的文件，每一个工作簿都可以包含多张工作表，因此，可以在单个文件中管理各种类型的相关信息。而且工作表是用来存储和处理数据的最主要文档，所有对数据进行的操作，都是在工作表上进行的。工作表名称显示于工作簿窗口底部的工作表标签上。Excel 主窗口的组成包括标题栏、菜单栏、工具栏、编辑栏、工作簿窗口和状态栏，其中后 5 个区域组成了 Excel 的工作区。

Excel 中大量的公式函数可以应用选择，可以实现许多方便的功能，给使用者方便。

目前许多软件厂商借助 Excel 的友好界面和强大的数据处理功能开始研究将其以更简单的方式应用到企业管理和流程控制中，比如 ESSAP（Excel & SQL 平台）就是很好地应用 Excel 和数据库软件 MS SQL 相结合应用到企业管理和各行各业数据处理的例子。

ESSAP 是一个用于构建信息系统的设计与运行平台。其以 Excel 为操作界面，结合大型数据库 MS SQL 与工作流技术，用户只要运用自己已经掌握的 Excel 操作技术

（不需依靠专业 IT 人员），就可以设计满足自己需要（管理意图）的各种信息管理系统。另外，系统设计完成并投入使用以后，并不意味着系统就从此不能改变，而是还可以根据管理的需要进行不断的优化与扩展功能，真正做到了"持续优化，因需而变"，使用户自己设计的系统永不落伍。也许将来 Excel 可以渗透到日常工作中的每一个角落。

学会使用 Excel 的各种自定义功能，充分挖掘 Excel 的潜能，实现各种操作目标和个性化管理。学会综合运用各种 Excel 公式、函数解决复杂的管理问题和用 Excel 处理及分析不同来源、不同类型的各种数据，以及灵活运用 Excel 的各种功能进行财务数据分析和管理。真正让 Excel 成为您工作得心应手的工具。

Excel 中所提的函数其实是一些预定义的公式，它们使用一些称为参数的特定数值按特定的顺序或结构进行计算。Excel 函数一共有 11 类，分别是数据库函数、日期与时间函数、工程函数、财务函数、信息函数、逻辑函数、查询和引用函数、数学和三角函数、统计函数、文本函数以及用户自定义函数。

Excel 是办公室自动化中非常重要的一款软件，很多巨型国际企业都是依靠 Excel 进行数据管理。它不仅仅能够方便地处理表格和进行图形分析，其更强大的功能体现在对数据的自动处理和计算，然而很多缺少理工科背景或是对 Excel 强大数据处理功能不了解的人却难以进一步深入。

Excel 的数据处理功能在现有的数据处理软件中可以说是独占鳌头，几乎没有什么软件能够与它匹敌。函数作为 Excel 处理数据的一个最重要手段，功能是十分强大的，在生活和工作实践中可以有多种应用，用户甚至可以用 Excel 来设计复杂的统计管理表格或者小型的数据库系统。

Excel 中所提的函数其实是一些预定义的公式，它们使用一些称为参数的特定数值按特定的顺序或结构进行计算。用户可以直接用它们对某个区域内的数值进行一系列运算，如分析和处理日期值和时间值、确定贷款的支付额、确定单元格中的数据类型、计算平均值、排序显示和运算文本数据等等。例如，SUM 函数对单元格或单元格区域进行加法运算。

工程工作表函数用于工程分析。这类函数中的大多数可分为 3 种类型：对复数进行处理的函数、在不同的数字系统（如十进制系统、十六进制系统、八进制系统和二进制系统）间进行数值转换的函数、在不同的度量系统中进行数值转换的函数。

财务函数可以进行一般的财务计算，如确定贷款的支付额、投资的未来值或净现值，以及债券或息票的价值。

13.2.2　财务管理

进行财务管理可以使用用友财务软件等相关的财务软件。财务管理包括以下内容：

概算管理　录入各明细概算数据、划分标段、为核算的执行提供基准数据。包括概算基本信息、工程概况、标段信息、概算预警、概算汇总表、概算明细表和概算调整。

资金管理　掌握建设资金的来源、资金的支付明细情况、掌握工程项目资金结余和项目支出。包括：资金来源明细、年度用款、工程项目资金结余和超概算项目预警。

账务处理　监督经济业务、汇总整理各项零星数据、提供各项财务指标和数据。包括凭证业务单处理、账表输出、转项核算、综合统计查询、个性化账簿、期末处理和年度结账。

13.2.3　招投标及预算

招投标可以使用广联达公司的工程招投标网络应用平台等进行工作。招标和投标是交易过程的两个方面。招投标有公开招投标和邀请招投标。公开招投标（无限竞争性招标），以招标公告邀请不特定的法人或组织投标。邀请招投标（有限竞争性招标）是以投标邀请书邀请特定的法人或其他组织投标。园林建筑领域还有一种招标方式"议标"，是发包人和承包商之间通过谈判而最终谈成。

读者也可以在中国园林招投标网等相关网站，了解招投标信息。网站包括招标信息、标书下载、采购信息、中标信息、施工企业、勘设企业、苗木资材供应商、代理机构、招标网导航、最新公告等大项，每个大项又包括很多的小项。

园林工程招投标，首先要园林项目招标人办理项目审批手续。招标人确定合同条款、投标人资格、采购要求等。投标人在网上看到公告或收到邀请后，看招标文件，准备投标文件。招标人在开标前组建评标委员会负责评标，招标人开标确定中标人。

13.2.4　工程项目管理

（1）园林工程项目管理软件功能

工程项目管理软件的功能包括输入信息、分析数据、存储数据、查询信息、处理图形图像、输出报表；完成计划进度、配置人力资源、调配资金、控制成本、识别风险。以进度计划为准控制进度的实施，实施中，要预测干扰因素，采用监控，跟踪预测，如发现偏差，就要调整控制，使结果达到进度计划。进度计划是软件核心，软件建立计划网络，根据计划进度和实际进度的比较，分析进度不协调的原因，调整影响进度的各种因素，进行资源调整。对于人力资源配置，这个软件能够提高人员的管理水平，从进度、资金、质量等因素安排人员的分配，合理组建组织结构。软件由于各方面信息丰富，判断智能化，多角度进行成本分析和资金调配。

（2）常用园林工程项目管理软件介绍

常用的园林工程项目管理软件有广联达公司和其他的公司生产的产品，包括预算软件、工程造价管理、项目成本管理、工程招投标网络应用平台、教育培训与咨询等产品，应用于园林绿化、园林设计、施工、审计、咨询、监理、开发等行业。软件的功能含有进度计划和控制、配置资源、分析成本。本软件还能给出完成进度的投资量与工、机、料的量，使项目管理的内容进行全盘规划、顺利沟通、及时分析，及时预警风险，最终达到目的。可以编制多级进度，反映项目中多种信息之间制约和互动的关系，在计划中完成时间、作业和人员的合理分配，通过跟踪对进度和费用进行控制，利用作业编码控制工程质量和安全。应用时，严格控制项目时间，也要进行工序控制、成本监测、人员分配和资金安排，完成优化管理整个工程项目。

（3）园林工程项目管理软件的应用情况

国外许多工程项目都成功地运用管理软件解决各种工程的各种问题，提高了管理的效率。目前，国内也广泛应用了园林工程项目管理软件。例如，广联达公司逐渐完成了统计软件、图形计算工程量软件、工程项目成本管理软件、预算软件、清单计价软件、企业定额管理软件、清单评标软件、工程量清单招投标软件、招标投标（电子标书、清标系统、评标系统）软件、工程造价指标软件、安装算量软件、审核软件等的制作。现在国内园林工程项目管理软件越来越多，质量逐步提高，应用趋向普及，逐渐被大中小园林企业和国家行政部门使用，取得了巨大的经济效益和良好的社会效益。

小　结

园林工程项目管理应以网络为基本骨架，链接各种资源，提高工程项目的效率。工程项目管理软件应用，可以降低风险，提高效率，节省资金，有很大的使用价值。在使用中要提高技术水平，应用新思想，从新看待信息和资源的统筹，对任务分解和综合及其网络应用要有明细的认识；要培养和提高软件管理人员的素质，建立人员培训和上岗考核机制；要保证信息畅通，加强项目各个环节跟踪和控制，进行反馈，发现、调整和解决错误；不断完善数据库和项目信息；结合项目，把项目管理软件和别的信息处理和管理软件结合。工程项目管理软件能产生经济效益，保障项目的顺利完成。由于项目软件的不断完善，工程项目管理软件会更多地应用在很多的项目上，前景是广阔的。

思考题

1. 园林管理信息系统基本内容是什么？
2. 业务管理软件有什么？
3. 行政管理有什么？
4. 工程项目管理软件有什么？

推荐阅读书目

1. 园林经济管理. 黄凯. 气象出版社，2004.
2. 园林经济管理. 李梅. 中国建筑工业出版社，2007.
3. 园林经济管理学. 徐正春. 中国农业出版社，2008.

附录1　建设工程设计合同 I

园林景观工程设计合同可以甲乙方双方协商拟定，也可参照相关行业工程设计合同执行，例如，《建设工程设计合同（一）（示范文本）》（GF—2000—0209）及《建设工程设计合同（一）（示范文本）》（GF—2000—0209）适用于民用建设工程设计。《建设工程设计合同（一）（示范文本）》由8条组成，具体条款如下。

1. 合同依据

（1）《合同法》、《建筑法》、《建设工程勘察设计市场管理规定》。

（2）国家及地方有关建设工程勘察设计管理法规和规章。

（3）建设工程批准文件。

2. 合同设计项目的内容。包括名称、规模、阶段、投资及设计费等。

3. 发包人应向设计人提交的有关资料及文件。

4. 设计人应向发包人交付的设计资料及文件。

5. 根据合同设计收费估算的金额。

6. 双方负责

（1）发包人责任

①发包人按本合同规定的内容，在规定的时间内向设计人提交资料及文件，并对其完整性、正确性及时限负责。发包人不得要求设计人违反国家有关标准进行设计，发包人提交资料及文件超过规定期限15天以内，设计人按合同规定交付设计文件时间顺延；超过规定期限15天以上时，设计人员有权重新确定提交设计文件的时间。

②发包人变更委托设计项目、规模、条件或提交的资料错误，或所提交资料作较大修改，造成设计人设计需返工时，双方除需另行协商签订补充协议（或另订合同）、重新明确有关条款外，发包人应按设计人所耗工作量向设计人增付设计费。在签订合同前发包人已同意，设计人为发包人所做的各项设计工作，应按收费标准，相应支付设计费。

③发包人应保护设计人的投标书、设计方案、文件、资料图纸、数据、计算软件和专利技术。未经设计人同意，发包人对设计人交付的设计资料及文件不得擅自修改、复制或向第三方人转让或用于本合同外的项目。如发生以上情况，发包人应负法律责任，设计人有权向发包人提出索赔。

（2）设计人责任

①设计人应按国家技术规范、标准、规程及发包人提出的设计要求，进行工程设计，按合同规定的进度要求提交质量合格的设计资料，并对其负责。

②设计人应按合同规定的技术标准进行设计。

③设计合理使用年限由合同约定。

④设计人按本合同规定的内容，进度及份数向发包人交付资料及文件。

⑤设计人交付设计资料及文件后，按规定参加有关的设计审查，并根据审查结论负责对不超出原定范围的内容做必要调整补充。设计人按合同规定时限交付设计资料及文件，本年内项目开始施工，负责向发包人及施工单位进行设计交底、处理有关设计问题和参加竣工验收。在一年内项目尚未开始施工，设计人仍负责上述工作，但应按所需工作量向发包人适当收取咨询服务费，收费

额由双方商定。

⑥设计人应保护发包人的知识产权，不得向第三人泄露、转让发包人提交的产品图纸等技术经济资料。如发生以上情况并给发包人造成经济损失，发包人有权向设计人索赔。

7. 违约责任

在合同履行期间，发包人要求终止或解除合同，设计人未开始设计工作的，不退还发包人已付的定金；已开始设计工作的，发包人应根据设计人已进行的实际工作量，不足一半时，按该阶段设计费的一半支付；超过一半时，按该阶段设计费的全部支付。

发包人应按本合同规定的金额和时间向设计人支付设计费。每逾期支付一天，应承担支付金额2‰的逾期违约金。逾期超过30天以上时，设计人有权暂停履行下阶段工作，并书面通知发包人、发包人的上级或设计审批部门对设计文件不审批或本合同项目停缓建，发包人均按上述规定支付设计费。

设计人对设计资料及文件出现的遗漏或错误负责修改或补充。由于设计人员错误造成工程质量事故损失的，设计人除负责采取补救措施外，还应免收直接受损失部分的设计费。损失严重的，根据损失程度和设计人负责大小向发包人支付赔偿金。赔偿金由双方商定，为实际损失的规定百分比。

由于设计人自身原因，延误了按本合同规定的设计资料及设计文件的交付时间，每延误一天，应减收该项目应收设计费的2‰。

合同生效后，设计人要求终止或解除合同，设计人应双倍返还定金。

8. 其他

（1）发包人要求设计人派专人留驻施工现场进行配合与解决有关问题时，双方应另行签订补充协议或技术咨询服务合同。

（2）设计人为本合同项目所采用的国家或地方标准图，由发包人自费向有关出版部门购买。本合同规定设计人交付的设计资料及文件份数超过《工程设计收费标准》规定的份数，设计人另收工本费。

（3）本工程设计资料及文件中，建筑材料、建筑构配件和设备，应当注明其规格、型号、性能等技术指标。设计人不得指定生产厂、供应商。发包人需要设计人配合加工订货时，所需要费用由发包人承担。

（4）发包人委托设计配合引进项目的设计任务，从询价、对外谈判、国内外技术考察直至建成投产的各个阶段，应吸收承担有关设计任务的设计人参加。出国费用，出制装费外，其他费用由发包人支付。

（5）发包人委托设计人承担本合同内容之外的工作服务，另行支付费用。

（6）由于不可抗力因素致使合同无法履行时，双方应及时协商解决。

（7）本合同发生争议，双方当事人应及时协商解决，也可由当地建设行政主管部门调解。调解不成时，双方当事人同意由约定的仲裁委员会仲裁。双方当事人未在合同中约定仲裁机构，事后又未达成仲裁书面协议的，可向人民法院起诉。

（8）说明合同份数、发包人和设计人所执份数。

（9）本合同经双方签章并在发包人向设计人支付定金后生效。

（10）本合同生效后，按规定到项目所在省级建设行政主管部门规定的审查部门备案。双方认为必要时到项目所在地工商行政管理部门申请鉴证。双方履行完全合同规定的义务后，本合同即终止。

（11）本合同未尽事宜，双方可签订补充协议。有关协议及双方认可的来往电报、传真、会议纪要等，均为本合同组成部分，与本合同具有同等的法律效力。

附录2　建设工程设计合同Ⅱ

《建设工程设计合同（二）（示范文本）》（GF—2000—0210）适用于专业建设工程设计合同，《建设工程设计合同（二）（示范文本）》由12条组成，具体条款如下。

1. 合同签订依据

（1）《合同法》、《建筑法》、《建设工程勘察设计市场管理规定》。

（2）国家及地方有关建设工程勘察设计管理法规和规章。

（3）建设工程批准文件。

2. 设计依据

（1）发包人给设计人的委托书或设计中标文件。

（2）发包人提交的基础资料。

（3）设计人采用的主要技术标准。

3. 合同文件的优先次序　构成本合同的文件可视为是能互相说明的，如果合同文件存在歧义或不一致，则根据如下优先次序来判断。

（1）合同书。

（2）中标函（文件）。

（3）发包人要求及委托书。

（4）投标书。

4. 合同项目的名称、规模、阶段、投资及设计内容，根据行业特点填写。

5. 发包人向设计人提交的有关资料、文件及时间。

6. 设计人向发包人交付的设计文件、份数、地点及时间。

7. 费用　根据双方商定，确定合同的设计费。收费依据和计算方法按国家和地方有关规定执行。国家和地方没有规定的，由双方商定。

如果上述费用为估算设计费，则双方在初步设计审批后，按批准的初步设计概算核算设计费。工程建设期间如遇概算调整，则设计费也应做相应调整。

8. 支付方式　本合同生效后三天内，发包人支付设计费总额的20%作为定金。合同结算时，定金抵作设计费。

设计人提交规定设计文件后三天内，发包人支付设计费总额的30%。之后，发包人应按设计人所完成的施工图工作量比例，分期分批向设计人支付设计费的50%。施工图完成后，发包人结清设计费，不留尾款。

9. 双方责任

（1）发包人责任

①发包人应按合同规定的内容，在规定的时间内向设计人提交基础资料及文件，并对其完整性、正确性及时限负责，发包人不得要求设计人违反国家有关标准进行设计。发包人提交资料及文件超过规定期限15天以内，设计人按本合同规定的交付设计文件时间顺延。发包人交付上述资料及文件超过规定期限15天以上时，设计人有权重新确定提交设计文件的时间。

②发包人变更委托设计项目、规模、条件或提交的资料错误，或所提交资料作较大修改，造成设计人设计返工时，双方除另行协商签订补充协议（或另订合同）、重新明确有关条款外发包人应

按设计人所耗工作量向设计人支付返工费。在签订合同前发包人已同意，设计人为发包人所做的各项设计工作，发包人应支付相应设计费。

③在合同履行期间，发包人要求终止或解除合同，设计人未开始设计工作的，不退还发包人已付的定金；已开始设计工作的，发包人应根据设计人已进行的实际工作量，不足一半时，按该阶段设计费的一半支付；超过一半时，按该阶段设计费的全部支付。

④发包人必须按合同规定支付定金。收到定金，作为设计人设计开工的标志。未收到定金，设计人有权推迟设计工作的开工时间，且交付文件的时间顺延。

⑤发包人应按本合同规定金额和日期向设计人支付设计费。每逾期支付一天，应承担应支付金额 2‰的逾期违约金，且设计人提交设计文件是时间顺延。逾期超过 30 天以上时，设计人有权暂停履行下阶段工作，并书面通知发包人。发包人的上级或设计审批部门对设计文件不审批或本合同项目缓建，发包人均应支付应付的设计费。

⑥发包人要求设计人比合同规定时间提前交付设计文件时，须征得设计人同意，不得严重背离合理设计周期，且发包人应支付赶工费。

⑦发包人应为设计人派驻现场的工作人员提供工作、生活及交通等方面的便利条件及必要的劳动保护装备。

⑧设计文件中选用的国家标准图、部标准图及地方标准图由发包人负责解决。

⑨承担本项目外国专家来设计人办公室工作的接待费（包括传真、电话、复印、办公等费用）。

（2）设计人责任

①设计人应按国家规定和合同约定的技术规范、标准进行设计，按本合同规定的内容、时间及份数向发包人交付设计文件（发包人原因导致交付设计文件顺延的情况除外），并对提交的设计文件的质量负责。

②设计合理使用年限，由合同约定。

③负责对外商的设计资料进行审查，负责该合同项目的设计联络工作。

④设计人对设计文件出现的遗漏或错误负责修改或补充。由于设计人设计错误造成工程质量事故损失，设计人除负责采取补救措施外，应免收受损失部分的设计费，并根据损失程度向发包人支付赔偿金。赔偿金数额由双方商定，为实际损失的规定百分比。由于设计人原因，延误了设计文件交付时间，每延误一天，应减收该项目应收设计费的 2‰。

⑤合同生效后，设计人要求终止或解除合同，设计人应双倍返还发包人已支付的定金。

⑥设计人交付设计文件后，按规定参加有关的设计审查，并根据审查结论负责对不超出原定范围的内容做必要调整补充。设计人按合同规定时限交付设计文件，一年内项目开始施工，负责向发包人及施工单位进行设计交底、处理有关设计问题和参加竣工验收。在一年内项目尚未开始施工，设计人仍负责上述工作，可按所需工作量向发包人适当收取咨询服务费，收费额由双方商定。

10. 保密　双方均应保护对方的知识产权。未经对方同意，任何一方均不得对对方的资料及文件擅自修改、复制或向第三人转让或用于本合同项目外的项目。否则，泄密方应承担一切由此引起的后果，并承担赔偿责任。

11. 仲裁　本建设工程设计合同发生争议时，发包人与设计人应及时协商解决，也可由当地建设行政主管部门调解。调解不成时，双方当事人同意由约定的仲裁委员会仲裁。双方当事人未在合同中约定仲裁机构，当事人又未达成仲裁书面协议的，可向人民法院起诉。

12. 合同生效及其他

（1）发包人要求设计人派专人长期住施工现场进行配合及解决有关问题时，双方应另行签订技术咨询服务合同。

（2）设计人为本合同项目的服务至施工安装结束为止。

（3）本工程项目中，设计人不得指定建筑材料、设备的生产厂或供货商。发包人需要设计人配合建筑材料、设备的加工订货时，所需费用由发包人承担。

（4）发包人委托设计人配合引进项目的设计任务，从咨询、对外谈判、国内外技术考察直至建成投产的各个阶段，应吸收承担有关设计任务的设计人员参加。出国费用，除制装费外，其他费用由发包人支付。

（5）发包人委托设计人承担本会内容以外的工作服务，另行签订协议并支付费用。

（6）由于不可抗力因素致使合同无法履行时，双方应及时协商解决。

（7）合同双方签字盖章即生效，说明合同份数、发包人和设计人所执份数。

（8）合同生效后，按规定应到项目所在地省级建设行政主管部门规定的审查部门备案。双方认为必要时，到工商行政主管部门签证。双方履行完合同规定的义务后，本合同即行终止。

（9）双方认可的来往传真、电报、会议纪要等，均为合同的组成部分，与本合同具有同等法律效力。

（10）未尽事宜，经双方协商一致，签订补充协议。补充协议与本合同具有同等效力。

参 考 文 献

［1］ J DAVID HUNGER，THOMAS L WHEELEN. 2004. 战略管理精要 ［M］. 王毅，译. 北京：电子工业出版社.

［2］ PRICE WATERHOUSE 公司. 1998. 21 世纪 CEO 的经营理念 ［M］. 刘中晏，张建军，等译. 北京：华夏出版社.

［3］ 北京市园林绿化局规划发展处. 2010. 北京市城市园林绿化工作文件汇编（第三册）［M］. 北京：北京园林绿化局印.

［4］ 北京园林局. 2010. 北京市绿化条例 ［M］. 北京：北京市园林绿化局印.

［5］ 成功企业管理网：http：//www. vvwzy. com

［6］ 成君忆. 2003. 水煮三国 ［M］. 中信出版社.

［7］ 德斯靳，曾湘泉. 2007. 人力资源管理 ［M］. 10 版. 北京：中国人民大学出版社.

［8］ 段九力. 2007. 财务管理 ［M］. 北京：清华大学出版社.

［9］ 耿玉德. 2004. 现代林业企业管理学 ［M］. 哈尔滨：东北林业大学出版社.

［10］ 侯江红. 2002. 公共事业组织财务 ［M］. 北京：高等教育出版社.

［11］ 胡瑞仲. 2007. 企业经营管理 ［M］. 南京：东南大学出版社.

［12］ 胡宇辰，李良智，钟运动，等. 2003. 企业管理学 ［M］. 北京：经济管理出版社.

［13］ 黄冠胜. 2010. 国际植物检疫措施标准汇编 ［M］. 北京：中国标准出版社.

［14］ 黄凯. 2004. 园林经济管理 ［M］. 北京. 气象出版社.

［15］ 李嘉乐. 2004. 园林绿化小百科 ［M］. 北京：中国建筑工业出版社.

［16］ 李梅. 2007. 园林经济管理 ［M］. 北京. 中国建筑工业出版社.

［17］ 刘义平. 2008. 园林企业经营管理 ［M］. 北京：中国建筑工业出版社.

［18］ 娄成武，郑文范，司晓悦. 2008. 公共事业管理学 ［M］. 北京：高等教育出版社.

［19］ 苗长川，杨爱花. 2007. 现代企业管理 ［M］. 北京：清华大学出版社.

［20］ 企业管理网：http：//www. ceo. hc360. com

［21］ 秦海敏. 2007. 财务管理 ［M］. 南京：南京大学出版社.

［22］ 斯蒂芬·P·罗宾斯. 2001. 管理学 ［M］. 4 版. 北京：中国人民大学出版社.

［23］ 王东白. 2006. 物资管理概论（建筑企业专业管理人员岗位资格培训教材）［M］. 2 版. 北京：中国环境科学出版社.

［24］ 王国平. 2006. 动植物检疫法规教程 ［M］. 北京：科学出版社.

［25］ 王金秀，陈志勇. 2001. 国家预算管理 ［M］. 北京：中国人民大学出版社.

［26］ 王仁才. 2007. 园艺商品学 ［M］. 北京：中国农业出版社.

［27］ 吴彬，顾天辉. 2004. 现代企业战略管理 ［M］. 北京：首都经济贸易大学出版社.

［28］ 徐盛华，陈子慧. 2004. 现代企业管理学 ［M］. 北京：清华大学出版社.

［29］ 徐正春. 2008. 园林经济管理学 ［M］. 北京：中国农业出版社.

［30］ 许志刚. 2008. 植物检疫学 ［M］. 北京：高等教育出版社.

［31］俞乔，杨志伟，吕春芳．2004．企业理财［M］．上海：复旦大学出版社．

［32］云南省农家书屋建设工程领导小组．2009．花卉检疫与熏蒸除害处理技术［M］．昆明：云南科技出版社．

［33］张军霞，王移山．2008．园林经营管理［M］．北京：中国农业大学出版社．

［34］张欣．2009．工程物资仓储管理［M］．重庆：西南交通大学出版社．

［35］郑晓明．2011．人力资源管理导论［M］．3版．北京：机械工业出版社．

［36］中国 MBA 网：http：//www.mba.org.cn/

［37］中华人民共和国城乡规划法［M］．2008．中国民主法制出版社．

［38］中外管理：http：//www.zwgl.com.cn

［39］周小明．2004．实用企业文化营销［M］．广州：中山大学出版社．

［40］朱明德．2006．园林企业经营管理［M］．重庆：重庆大学出版社．